国防科技图书出版基金

粘塑性本构理论及其应用

Viscoplastic Constitutive Theory and Application

杨晓光　　石多奇　　编著

国防工业出版社

·北京·

图书在版编目(CIP)数据

粘塑性本构理论及其应用／杨晓光,石多奇编著.
—北京:国防工业出版社,2013.6
ISBN 978 – 7 – 118 – 07626 – 4

Ⅰ.①粘… Ⅱ.①杨… ②石… Ⅲ.①粘塑性 -
研究 Ⅳ.①0345

中国版本图书馆 CIP 数据核字(2012)第 153804 号

※

国防工业出版社出版发行
(北京市海淀区紫竹院南路 23 号 邮政编码 100048)
北京嘉恒彩色印刷责任有限公司
新华书店经售
*
开本 710×960 1/16 印张 13¼ 字数 222 千字
2013 年 6 月第 1 版第 1 次印刷 印数 1—3000 册 定价 58.00 元

(本书如有印装错误,我社负责调换)

国防书店:(010)88540777   发行邮购:(010)88540776
发行传真:(010)88540755   发行业务:(010)88540717

致 读 者

本书由国防科技图书出版基金资助出版。

国防科技图书出版工作是国防科技事业的一个重要方面。优秀的国防科技图书既是国防科技成果的一部分,又是国防科技水平的重要标志。为了促进国防科技和武器装备建设事业的发展,加强社会主义物质文明和精神文明建设,培养优秀科技人才,确保国防科技优秀图书的出版,原国防科工委于1988年初决定每年拨出专款,设立国防科技图书出版基金,成立评审委员会,扶持、审定出版国防科技优秀图书。

国防科技图书出版基金资助的对象是:

1. 在国防科学技术领域中,学术水平高,内容有创见,在学科上居领先地位的基础科学理论图书;在工程技术理论方面有突破的应用科学专著。

2. 学术思想新颖,内容具体、实用,对国防科技和武器装备发展具有较大推动作用的专著;密切结合国防现代化和武器装备现代化需要的高新技术内容的专著。

3. 有重要发展前景和有重大开拓使用价值,密切结合国防现代化和武器装备现代化需要的新工艺、新材料内容的专著。

4. 填补目前我国科技领域空白并具有军事应用前景的薄弱学科和边缘学科的科技图书。

国防科技图书出版基金评审委员会在总装备部的领导下开展工作,负责掌握出版基金的使用方向,评审受理的图书选题,决定资助的图书选题和资助金额,以及决定中断或取消资助等。经评审给予资助的图书,由总装备部国防工业出版社列选出版。

国防科技事业已经取得了举世瞩目的成就。国防科技图书承担着记载和弘扬这些成就,积累和传播科技知识的使命。在改革开放的新形势下,原国防科工委率先设立出版基金,扶持出版科技图书,这是一项具有深远意义的创举。此举势必促使国防科技图书的出版随着国防科技事业的发展更加兴旺。

设立出版基金是一件新生事物,是对出版工作的一项改革。因而,评审工作需要不断地摸索、认真地总结和及时地改进,这样,才能使有限的基金发挥出巨大的效能。评审工作更需要国防科技和武器装备建设战线广大科技工作者、专家、教授,以及社会各界朋友的热情支持。

让我们携起手来,为祖国昌盛、科技腾飞、出版繁荣而共同奋斗!

国防科技图书出版基金

评审委员会

V

前　　言

　　本书是作者从事该领域研究近十五年的总结，最初的研究目的主要是针对航空发动机热端部件(涡轮叶片、涡轮盘等)解决在高温复杂载荷环境下应力应变准确计算的问题，这是结构设计、强度评价和寿命预测的基础；特别是航空发动机不但要求质量轻，还要求强度高和寿命长，任何结构的细节设计都需要准确把握，而传统的基于线弹性或经典弹塑性理论的结构设计和分析方法明显不足。实际上早在"八五"期间，我国航空发动机行业从美国20世纪80年代开展的"航空发动机热端部件技术计划"中就已获知其开展了关于粘塑性本构模型的研究。多年来我国行业主管部门也持续支持了这方面的研究，作者也得到了开展这方面研究的资助，并在"十五"期间与 Rolls – Royce 德国公司合作，进一步深入了解了先进航空发动机研制国家开展相关工作的情况。长达10多年的研究，使得该领域不论在理论基础，还是在工程应用方面都得到了长足发展，形成了可用于型号研制的一种成熟技术。

　　从本质上说，开展这样的研究，本构理论是其核心。所以，本书主要以先进的粘塑性统一型本构理论为对象，较为全面、系统地介绍了其理论框架、主要模型以及我们对其进行的改进；并且针对我国发动机型号上的实际应用情况，给出了涡轮盘用变形高温合金(材料牌号 ZSGH4169)和涡轮叶片用镍基定向凝固(材料牌号 DZ125)及单晶合金(材料牌号 DD6)的高温复杂循环变形行为本构建模结果。

　　本书分为三部分。第一部分包括第1章至第7章。该部分的第1章至第3章，在说明了热端部件结构在高温复杂循环载荷下的应力应变特点之后，指出了采用现有工程方法的不足和问题，进而引入先进的粘塑性理论框架体系，说明其理论基础、模型方程、建模能力，并详细介绍了已在美国和欧洲得到应用的 Chaboche 本构模型和 Bodner-Partom 本构模型。在第4章，特别针对典型航空发动机载荷谱下的结构循环非弹性变形行为——棘轮现象，介绍了有关的理论方法和我们的研究结果。在第5章至第7章，结合我国在实际结构设计中采用的有限元技术，给出了将粘塑性本构模型与有限元结合的方法，以及为获取材料本构参数所需的实验种类、参数识别和优化方法。并针对先进航空发动机热端部件采用的三种镍基合金,包括高温变形合金、定向凝固合金和单晶合金,给出了其相应的粘塑性模型、材料参数及本构建模结果,特别是采用一套材料参数,可同时计算与时间相关的蠕变和与时间不相关的塑性。第二部分,第 8 章和第 9 章,主要是针对单晶镍基合金的本构建模工作,其特殊性来自于各向异性,除变形抗力的描述继续采用粘塑性框架外,还结合了单晶变形的滑移理论和胞元方法。最后部分,第 10 章,针对的是热障涂层,也是目前航空发动机涡轮叶片采用的一项关键技术,解决的是多层材料结构的分析方法问题,包括基体镍基合金的粘塑性建模和陶瓷层的拉伸压缩不对称行为的建模。

此书可作为航空航天动力装置领域从事结构设计和分析、强度评价和寿命预测工作人员的参考书,也可作为高等学校和研究所相关研究领域的教师和研究生的参考书或教科书;由于书中所含内容的一般性,也可作为从事热机结构,如地面燃机、舰船动力、核反应堆结构和车用动力装置等行业的结构分析、强度技术人员的参考书。

作者愿借此机会对资助本研究的沈阳航空发动机设计研究所、北京航空材料研究院、中国人民解放军总装备部、空军装备部等单位表示感谢;也感谢一直支持作者开展此项工作的吴学仁总工程师、于慧臣研究员、杨士杰副总师、周柏卓副总师、蔚夺魁副总师和王延荣教授等。杨晓光教授的博士研究生魏洪亮博士、周天朋博士、白露博士、王庆五博士也参与了其中的工作,在此也一并表示感谢。最后要向国防工业出版社程邦仁编辑表示诚挚的谢意,感谢他自始至终所给予的热情关怀和不遗余力的帮助以及他的同事们所给予的鼎力协助。

全书由杨晓光教授统稿,其中第 1 章～第 6 章由石多奇副教授编写,第 7 章～第 10 章由杨晓光教授编写。限于作者水平和经验,不妥之处在所难免,特别是对一些名词术语,虽经仔细比较和反复推敲,仍不乏偏颇之处,敬请读者予以批评指正。作者愿把此书献给我国的航空发动机事业。

作者

2013 年 1 月

目　　录

Contents

第1章 绪 论

1.1 引言

纵观航空航天技术发展史,气动、推进、控制、材料和结构等基础学科中的一种,或成为前进的障碍,或导致重大进展。因此,这些技术共同构成了航空、航天推进科学的支柱技术。

随着先进航空发动机的发展,其性能和推重比的不断提高,燃烧室出口温度也在不断提升,并达到了前所未有的高度,接近了目前金属合金材料的温度极限。高温环境下,蠕变及蠕变—疲劳交互作用引起的损伤对热端部件寿命的影响越来越大,尤其是高温及多轴载荷下,热端部件的受力变形将是高度非线性化的。以涡轮转子组件为例,在飞机的每一次起降过程中,需要同时承受长期较高的、交变机械载荷与交变温度负荷的共同作用,这对材料的抗蠕变、抗疲劳性能有很高的要求,尤其是涡轮叶片、涡轮盘等关键件。在发动机典型的载荷谱下,除了呈现与时间不相关的非弹性变形,如加载速率相关的拉伸、循环硬化/软化及与时间相关的非弹性变形外,在发动机的启动和停车过程中,将出现多轴非比例及非等温的加载情况,特别是在发动机典型的 $0-max-0$ 的循环载荷下,在转子叶片中可能出现控制载荷条件下的循环棘轮(Ratcheting)现象,在涡轮盘、燃烧室和静子叶片中可能出现控制位移条件下的平均应力松弛现象,这将极大地影响这些部件寿命预测的准确性。在燃气涡轮发动机的设计中,提供足够的蠕变/持久断裂寿命是热端部件重要的设计准则之一[1]。如果推进系统的热端部件不能承受燃烧温度和旋转载荷,系统便无法工作从而不能产生推力。从这个意义上来说,材料和结构位居其首[2]。因为结构功能失效常导致灾难性后果,尤其对于那些工作在高温、经历着复杂载荷工况的结构来说更为重要。由于工作条件的严酷,以及对产品寿命、可靠性、经济性、安全性的严格要求,需要发展更先进的材料本构方程和更好的疲劳寿命理论,来分析和预测发动机热端部件在高温及多轴载荷下的受力变形和疲劳寿命,以评估热端部件在严酷的燃气环境中可靠工作的温度裕度,并对有害变形作出预测。而研究在复杂载荷下对材料力学行为的准确建模等就成为准确开展这类强度寿命设计及分析的重要基础。

但是,经典的弹塑性力学,是建立在理想刚塑性和理想弹塑性材料的基础上进行构件与结构的应力分析,而且塑性力学的解析方法以及派生的数值解法,均是以屈服函数和一致性条件为补充方程而形成一组可静力分析的封闭方程组,在进行应力分析时极少涉及到塑性变形的计算,由此导致只能在小弹塑性变形范围内求解塑性应力[3]。同时,在传统的蠕变理论中,认为蠕变应变率仅与应力和温度有关,而与应力的历史无关,且不好描述应力松弛现象。但是在实际工作时,结构在机械载荷与温度变化的联合作用下,塑性应变和蠕变应变相互影响,蠕变与加载历程密切相关,而且高温下的加载函数和初始屈服函数相比发生了很大的变化,所以经典的蠕变理论与塑性理论并不能模拟材料在各种复杂载荷条件下对结构寿命起决定性影响的一些重要力学现象,诸如应变率相关效应、循环硬化和循环软化、循环蠕变和棘轮现象、平均应力松弛以及疲劳蠕变交互作用等。大量的实验和理论研究表明:高温循环载荷下的平均应力松弛和棘轮现象对结构的疲劳寿命有着不可忽视的影响[4,5],而如何在材料本构理论中描述这两种力学行为也是近年该领域内的研究热点。

因此,发展适于高温结构的先进本构理论和疲劳理论,建立真实反映材料非线性行为的统一本构方程,以发展瞬态与粘性效应下应力与变形同时求解的强度分析理论,为工程实际中构件与结构的寿命预测问题提供一种合适的途径。

1.2 本构理论发展历史简述

对材料在各种形式的外载下所经历的力学行为进行本构建模,一直以来都是受到科学家和工程师们广泛关注和研究的领域。最早的模型是由胡克提出的弹性定律:材料所承受的外载与由此而引起的弹性变形(可恢复)之间存在比例关系。对大部分材料来说,只有当应力和应变足够小的时候才服从胡克定律,但是当满足某种屈服条件时,材料内部就会发生屈服和塑性流动,产生非弹性或不可恢复的变形,甚至在循环载荷的作用下非弹性变形还会有相当程度的累积,这样的变形远远复杂于弹性变形,胡克定律就不再适用了。在 Tresca 于 1864 年所发表的关于屈服准则的论文中就有详尽的论述[5];Socie D. F. 在其关于多轴疲劳的著作中提到:Jenkin C. F. 教授是第一个发展金属应力—应变模型的人,1922 年就已经能够初步模拟迟滞环(hysteresis loops),平均应力松弛(mean stress relaxation)和循环蠕变(cyclic creep),但模拟精度是相当低的[6]。

由于塑性是被认为与时间无关的,所以与时间相关的变形,如蠕变,就需要单独考虑。但是,在现实中蠕变分析也很重要。因此,除了弹塑性理论之外,人们对恒载和变载下的蠕变进行了广泛的研究。从微观水平上研究材料内部引起蠕变的机理;从宏观实验现象出发,发展了各种各样的唯象蠕变理论,用来描述时间相关的蠕变变形及应力松弛(二者的物理本质是一样的),研究应力水平、温度、微观结构、应变历史等对蠕变的影响,如 Norton 蠕变律、时间硬化和应变硬化蠕变法则[7~10]。

　　一般来说,描述材料在塑性范围内力学行为的塑性理论,主要包含如下概念:能量耗散(energy dissipation),塑性变形不可逆(irreversible plastic deformation),加载历史或路径相关性(history or path dependent process),初始屈服面和后继屈服面,塑性变形本构方程以及加载、卸载准则。以此发展出来的经典的塑性理论,将非弹性变形分为与时间无关的塑性和与时间相关的蠕变,为描述材料塑性变形的流动法则打下了坚实的基础。一百多年以来,在 Drucker 公设(应力空间)、伊留申(Ильюшин)公设(应变空间)以及 Von Mises、Tresca、Hill 等屈服准则的基础上,人们为材料的塑性本构关系描述作了许多有益的探索,发展了塑性力学的基本定理、基础方程和求解方法,形成了经典的弹塑性强度理论,且有许多著作出版[8~15]。但是,这样的塑性本构方程主要关注的是材料在静力作用下的力学特性,并没有考虑到材料的应变率效应和应变率历史效应,仍然属于塑性静态本构关系的框架之内。只有在材料对应变率不敏感或者工作温度比较低或者加载速率极为缓慢的情况下,采用这种应变率无关的塑性本构理论,才能得到较好的近似结果[14]。

　　材料发生塑性变形后,由于硬化效应,其后继弹性范围的边界即加载曲面,不仅与瞬时应力状态有关,而且与材料先前所经历的加载历史有关。换言之,材料一点处的应力状态不仅与该点的应变状态有关而且还与整个过程的变形历史有关,在有些情况下甚至与应力和应变梯度有关,还可能具有尺寸效应[15]。此时,如果应变率效应不能忽略的话,材料就会体现出与静载不同的一些特点,例如,许多金属在快速加载条件下,屈服极限有明显的提高,而屈服的出现却有滞后现象(所谓粘性);而且还会表现出瞬时应力随应变率提高而增加的现象。这两种现象统称为应变率效应。应变率效应显著的材料称为应变率敏感材料。固体材料对应变率的敏感性不但与材料的种类有关,而且与工作温度及材料内部状态(例如多晶体金属的金相结构、岩土的组成状况)有密切关系[14]。特别是对金属和合金,在高温下(高于三分之一熔点温度)还会出现粘塑性行为,并伴有不同特征尺度的扩散现象:蠕变过程中的位错会导致工作硬化与恢复效应之间的相互消长;或在扩散蠕变中包含与晶界有关的滑移;低温时也可能会有与塑性变形的热激活有关的粘塑性行为[16]。大量的研究表明,这些力学现象是材料内部同一物理过程的不同表现,是由一个和多个内部状态变量所驱动的。

　　然而,随着作为新技术发展的物质基础和先行官的高性能新材料的出现[17],使得已有的弹—塑性强度理论和蠕变理论已经不能适应时代和社会发展的要求,迫切需要建立新的强度和破坏理论,以紧跟时代的步伐。为了满足现代化高技术的需要,在信息科学、生物医学工程、航空航天、能源和海洋开发等领域,许多超轻质、耐高温、耐腐蚀、超高强度、耐超高压、超电导性以及耐超低温等材料,如信息材料、生物工程材料、能源材料、复合材料、陶瓷材料、压电金属、磁致材料、智能材料以及功能梯度材料等相继问世,在促进物质文明进步的同时,也大大地推进了材料科学与技术、固体本构关系、强度和破坏理论的发展,使得我们对客观物理世界的认识比前人有了更深刻的理解。因此,随着连续介质力学和数值计算技术的发展和完善,各种统一的粘弹性、粘塑性等本构理论也获得了长足的发展。

1.3　固体本构理论的基本要求

自然,粘塑性本构理论作为固体本构理论的一个分支,也必然是在固体本构理论的基本框架之下进行研究。

本构理论主要研究应力张量与物体运动历史的关系,本构关系是材料在变形过程中所必须遵循的规律。而固体本构理论假定一点的应力只依赖于该点的应变或应变的历史(应变空间到应力空间的映射),是建立在连续介质力学基础之上的一组微分方程,主要分为小变形本构和大变形本构关系(关于坐标的一阶微分)。近年来的一些研究发现,应力有可能还和应变梯度有关,又出现了一种应变梯度塑性理论(关于坐标的二阶微分和偏微分)[15]。

在建立固体本构理论时,经常采用两种方法:泛函分析法和内部状态变量法(简称内变量法)。泛函法认为材料响应泛函是一些独立变量的函数,这些函数依赖于它们的当前值和独立变量的历史。而内变量法假设响应函数仅通过那些描述连续体内部状态的特定变量的当前值而与独立变量的历史相关,并假设这些特定变量也是历史相关的。从原则上来讲,这两种途径互相并不排斥,Lubliner(1969)指出在许多情况下,内变量模型可以被看作是泛函法的特例[18]。然而,采用内变量法建立粘塑性本构模型具有如下优势[10,16]:

(1)从物理角度看,内部状态变量能够给出物理解释,这样就允许在了解变形中体现出的微观机理的基础之上架构宏观本构理论。比如说,在许多粘塑性理论中被用作表示运动硬化的平衡应力(Balance Stress),也称等效应力(Equivalent Stress)、背应力(Back Stress)或剩余应力(Residual Stress),与位错累积/攀移和微观残余应力有关;而用来表示各向同性硬化的拉应力(Drag Stress)是与位错倍增有关的。

（2）从理论上看，泛函法对没有衰退记忆特性的非弹性材料来说，并不适用。

（3）在计算方面，内变量本构方程的微分形式更便于采用增量迭代过程来实现[12]。

在整个 20 世纪，人们对固体本构理论进行了深入的研究。布朗大学教授，著名力学家 Rice 在 1971 年[19]的一篇论文中研究了金属（固体）材料在有限变形时非弹性本构关系所具有的基本结构，从连续介质热力学的角度出发，提出了固体本构关系的一般性理论框架。黄克智等[15]总结了连续介质力学中本构理论的客观性原理：坐标不变性原理（在坐标变换时，本构关系表达式的形式不变）、应力确定性原理（应力只取决于变形历史而与将来的运动无关）和局部作用原理（一点应力状态只与其附近无限小邻域的运动状态有关）。Drucker 和 Palgen 于 1981 年[20]指出本构理论应该描述出材料在复杂载荷下进入塑性时的四种重要现象：

（1）广泛的塑性加载淹没并抹煞掉许多先前的载荷效应。

（2）在对称的循环应力或循环应变下，材料朝着一种适当定义的稳定状态硬化或者软化。

（3）塑性区内非对称的应力循环引起平均应力方向上发生的 Ratcheting（棘轮）应变累积。

（4）塑性区内非对称的应变循环引起的平均应力松弛。而更复杂的多轴载荷也使得本构理论面临考验。

以上是建立正确本构关系的前提和条件，也是考核一个本构关系是否完善的标准。几十年以来，力学工作者一直在为达到关于材料力学行为的一个完美描述而从理论和实验两方面进行着艰苦卓绝的探索。虽然取得了很大的进展，但是仍然没有达到理想的效果，特别是随着当代纳米材料和微机械（MEMS）、微电子技术的出现，对固体本构理论提出了更大的挑战。对于金属及其合金来说，在单轴和多轴棘轮的描述方面仍然存在很大的困难，特别是高温下多轴比例加载和非比例加载条件下，对材料的力学行为预测，仍未很好地解决。

1.4 粘塑性本构理论研究现状

大多数金属材料特别是高温合金，在工作温度较高时会呈现出一种被称为"粘塑性"现象的特征，加载速率和波形、温度等因素对材料变形的影响比较显著，特别是在高温下材料的热恢复效应随着时间的延长而逐渐明显，并与材料的硬化耦合在一起。这种情况如果用经典的塑性理论分析就会产生较大的误差，而如果采用一个或多个内蕴时间参量（或内变量）来表达材料性质及内部结构变化对于其变形特性的影响，将率相关的粘性效应与不可恢复的变形统一用非弹性变形来表示，则精度会大大提高。因此，应运而生的统一粘塑性本构理论试图用一个或多个内变量来表达材料的非弹性行为，主要包含一些描述承受热机械载荷的材料所体现出来的弹性和非弹性行为的、与材料内部状态、时间和温度等密切相关的本构方程以及大量材料参数。

从 20 世纪 60 年代开始，随着航空航天、核工业等机械行业的蓬勃发展，在全球范围内掀起了研究金属及合金材料本构理论的热潮，各国的力学工作者们在弹塑性理论的基础上，根据位错动力学和热力学的研究成果，提出了不同类型的内变量本构理论，用于表达材料在承受复杂载荷条件下的变形特征。到目前为止共有几十种本构方程，大多是将内变量与某一流动法则相关联、基于细观过程的唯象理论，且具有一定的非线性演化准则（包含各向同性硬化、运动硬化和时间恢复效应）。所有这些本构理论都被冠以"统一"型本构，实际就是在固体力学范畴内，不区分与时间相关的蠕变和与时间无关的塑性变形，将二者合成为一个率形式的、与某种内变量相关的非线性变形。这些固体本构方程是显著不同于传统弹塑性理论的，而且它们在宏观形式上是不完全封闭的，需要采用数值解法才能解答。近年来提出的原子镶嵌模型（EAM），使得固体本构方程可以在原子层次上初步得到封闭[21]。

尽管各种理论的方程形式不同，但它们的基本共同点为：材料的变形是由弹性和非弹性两部分组成的；影响材料变形性质的内变量有两种，分别描述材料与方向无关的各向同性硬化和方向性的运动硬化。各种理论均以此为基础，从不同的角度定义了非弹性变形流动法则及内变量演化规律，从而形成了不同的流派。根据是否采用了某种屈服条件，基本上可以将这些本构理论分为如下两大类。

1.4.1 第一类粘塑性本构理论

第一类粘塑性本构理论将非弹性流动法则与一定的屈服条件相关联，起源于 Prager(1956)[22]，Perzyna(1963,1966)[23,24]，Armstrong 和 Frederick(1966)[25]等人的工作，由后来的研究者加以深化。Mroz(1967,1969)[26,27]，Philips 和 Wu(1973)[28]，Kriege(1975)[29]，Lee 和 Zavel(1975)[30]，Dafalias(1980)[31]，Drucker 和 Palgen(1981)[20]，Eisenberg 和 Yen(1981)[32]，Chaboche(1977, 1979, 1989)[33,34,35]，Nouailhas(1989)[36]，Ohno 等(1989)[37]，Lamaitre 和 Chaboche(1990)[38]等人在塑性流动曲面、过应力和运动硬化法则等概念的基础上建立了各自的统一粘塑性本构模型。它们之间的主要区别是塑性模量的建立方式不

同,有些通过屈服一致性条件建立,有些则利用两个或多个曲面模型来确定,然后才满足一致性条件。

在此基础上,又出现了许多新的固体本构理论,有微观力学模型,也有宏观连续介质力学的唯象模型,且具有更加严格的热力学和材料物理意义。Moos-brugger 和 McDowell(1989)[39]研究了非比例循环塑性的运动硬化法则,提出双屈服面的理论,一个是屈服流动面,另一个为流动边界曲面。瑞典兰德工学院教授 Ristinmaa(1995)[40]基于加载过程中产生和消失的记忆点概念,针对压缩不敏感的材料,提出一个可以使用任何运动硬化法则、可与任何屈服条件关联的粘塑性统一本构模型,而且可以描述非对称加载条件下的平均应力循环松弛和Ratcheting 现象;Lubarda 和 Krajcinovic(1995)[41]将应力率张量和变形率张量分解为弹性和非弹性两部分,然后又将非弹性应力率和非弹性应变率分为损伤部分与塑性部分,并据此导出了耗散能和热力学力。同时使用损伤曲面的概念定义了损伤的出现和演化方式。他们的本构方程具有更广泛的热力学和连续介质力学意义,有可能是今后固体本构理论研究的一个突破点。Zhu 和 Cescotto(1995)[42]通过识别一套合适的内变量及其相伴广义力,针对各向异性材料提出一种完全耦合的弹—粘塑性损伤理论;Auricchio(1997)[43]提出一个积分算法简单而模拟能力并不减弱的粘塑性本构模型。还有一些研究者致力于完整的本构理论研究,例如 Voyiadjis 和 Zolochevsky(2000)[44]在模拟材料拉—压蠕变损伤时,提出一个热力学统一本构模型;Rosakisa 等人(2000)[45]从能量守恒和熵增定律出发,推导了一种将金属内的非弹性功分成热和储存能的热力学内变量模型;Saleeb 和 Arnold(2001,2001)[46,47]利用 Gibbs 的完全自由能和完全耗散势函数,将粘弹性补充到粘塑性统一本构方程中,成为完全本构理论,并用到钛合金TIMETAL 21S 的粘弹性和粘塑性蠕变、松弛响应特性的研究中;Chow 等人(2001)[48]考虑了损伤坐标系旋转对变形和损伤的影响,建立了一个可以描述各向异性损伤的粘塑性本构模型;Järvstråt(2002)[49]提出了 Gittus 粘塑性力学状态方程的多轴形式,把运动位错密度分成一个各向同性标量和一个张量两部分,将位错的向前和向后运动的概念推广到方向性运动的概念。这些张量形式的本构方程具有更加坚实的数学基础和更全面的物理涵义,只是形式过于复杂,目前还不便于工程实际应用。

此外,还有些学者在复合材料、塑料等材料的本构研究方面也做出了贡献。Voyiadjis 和 Deliktas(2000)[50]针对率无关和率相关的复合材料,提出一个考虑复合材料非弹性响应的损伤和塑性耦合的增量形式各向异性损伤的微观力学模型,允许损伤和路径相关或者与应力历史相关,或者与损伤相伴的广义力相关,因为使用唯象的连续力学方法,并不能够考虑到在局部区域不同类型损伤之间的区别和它们对于复合材料宏观力学特性的影响；Wikman 等人（2000）[51]用一个将颗粒塑性模型与粘塑性模型进行组合的材料模型，对粉末冶金材料在热等静压过程的变形特征进行了数值模拟，获得了比单纯采用粘塑性模型更好的结果；Nikolov 和 Doghri（2000）[52]介绍了一个关于高密度聚乙烯（HDPE）材料的基于微力学的本构模型，假设非金属相的液态—晶体状态是粘弹性的，由宏观分子的变形能确定，且是应变率相关的变形，具有非线性的应力—应变关系（宏观模型），而晶体层的变形是粘塑性的（微观模型）；Drozdov（2001）[53]从非金属玻璃状聚合物变形的微观机制和宏观表现出发，提出一个可以描述粘弹性和粘塑性行为的本构模型。

总之，第一类本构理论总是假设存在某种理想的屈服条件，屈服函数作为一个标量出现在本构方程中。当应力水平低于屈服应力时，非弹性变形并不出现。这对于变形全部恢复和率无关的情况来说，是很好的近似；只有当应力状态达到足以引起屈服的时候才会有非弹性变形。另一方面，认为方向性的运动硬化（各向异性）和各向同性硬化效应是完全不同的，因而可由不同的内变量及演化方程来控制。运动硬化分量可用背应力来表达，背应力被看作是抵抗非弹性变形的内应力，在运动硬化模型中表示的是屈服面的中心。而有效应力则是从总应力中减去背应力后得到的那部分，被认为是控制非弹性流动的驱动力。

1.4.2　第二类粘塑性本构理论

另一种途径是直接将内变量引入非弹性应变率张量方程中来表示材料抵抗非弹性流动的特性，这就不需要屈服准则了，如 Valanis（1971，1973）[54,55]，Bodner 和 Partom（1972，1975）[56,57]，Hart（1976）[58]，Lee 和 Zavel（1976）[59]，Miller（1976）[60]，Liu 和 Krempl（1979）[61]，Stouffer 和 Bodner（1979）[62]，Walker（1981）[63]，Choi 和 Krempl（1992）[64]，Deseri 和 Mares（2000）[65]（基于最大耗散原理的粘弹塑性本构模型），Robinson 和 Binienda（2001）[66]。在这些理论中假设非弹性变形在任何应力状态下都会产生，无论应力数值有多么小。因为在所有的应力状态下弹性和非弹性变形都会出现，所以不存在一个将变形的非弹性部分和弹性部分分开的屈服应力，也就不需要屈服函数作为本构方程的一部分。表面上看来，似乎这类本构理论要更简单，更具有吸引力。但是，由于屈服函数有助于描述应力空间中屈服面的几何，所以在这类本构方程中必须采用不同于第一类粘塑性本构理论的方式来明确表达伴随着非弹性变形而发生的各向异性硬化。因此，必须引入一些与晶体材料中不可恢复变形的微观机制松散关联的内变量。

两类粘塑性统一本构理论的杰出代表是 Chaboche 粘塑性本构理论和 Bodner-Partom 粘塑性本构理论。它们分别在欧洲和美国获得了广泛的承认,在许多航空航天材料的本构模拟中都有大量的应用,文献中所报道的比较研究也多限于此。Bodner 和 Partom 于 1975 年发表在应用力学杂志上的一篇原创性极高的文章[57],被 IUTAM(国际理论与应用力学联合会)在 2000 年年会上推荐为 20 世纪力学学科里程碑式的 24 篇论文之一[67]。因此,本书选定 Chaboche 模型和 Bodner-Partom 模型开展进一步的研究。

1.5 Bodner-Partom 粘塑性模型的发展

Bodner-Partom(B-P)粘塑性本构理论是以色列科学家 Bodner 和 Partom 在研究高速冲击载荷下材料的响应时,提出的一种并不需要屈服准则或加载、卸载函数、统一的弹—粘塑性本构理论[56,57]。和大多数的研究者一样,他们也假定物体的变形可分为弹性和非弹性两部分。对于金属材料,弹性变形是由晶格变形所引起的一种可逆过程,可以由弹性势函数导出;但非弹性部分则是由于位错运动所产生的不可逆变形,采用非弹性功为参量来表征材料抵抗不可逆变形的能力。起初仅考虑到各向同性硬化的情况[57],随后又扩展到单轴循环加载,可以从理论上粗略地描述循环松弛和循环蠕变的情形[68],能够比较好地模拟钛合金[57]和退火铜[69]等材料与应变率历史和温度相关的效应。通过在这些方面的应用,然后又推广到能够描述通常载荷历史的一般形式[62]。这种一般形式的本构方程,可以描述材料的各向异性硬化特征,即包括了各向异性塑性以及由于塑性变形引起的体积变化,使得 B-P 模型中的内变量由原来的一个各向同性硬化分量被扩展到又包含一个方向性硬化分量,用以考虑载荷反向时材料的响应,如 Bauschinger 效应。该理论在另一方面的发展,导致一种硬化恢复项的引入[70],基本上可以预测稳态蠕变(第二阶段蠕变)和应力松弛。为了描述像第三阶段蠕变这种能够导致材料由于损伤而发生破坏的情况,Bodner 在 1980 年[71]将损伤作为内状态变量引入到仅含各向同性硬化的 B-P 模型之中,假定损伤参数是一个特殊的二阶张量,具有和文献[62]所描述的广义工作硬化变量类似的性质,并于 1985 年在完整的、包括运动硬化和各向同性硬化特性的本构方程中加入了各向同性损伤和各向异性损伤演化方程[72]。然而,在这些文章中,并没有包含粘弹性效应。但是原则上可以依据与文献[73]中相似的方式添加到本构方程中来。从根本上说,粘弹性在高温下可以被看作是一种瞬态效应,而在低温时通常都是次要的因素,所以高温时将其看作稳态条件而不予考虑也是合理的[71]。

自从 Bodner-Partom 弹—粘塑性统一本构理论提出以来,在各类机械尤其是高温结构的材料本构模拟中,得到了广泛的应用,大多数的研究者采用不含损伤的、仅包含一个各向同性硬化和一个运动硬化变量的本构方程形式。Chan K. S等人在对镍基高温合金 B1900 – Hf 的高温硬化特性进行研究的过程中,提出了一种系统地从材料单轴拉伸和蠕变实验数据获得本构参数的方法[74],后来的研究者基本上遵循这个思路提取材料参数,比如对 Hastelloy-X 和铝合金 8009 在高温下的应变率拉伸和循环加载[75],对 INCONEL 690 在单调拉伸过程中发生的非弹性功硬化规律[76],以及涡轮盘材料粉末冶金 FGH95 的在单调拉伸时的工作硬化特征[77],纯钛和铝合金 2024 – T4 的各向异性硬化行为[78],金属基复合材料的简单硬化分析[79]等。虽然 B – P 模型在建模材料与应变率相关的非弹性功硬化行为时(如单调拉伸)有很高的精度,在一定程度上也具有刻化材料循环加载和蠕变响应的能力[68,74],但是并不能满足模拟复杂循环载荷下材料响应的要求,因此,Khen 和 Rubin(1992)对 B – P 模型进行了改进[80],假设硬化系数 m_1 与 m_2 分别是各向同性变量和各向异性变量的函数,但同时又认为确定这种假设的物理机理是相当困难的,只是比较实用而已。采用这种改进的 B – P 模型,Bodner 和 Rubin(1994)研究了当剪切应变率高达 $4.33 \times 10^3 \mathrm{s}^{-1}$ 时,纯铜的硬化行为以及内变量 Z 随剪切应变的演化关系[81];Bodner 和 Lindenfeld(1995)从热力学角度仔细考察了循环载荷下退火铜冷功储能(Stored Energy of Cold Work,SECW)的本构建模问题,假设 SECW 完全可以表示为 B – P 模型中各向同性和运动硬化变量的函数,得到了与实验结果相近的、SECW 随循环数的变化图像[82];Kroupa 和 Bartsch(1998)利用 B – P 模型研究了钛基复合材料在承受热机械疲劳之后,内部粘塑性对残余应力和材料强度的影响[83]。

然而,迄今为止,采用 B – P 模型所完成的研究工作,只是限于模拟应变率相关的单调拉伸和对称循环加载以及单轴蠕变响应,还没有针对非对称循环载荷的建模,不能恰当地描述一些对结构的疲劳寿命和安全性至关重要的力学现象,譬如平均应力松弛和棘轮现象。至于同时建模这些非弹性变形特征的研究,在公开的报道中并未出现。正如本文后面在关于棘轮模拟的文献评述中所提到的,这对于一个没有任何屈服函数的统一的粘塑性本构理论来说,其所具有的优越性,尤其是在多轴棘轮现象的建模中,并没有体现出来。

1.6　Chaboche 粘塑性模型的发展

法国科学家 Chaboche 教授及其合作者在研究发动机涡轮叶片蠕变预测时,在经典塑性力学屈服函数概念的基础上,引入热力学意义的粘塑性势函数来定义材料非弹性变形速率和应力状态的关系,并利用 Armstrong-Frederick 非线性硬化准则(A—F 模型)[25]给出了各向同性硬化和随动硬化两种内变量各自的演化方程,后来的研究者将之称为 Chaboche 模型。被证明具有更强大的建模材料本构的能力[33,36,84,85]。

该模型最初是在与时间无关塑性理论框架内发展的[33],随后又扩展到时间相关的粘塑性情况。Chaboche(1978)提出了粘塑性势函数的具体形式[33],用来描述金属材料的循环加载与各向异性特征;在研究 316 不锈钢材料特性的过程中,Chaboche(1979)[34]又加入了应变记忆效应以考虑材料中发生的复杂的循环硬化现象;随后的几年中,为了更准确地模拟材料的复杂变形行为,在各向同性硬化和运动硬化法则方面又有一些新的修正[86,87]。Abdel-Kader(1985)[88]将 Chaboche 模型扩展到可以考虑率相关的初始屈服的形式。这就是 Chaboche 粘塑性本构模型的常见形式。

从 20 世纪 90 年代开始,由于核、航空航天工业的发展,需要更加精确地预测高温结构的变形,因此,从这时起,众多的研究者利用 Chaboche 的模型去预测材料中循环加载过程中非弹性变形的积累,典型如循环棘轮效应(Ratchetting)。Chaboche 和 Nouailhas(1989)[89]讨论了一些主要的棘轮实验结果,分析了棘轮的物理本质及对其进行本构模拟的重要意义,发现经典的时间无关塑性本构理论在采用 AF 型的硬化法则时会给出过高或过低的棘轮应变,同时指出单轴棘轮应变要比多轴的高一些,而建模单轴棘轮是最基本和最难的,在文献[91~92]中,他们对改善本构方程预测棘轮的几种可能形式进行了分析,提出了运动硬化门槛值的概念,并在动态恢复项中引入了背应力的一个幂函数。但是,仍然会导致过高的棘轮估计。

为此,Ohno 和 Wang(1991)[93,94]在 A – F 模型的基础上提出一种背应力的多重曲面演化方程,将背应力划分为若干分量,并且在其演化方程中引入温度率项,使得非线性硬化法则可以用于温度变化的情形。随后,Ohno 和 Wang(1993,1997,1998)[95~98]在考虑了动态恢复的临界状态以后,再次将多曲面硬化法则修正为更加适合工程应用的形式,并对比了三种不同的运动硬化法则在建模棘轮现象时的差别。

Bari 和 Hassan(2000)[85]对包括 Prager,Mroz,Armstrong/Frederick,Chaboche 及其 Ohno/Wang 修正形式等不同的本构模型在模拟棘轮效应时的特点进行了综合评价,指出:这些以稳定的屈服面为前提的模型,不能考虑屈服面在塑性变形过程中发生的几何变化,而且由单轴实验数据获得的本构参数,在模拟多轴棘轮时都存在过高的估计,如果采用能够考虑屈服面形状变化的屈服准则或者使用无屈服准则的模型,有望解决这个问题。Abdel-Karim 和 Ohno(2000)[99,100]将 A – F 模型与 Ohno/Wang I 模型[93,94]进行组合,很好地模拟了 9Cr – 1Mo 改型钢

550℃和 IN738LC 在 850℃时的单轴、多轴棘轮特性,尤其是多轴循环应力松弛、蝴蝶型路径下的非比例加载。初步解决了在 Bari 和 Hassan[85] 所说的本构理论在建模单轴与多轴棘轮时遇到的矛盾。

第2章　粘塑性统一本构理论框架

2.1　引言

关于材料力学特性的理论是连续介质力学的一个分支,其目的是为性状各异的材料建立合适的数学模型而提供一般的原理和系统的方法。可以从三个方面实现材料特性的模拟:本构方程、材料对称性和运动约束条件。其中,本构方程是表达材料组元对于给定输入过程的响应关系。在连续介质力学中,本构方程将变形过程与应力相关联。应力历史、变形历史,甚至二者的组合,都可以作为输入过程。先进的本构理论可以考虑复杂的输入过程和材料响应。例如,如果认为材料力学特性是温度相关的,则必须从热力学意义上进行考察,力学与热力学共同构成对材料进行本构描述的基础,同时要考虑一些深层次的变量,如温度、温度梯度、热流、内能、熵、熵增等。在热力学框架内,借助于这些变量就可以建模材料的特性[101]。最简单的情况就是弹性本构方程。此外还有粘弹性、塑性和粘塑性等三种情况。其中粘塑性理论描述的是材料与时间相关的变形行为,也是应用最广泛的材料本构建模形式。

基于经典塑性和蠕变概念的本构方程,一般将非弹性应变率(Inelastic strain rate)划分为时间无关的塑性应变率和时间相关的蠕变率,用相互独立的本构关系来描述塑性和蠕变特性。但是高温结构的实验表明:非弹性应变率具有内在的时间相关性,而且蠕变与塑性有交互作用[102]。这意味着非弹性变形可能是由一种物理机制控制的。近三十多年来的文献中提出了一些统一的弹—粘塑性本构方程,非弹性变形用一个运动方程和一组离散的内变量来表达和处理。在这个范畴内,蠕变、应力松弛和塑性流动是材料内部同一物理过程的不同表现,是由一个和多个内部状态变量所驱动的。因此,时间不相关的塑性与时间相关的蠕变是时间相关的非弹性变形在特定载荷条件下的不同表现,可以采用统一的非弹性变形来表征。

运用粘塑性理论描述材料的循环变形特征,是材料本构模拟中最受关注的研究领域。原则上要求能够建模所有可观测到的材料变形现象。当前在建模材料的粘塑性特征时,一般采取如下几种途径来构造变形本构方程[101]:

(1)采用某一个屈服曲面在应力或应变空间中划分出弹性和非弹性区域。

13

（2）无需通过屈服面来区分是否屈服而构造出统一的演化方程。

（3）将总应力分解为平衡应力（率无关）与过应力（率相关的）之和。

第一种途径借助一个屈服面引入屈服函数来定义出一个非弹性区，屈服面之外的应力状态可以引起非弹性变形的演化。这个概念首先是由 Perzyna[23,24] 提出的，被后来的许多研究者使用并深化，特别是 Chaboche 等人[33~36,84,86,89~92]。这种理论的一个显著的优点是具有清晰的内变量本构结构，可以理解为是经典塑性理论的推广。

第二种途径则不需要考虑是否存在屈服面，抛开屈服与不屈服的概念，而建立一套非线性微分方程来描述材料变形特征。除了宏观量如应力、应变以外，该类理论还包括一些内变量，以统一的方式来描述与加载过程相关的材料行为，如 Hart, Miller, Bodner&Partom 等人的研究工作[57~60]。

第三种方法是推演的，其理论基础是将总应力分解为平衡部分（平衡应力）和不平衡部分（过应力），两部分应力的关系在很大程度上是不耦合的，这样就导致本构理论具有模的结构。除此之外，这种结构的模型方程所具有的一个优点是，有可能将本构建模扩展到热力学框架下。这类模型的发展主要归功于 Krempl[61,64]。

本书采用第一和第二种方法进行镍基高温合金进行粘塑性本构建模，分别选取有代表性的 Chaboche 本构理论和 Bodner-Partom 本构理论。这两个理论都是以材料实验为基础的唯象粘塑性统一本构模型，在内变量法的框架下进行本构方程表述，采用一些内变量来刻画材料与历史相关的一些力学现象。这样做的好处是建立本构方程的过程是开放的，使得关于内变量的物理含义和数目选择在工程实际使用中比较灵活。与传统弹塑性理论的主要不同就在于：将时间无关的塑性和时间相关的蠕变统一用非弹性应变来表示，然后通过某种流动法则和运动方程，结合内变量演化方程来表达非弹性应变的演化进程。在介绍这两种本构理论之前，先讨论基于内变量法的弹—粘塑性统一本构方程的一般特征。

2.2　弹—粘塑性统一本构方程的一般特征

弹—粘塑性统一本构理论最基本的假设为

（1）材料塑性流动不可压；

（2）应力张量 σ_{ij} 是应变张量 ε_{ij} 和一定数目内变量 V_k 的函数，同时内变量随时间的演化服从一组常微分方程，即：

$$\sigma_{ij} = f(\varepsilon_{ij}, V_1, \cdots, V_N) \qquad (2-1)$$

$$\dot{V}_k(t) = f_k(\varepsilon_{ij}(t), V_1(t), \cdots, V_N(t)), k = 1, \cdots, N$$

（3）在小变形条件下，将总应变率张量 $\dot{\varepsilon}_{ij}$ 分为一个弹性应变率张量 $\dot{\varepsilon}_{ij}^{e}$ 与非弹性应变率张量 $\dot{\varepsilon}_{ij}^{in}$ 之和：

$$\dot{\varepsilon}_{ij} = \dot{\varepsilon}_{ij}^{e} + \dot{\varepsilon}_{ij}^{in} \tag{2-2}$$

其中，变量上面加（·）表示对时间求导数（下同）。在流动与屈服无关的本构理论中，这种分解在各个加载阶段都是成立的，但是对于流动与屈服相关的理论，只有当满足屈服条件时才是可以的[14]。

对于各向同性材料，弹性变形部分 ε_{ij}^{e} 服从广义胡克定律（Generalized Hook's Law）

$$\begin{cases} \dot{\varepsilon}_{ij}^{e} = \dfrac{1+v}{E}\dot{\sigma}_{ij} - \dfrac{v}{E}\dot{\sigma}_{kk}\delta_{ij} + \alpha\dot{T}\delta_{ij} \\ \dot{\sigma}_{ij} = \delta_{ij}\lambda\dot{\varepsilon}_{kk} + 2\mu(\dot{\varepsilon}_{ij} - \dot{\varepsilon}_{ij}^{in}) \end{cases} \tag{2-3}$$

上面两式分别是应变率表达式和应力率表达式。这里 E, v, α 分别是弹性模量、泊松比、热膨胀系数。δ_{ij} 是 Kronecker Delta 函数（$i=j, \delta_{ij}=1; i \neq j, \delta_{ij}=0$）。$\mu$ 和 λ 是 Lamé 常数，它们之间具有如下关系：

$$\lambda = \frac{Ev}{(1+v)(1-2v)}, \mu = \frac{\lambda(1-2v)}{2v} = \frac{E}{2(1+v)} \tag{2-4}$$

在式（2-2）中，非弹性应变 ε_{ij}^{in} 是所有不可恢复变形的统称，而塑性流动、蠕变和应力松弛应该包含在定义 ε_{ij}^{in} 的函数中，且为不同加载历史下的特定响应。只有这样广泛的定义形式才允许本构理论是否需要通过某个屈服准则来建立[103]。对微观机理的研究表明，粘塑性流动是晶体滑移和扩散的结果[5,11,14,15,19,104,105]。这说明，材料的变形不能单纯地由经典的弹塑性理论来表达。因此，可以从热力学和位错动力学角度出发，定义一个标量形式的广义粘塑性势函数 $\psi = \psi(\sigma_{ij}, \varepsilon_{ij}^{e}, \varepsilon_{ij}^{in}, V_k, T)$，它应该是当前应力和应变状态、表示硬化的内变量 V_k 以及温度 T 的泛函，且具有耗散性。这个函数有助于计算对应于任何给定应力和硬化状态下的宏观粘塑性应变率；根据 Drucker 假设，粘塑性应变率矢量在相应的状态点处正交于等势面，即：

$$\dot{\varepsilon}_{ij}^{in} = \Lambda \frac{\partial\psi}{\partial\sigma_{ij}} \text{ 或 } \dot{\varepsilon}_{ij}^{in} = \Lambda \frac{\partial\psi}{\partial S_{ij}} \tag{2-5}$$

这就是粘塑性流动法则。其中 Λ 是一个非负的塑性乘子，S 是应力偏张量。ψ 可以具有不同的函数形式，如果势函数就是屈服函数，则称上式为相关联的粘塑性理论，如果势函数不是屈服函数，则称为非关联粘塑性理论[14,85,117]。

与屈服条件无关的粘塑性本构理论包括 Bodner 和 Partom[56,57]，Hart（1976）[58]，Lee 和 Zavel[59]，Miller[60]，Liu 和 Krempl[61]，Walker[63]，Choi 和 Krempl[64],Deseri 和 Mares[65],Robinson 和 Binienda[66]等。由于这些模型中并不存在一个完全的弹性区,所以,描述非弹性应变率的粘塑性势函数必须具备的一个性质就是:在低应力水平下只产生非常小的非弹性应变率。

对那些具有屈服准则的本构模型来说,在应力没有达到一定水平(如屈服应力)之前,粘塑性势函数一直保持零值不变,非弹性应变率也为零,总应变率就是弹性应变率,所以此时的粘塑性势函数与应变率无关。这一类型的本构理论起源于 Perzyna[23,24] 对于各向同性硬化的描述,后来在 Chaboche[33],Robinson[106],Lee 和 Zavel[30] 等人对于各向同性与运动硬化的描述中得到进一步发展。

所有这些粘塑性统一本构理论主要是以流动法则、运动方程和内变量演化方程三部分的建立为基础,而内变量演化又包含各向同性硬化和运动硬化两种形式。其中,流动法则的函数形式依赖于对运动硬化的处理方式,而运动方程是应变率与应力不变量、内变量之间的函数关系,且与温度相关。内变量演化方程用来描述内变量随时间而发生的增长。内变量一般用于表达变形体对于当前非弹性流动的抵抗能力。两个具有相同内变量数值的变形体,对同样的应力状态有相同的非弹性响应。内变量类型的选择和数量的多少依不同的本构模型而变。大多数的本构模型采用两个内变量或者是一个具有两个分量的内变量:一个用于表达各向同性硬化,另一个表达方向性的运动硬化。多数模型的各向同性硬化变量用一个标量表示,或者是拉应力 K(Drag stress),或是屈服应力 Y(Yield stress),而运动硬化用一个二阶张量或者是二阶张量的标量函数来表达[103]。

2.2.1 基本流动法则

在非弹性应变不可压的假设条件下,流动法则有三种基本的函数形式[103]。

(1) $\dot{\varepsilon}_{ij}^{in} = \lambda_1 S_{ij}, \dot{\varepsilon}_{kk}^{in} = 0$ (2 - 6a)

(2) $\dot{\varepsilon}_{ij}^{in} = \lambda_2 \Sigma_{ij} = \lambda_2(S_{ij} - \Omega_{ij}), \dot{\varepsilon}_{kk}^{in} = 0$ (2 - 6b)

(3) $\dot{\varepsilon}_{ij}^{in} = \lambda_{ijkl} S_{kl}, \dot{\varepsilon}_{iikl}^{in} = \dot{\varepsilon}_{iikk}^{in} = 0$ (2 - 6c)

式中,S_{ij} 和 Σ_{ij} 分别是应力偏量和有效应力。张量 Ω_{ij} 表示平衡应力(Equivalent Stress),也被称为背应力(Back Stress)。实际上,如果非弹性流动与一个流动势函数相关联,则这些方程都可以由粘塑性势函数通过式(2-5)导出。

方程(2-6a)就是 Prandtl - Reuss 流动法则,通常与 Von Mises 屈服准则相关联。但是,也可以认为这是一个右端与屈服准则无关的基本材料方程。这样,通常认为该方程适用于比例加载条件。对比例加载来说,发生各向同性硬化是适合的。这个方程说明,尽管 λ_1 可以与应力历史相关,但材料对应力的响应

16

（如非弹性应变率）是各向同性的。既然应力是各向异性的,在熵增加的情况下,λ_1 就可以具有方向性,因而就可以引入运动硬化。

方程(2-6b)表达的流动法则是通过在经典塑性方程中引入 Prager 运动硬化变量以考虑 Bauschinger 效应。在这个意义下,在偏应力空间中,Ω_{ij} 就代表 Von Mises 屈服面中心,方程(2-6b)就是与屈服准则相关联的流动法则。和方程(2-6a)一样,方程(2-6b)也可以看作是与屈服准则无关的材料方程,这样,平衡应力张量 Ω_{ij} 就担当起以下几方面的作用:

（1）考虑与方向有关的硬化(多轴 Bauschinger 效应)、以及非比例加载历程下非弹性应变率张量 $\dot{\varepsilon}_{ij}^{in}$ 与应力偏张量 S_{ij} 的不同轴性。

（2）当有效应力 Σ_{ij} 为负时,能够描述反向大塑性应变效应,即反向蠕变和通过零应力的松弛。

（3）对于无屈服准则的本构理论,在一个给定范围内,能够给出很低的非弹性应变率。

方程(2-6c)是 Prandtl-Reuss 流动法则的各向异性形式,在六维的应力应变率空间中,可以写成:

$$\dot{\boldsymbol{E}}_{\alpha}^{in} = \boldsymbol{\Lambda}_{\alpha\beta} \boldsymbol{T}_{\beta} \qquad \begin{array}{l} \alpha = 1,2,\cdots,6 \\ \beta = 1,2,\cdots,6 \end{array} \qquad (2-7)$$

式中,$\dot{\boldsymbol{E}}_{\alpha}$ 和 $\boldsymbol{T}_{\beta}$ 以一种简单的方式与通常的塑性应变率、应力相关联[107],而 $\boldsymbol{\Lambda}_{\alpha\beta}$ 是一个 6×6 的系数矩阵。如果材料的初始状态是各向同性的,对于由方向性硬化引起的塑性,这种流动法则不会导致矩阵的非对角线元素出现,这时矩阵 $\boldsymbol{\Lambda}_{\alpha\beta}$ 就是对角矩阵。因为 6 个材料常数决定了各向异性的流动特征,方程(2-6c)就与方程(2-6a)等价。在比例加载,包括循环加载条件下,这些流动方程之间是等价的。它们之间的区别只有在非比例加载条件下才得以体现。

2.2.2 运动方程

将流动方程(2-6a)和方程(2-6b)各自平方以后,有

$$\boldsymbol{\lambda}_1 = (\boldsymbol{D}_2^p/\boldsymbol{J}_2)^{1/2} \qquad (2-8a)$$

$$\boldsymbol{\lambda}_2 = (\boldsymbol{D}_2^p/\boldsymbol{J}_2')^{1/2} \qquad (2-8b)$$

$\boldsymbol{D}_2^p = \dfrac{1}{2}\dot{\varepsilon}_{ij}^{in}\dot{\varepsilon}_{ij}^{in}$ 是非弹性应变率张量的第二不变量;$\boldsymbol{J}_2$ 和 $\boldsymbol{J}_2'$ 分别为应力偏量和有效应力偏量的第二不变量:

$$\boldsymbol{J}_2 = \frac{1}{2} S_{ij} S_{ij} \qquad (2-9a)$$

$$\boldsymbol{J}_2' = \frac{1}{2}(S_{ij} - \boldsymbol{\Omega}_{ij})(S_{ij} - \boldsymbol{\Omega}_{ij}) \qquad (2-9b)$$

对所有基于方程(2-6)这种流动法则的统一粘塑性本构理论来说,主要问题在于非弹性变形是由D_2^p和J_2(或J_2')之间的某个函数关系来控制的,该函数包含了与加载历史有关的变量,这些变量用来刻画材料抵抗如硬化和损伤等非弹性流动的能力。一些可能的函数形式为:

$$D_2^p = D_0 X^n \qquad\qquad (2-10a)$$

$$D_2^p = D_0 \exp\left[-\left(\frac{1}{X}\right)^n\right] \qquad\qquad (2-10b)$$

$$D_2^p = D_0 \left[\sinh(X)^m\right]^n \qquad\qquad (2-10c)$$

此处,$X = 3J_2/K^2$ 或 $X = 3J_2'/K^2$,K 为各向同性硬化内变量;D_0,n,m 是材料常数。采用方程(2-10)中的任何一个,通过方程(2-8)、方程(2-6a)和方程(2-6b),就可以将非弹性应变率表达为应力的函数。对流动与屈服准则无关的本构理论而言,方程(2-10b)似乎更合适一些,因为对 J_2 在某些范围内的值,无论 n 为多少,D_2^p 几乎为零。在方程(2-10b)中,D_0 是极限剪切应变率,而方程(2-10a)和方程(2-10c)却不存在这样一个极限情况。

在方程(2-10)中,参数 n 决定了 D_2^p 与 J_2 关系曲线的斜率,因此也就是影响应变率敏感性的主要因素,也影响应力应变曲线的整体硬化水平。

非弹性流动的温度相关性与应变率敏感性相比是一阶的,因此可以直接出现在运动方程中。对于方程(2-10)的形式,可以通过将指数 n 写为温度的函数来实现,如 $n = ck/T$,(k 是玻耳兹曼常数,c 是材料常数),这会使得 X 有很强的温度相关性。当然,还有其他方式可以用来考虑温度相关性,在后面将会看到。

2.3 内变量演化方程

内变量演化方程的一般结构是建立在现在已被广泛接受的 Bailey - Orowan 理论的基础上,Bailey - Orowan 认为,非弹性变形在两种同时竞争的机制作用下出现:随变形产生的硬化(Hardening)和随时间发生的软化(Softening)或恢复(Recovery)。如果用内变量 V_k 来描述这种彼此消长的过程,则 V_k 的演化速率 $\dot{V}_k$ 就是硬化速率和恢复速率之间的差:

$$\dot{V}_k = h_1(V_k)\dot{\eta} - r_1(V_k, T) \qquad\qquad (2-11)$$

式中,h_1 和 r_1 分别是硬化函数和热恢复函数,它们是温度 T 与内变量的函数;$\dot{\eta}$ 是对硬化的度量,依不同本构模型而异,可以是非弹性功 $\dot{W}^p = \int \sigma_{ij}\dot{\varepsilon}_{ij}^{in}\mathrm{d}t$ 或累积非弹性应变率 $\dot{p} = \sqrt{3D_2^p}$。

通常考虑两种硬化:与位错密度或流动受阻有关的各向同性硬化和与内部微应力集中状态有关的运动硬化。

2.3.1　各向同性硬化

方程(2-10)中的 K 通常被解释成各向同性硬化内变量,就是指拉应力(Drag stress)。它的演化方程一般服从方程(2-11)所描述的规律。各向同性硬化速率通常是由各向同性硬化内变量 K 的某个具有饱和值的函数给出,非弹性功率 $\dot{W}^p$ 和累积非弹性应变率 $\dot{p}$ 都可以作为硬化的标量度量。另一方面,软化或者热恢复速率常被取为 K 的幂函数形式,一个温度相关的参数 K_0 用来表示特定温度下的参考状态[103]。

2.3.2　方向性或运动硬化

不同统一本构理论之间的主要差别在于运动硬化的处理方式。这种区别不仅在流动法则的选择中存在,而且在内变量演化方程中也存在。这些演化方程的一般结构和方程(2-11)相似,用一些指标来代表硬化和恢复的方向性[103]:

$$\dot{\Omega}_{ij} = h(\Omega_{ij})\dot{M}_{ij} - d(\Omega_{ij},T)\dot{N}_{ij} - r(\Omega_{ij},T)R_{ij} + \theta(\Omega_{ij},T)\dot{T}W_{ij} \quad (2-12)$$

式中,h、d、r 分别是线性硬化项、动态硬化恢复项、稳态热恢复项。θ 表示与温度变化相伴的硬化和/或恢复。$\dot{M}$、$\dot{N}_{ij}$、R_{ij} 和 W_{ij} 分别代表 h、d、r 和 θ 的方向性参量。不同理论之间的主要差别就是对方向性参量和硬化、恢复函数的选择。

上面的内变量演化方程包含硬化、恢复以及温度变化引起的硬化或恢复。其中恢复又可分为动态恢复(Dynamic Recovery)和稳态热恢复(Thermal Recovery)两部分。当非弹性应变率或者非弹性功率非零时动态恢复项才被激活,而稳态恢复是在很低的加载速率下(时间效应)才变得显著。因此动态恢复项决定了应变控制实验快速变化的形状,但是稳态恢复项却影响缓慢加载或蠕变行为,并且随着温度升高和时间的增长会趋于显著。另一方面,动态恢复是直接与宏观变形过程相关的,在高变形速率时出现。而稳态恢复是与高温下微观热激活的位错重排有关,尤其是在退火过程中。热恢复通常会导致变形中所累积起来的工作硬化部分地甚至完全地丧失掉,在非常低的、甚至零应变率但温度较高的情况下也可能存在这种效应,因此,在硬化法则中必须包含热恢复项。

2.4　稳定性与单值性准则

就稳定性而言,根据 Ponter[108] 和 Lemaitre 与 Chaboche[38] 的研究,包含内变

量的统一本构理论,必须服从下面的不等式:

$$d\sigma_{ij}d\dot{\varepsilon}_{ij}^{in} - d\dot{V}_i d\dot{V}_i > 0 \qquad (2-13)$$

其中,$d\sigma_{ij}$,$d\dot{\varepsilon}_{ij}^{in}$,$dV_i$ 和 $d\dot{V}_i$ 表示当前状态下应力增量,非弹性应变率增量,内变量增量以及内变量速率的增量。该不等式允许经典的塑性流动、蠕变和应力松弛行为。对不稳定材料允许包含负非弹性功的恢复现象,前提是相应的内变量变化足够大,使不等式成立。方程(2-13)的基本要求是耗散率必须非负,这也是热力学第二定律的要求。

对一个恒定的内部状态来说,应力的一个很小的变化会引起非弹性应变率发生相应的改变,即

$$d\sigma_{ij}d\dot{\varepsilon}_{ij}^{in} > 0, \quad \dot{V}_k = 0 \qquad (2-14)$$

非弹性功的不等式(2-14)等同于 Drucker 关于经典塑性的假设:对稳定的材料流动,所做的非弹性功必须非负。对于比例加载,方程(2-10a)和方程(2-10b)表达的运动方程都是外凸的流动势,且与非弹性应变率正交。因此,非弹性功总是正的,在方程(2-10a)和方程(2-10b)的基础上建立的统一本构理论就服从不等式(2-14)。

而单值性是指非弹性应变率必须是应力和内变量的单值函数。对于稳定流动,为了满足这个要求,方程(2-13)使得恒应变率的应力应变曲线的斜率必须为正,但是必须随应变增加而下降。另一方面,对于恒非弹性应变或非弹性功的情况,应力应变曲线的斜率必须为正,但当应变率增加,该斜率可能增加也可能下降[103]。

大多数(并不是全部)的统一本构理论满足不等式(2-13),也满足单值性和稳定性要求。但是,稳定性要求在发展本构理论时并不是基本必须的。统一本构理论允许有不稳定的非弹性流动出现,一般通过在内变量演化方程和(或)运动方程中包含诸如热软化和连续损伤等软化机制来模拟。

针对材料在不同载荷和温度条件下的力学响应,根据上面说明的粘塑性本构建模的基本形式,通过选择是否带屈服面及不同内变量的数量和演化规律,可以形成适用范围广泛的粘塑性本构模型。由于本书主要针对高温结构的应力应变分析,因此,变形限于小变形,并主要考虑与时间相关的蠕变和与时间不相关的循环塑性变形粘塑性本构建模。在第 3 章中,我们将分别介绍并讨论两个广为应用的粘塑性本构理论:Chaboche 型和 Bodner-Partom 型本构模型,给出其具体形式;在第 4 章,将讨论针对棘轮现象所采用的内变量演化方程的形式;在第 6 章,我们将结合具体镍基合金高温合金的力学现象,给出粘塑性本构模型在具体应用时可能的改进形式和对力学行为的建模情况。

第 3 章　Chaboche 和 Bodner-Partom 型粘塑性统一本构模型

本章将分别介绍并讨论两个主要的粘塑性统一本构理论：Chaboche 和 Bodner – Partom（B – P）本构模型的基本结构。其中，Chaboche 本构模型是带屈服面的，Bodner – Partom 是不带屈服面的。

3.1　Chaboche 粘塑性统一本构模型

Chaboche 粘塑性本构模型是与屈服准则相关联的，主要由一组微分方程组成，包括流动法则、运动方程和内变量演化方程（硬化法则）。

3.1.1　流动法则

在 Chaboche 粘塑性本构模型中，流动法则是与 Von Mises 屈服函数相关联的

$$\dot{\varepsilon}_{ij}^{\text{in}} = \Lambda \cdot \partial F / \partial \sigma_{ij} \tag{3 - 1}$$

$\Lambda = \Lambda(F)$。F 是与应力、温度和内变量有关的屈服函数：

$$F = F(\sigma_{ij}, T, V_k) = J_2(\sigma_{ij} - X_{ij}) - R(p) - \sigma_y \tag{3 - 2}$$

其中，T 是温度，$V_k(k = 1, 2, \cdots, N)$ 是 N 个内变量。有效应力偏量的第二不变量为

$$J_2(\sigma_{ij} - X_{ij}) = \left[\frac{3}{2}(\sigma'_{ij} - X'_{ij})(\sigma'_{ij} - X'_{ij}) \right]^{1/2} \tag{3 - 3}$$

σ'_{ij} 和 X'_{ij} 分别是应力 σ_{ij} 和 X_{ij} 的偏量；σ_y 是与加载速率相关的初始屈服应力，R 是一个表示各向同性硬化的标量，表示由于各向同性硬化引起的拉应力（Drag stress），对应于塑性流动的缓慢变化；X_{ij} 称为背应力（Back stress），表示在粘塑性流动过程中，应力空间内屈服面中心（或等势面）的移动，代表运动硬化，描述了与方向有关的效应，如 Bauschinger 效应。

将方程（3 – 2）和方程（3 – 3）代入方程（3 – 1），得

$$\dot{\varepsilon}_{ij}^{\text{in}} = \frac{3}{2} \Lambda \left(\frac{\sigma'_{ij} - X'_{ij}}{J_2(\sigma_{ij} - X_{ij})} \right) \tag{3 - 4}$$

3.1.2 运动方程

运动方程表示非弹性应变率和应力、内变量之间所具有的与温度相关的函数关系。在 Chaboche 模型中,将方程(3-4)中的 Λ 表达为屈服函数 F 的一个幂函数:

$$\Lambda = \langle \Phi(F) \rangle^n = \begin{cases} (F/K)^n, & F > 0 \\ 0, & F \leqslant 0 \end{cases} \quad (3-5)$$

此处,令 $u = \Phi(F)$,$\langle u \rangle = uH(u)$,$H(u)$ 是 Heaviside 函数($u \leqslant 0, H(u) = 0; u > 0, H(u) = 1$,下同)。其中 K 和 n 都是与温度有关的材料参数。Chaboche 及其合作者已经指出,选择这样的幂函数形式,只是出于个人喜好和方便[92]。关于 $\Phi(F)$ 的其他形式也在 Perzyna 的文章中有所论述[23,24]。

从方程(3-1)~方程(3-5)可以看出,在 Chaboche 粘塑性本构模型中,粘塑性势函数被定义为:

$$\Omega = \frac{K}{n+1} \left\langle \frac{F}{K} \right\rangle^{n+1} \quad (3-6)$$

在粘塑性概念中,初始屈服应力 σ_y(式3-2)是很难精确定义的,因此,用一个材料参数 k_0 来代替。这样屈服函数成为 $F = J(\sigma_{ij} - X_{ij}) - R - k_0$,而粘塑性(非弹性)应变率服从方程(2-5),是粘塑性势关于应力的偏导数:

$$\dot{\varepsilon}_{ij}^{in} = \frac{\partial \Omega}{\partial \sigma_{ij}} = \frac{3}{2} \left\langle \frac{J(\sigma_{ij} - X_{ij}) - R - k_0}{K} \right\rangle^n \frac{\sigma_{ij} - X_{ij}}{J(\sigma_{ij} - X_{ij})} \quad (3-7)$$

事实上,将方程(3-5)代入方程(3-4),也可以得到方程(3-7)。

在式(3-7)中,K, k_0, n 都是温度相关的材料参数,K 和 k_0 具有应力的量纲,R 和 X_{ij} 是内变量,各自有其演化方程。

3.1.3 内变量演化方程

1. 运动硬化内变量 X 的演化方程

采用非弹性应变率及其累积作为度量来描述非线性的运动硬化:

$$\dot{X}_{ij} = \frac{2}{3} ca\dot{\varepsilon}_{ij}^{in} - cX_{ij}\dot{p} - \beta | J(X_{ij}) |^{r-1} X_{ij} \quad (3-8)$$

这里只有参数 a 具有应力的量纲,c, β, r 都是无量纲的材料常数。

方程(3-8)右边第一项表达了 Prager 线性运动硬化准则,但是仅限于单调

加载;第二项为动态恢复,它使得硬化可以考虑到载荷方向的改变,如 Bausch-
inger 效应,该项的引入改善了硬化法则描述迟滞环的能力。这一工作最早是由
Amstrong 和 Frederic 提出[25],因此,只包含前 2 项的运动硬化方程被称为 A – F
模型。而第三项是被单独加入的,描述了时间硬化恢复效应,或随动软化(常见
于高温情形)。

从更广泛的意义上来说,为了扩大模型的适用范围,可以将运动硬化变量分
为几个分量,每个分量都遵从相同的非线性演化规律:

$$\dot{X}_{ij}^{k} = \frac{2}{3} c_k a_k \dot{\varepsilon}_{ij}^{\text{in}} - c_k X_{ij}^{k} \dot{p} - \beta_k \mid J(X_{ij}^{k}) \mid^{r_k-1} X_{ij}^{k} \qquad (3-9)$$

这样,总的运动硬化量为

$$X_{ij} = \sum_{k=1}^{n} X_{ij}^{k} \qquad (3-10)$$

对有些材料,观察到切线模量是增加的,这就导致可以通过某个函数 $\Phi(p)$,在
运动变量中可以引入一部分各向同性硬化,函数 $\Phi(p)$ 被定义为:

$$\Phi(p) = \Phi_s + (1 - \Phi_s) e^{-\omega p} \qquad (3-11)$$

此处参数 Φ_s 是与应变范围无关的常数。显然,切线模量的增加由小于 1 的
Φ_s 给出。这样,方程(3 – 9)成为:

$$\dot{X}_{ij}^{k} = \frac{2}{3} c_k a_k \dot{\varepsilon}_{ij}^{\text{in}} - c_k \Phi(p) X_{ij}^{k} \dot{p} - \beta_k \mid J(X_{ij}^{k}) \mid^{r_k-1} X_{ij}^{k} \qquad (3-12)$$

2. 各向同性硬化内变量 R 的演化方程

各向同性硬化对应于塑性流动过程中应力的缓慢变化,表示屈服面在各个
方向以相同的量在扩大。一般来说,各向同性变量的变化服从下面的演化方程:

$$\dot{R} = b(Q - R)\dot{p} + \gamma \mid Q_r - R \mid^{m-1} (Q_r - R) \qquad (3-13)$$

这里,Q,b,γ 和 m 都是材料参数。Q_r 是各向同性内变量 R 的渐近值,$Q + k_0$
是屈服面尺寸的渐近值。Q 与 Q_r 具有应力的量纲,其他几个是无量纲的常数。

方程(3 – 13)右端第一项通过 R 随着累积非弹性应变增加而增加或减少
(取决于 b 值的正负),描述了循环硬化或软化现象;第二项用来表达各向同性
硬化的时间(或热)恢复效应。如不考虑恢复项,则当 R 演化到它的渐近值时,
各向同性硬化就达到了稳定状态。但是,如果恢复效应不能忽略,那么各向同性
内变量的稳定值就介于 Q 和 Q_r 之间。

对有些材料(如不锈钢),循环硬化变量的应力渐近值依赖于先前的载荷历
史。即,塑性应变范围影响着稳定的循环响应。这时,Masing 准则就不再成立。
运动的和各向同性的变量就不能够描述塑性应变的记忆能力,因为运动硬化在
本质上是易消散的,而各向同性硬化趋于一个饱和值。

因此,一个能够记住以前非弹性应变范围的新的变量 q,就被用来考虑应变记忆效应。Chaboche 等人[34]首先提出,在各向同性变量的演化方程中,令 Q 成为 q 的函数。该应变记忆模型在塑性应变空间中引入一个不硬化的曲面 F:

$$F = J_2(\varepsilon_{ij}^{in} - \xi_{ij}) - q = \left[\frac{2}{3}(\varepsilon_{ij}^{in} - \xi_{ij})(\varepsilon_{ij}^{in} - \xi_{ij})\right]^{1/2} - q \leqslant 0 \quad (3-14)$$

$$\begin{cases} \dot{q} = \eta H(F)(\boldsymbol{n}_{ij}\boldsymbol{n}_{ij}^*)\dot{p} \\ \dot{\xi}_{ij} = \sqrt{\frac{2}{3}}(1-\boldsymbol{\eta})H(F)(\boldsymbol{n}_{ij}\boldsymbol{n}_{ij}^*)\boldsymbol{n}_{ij}^*\dot{p} \end{cases} \quad (3-15)$$

这里,

$$n_{ij} = \sqrt{\frac{2}{3}}\frac{\sigma'_{ij} - X'_{ij}}{J(\sigma_{ij} - X_{ij})}; n_{ij}^* = \sqrt{\frac{2}{3}}\frac{\varepsilon_{ij}^{in} - \xi_{ij}}{I(\varepsilon_{ij}^{in} - \xi_{ij})} \quad (3-16)$$

且有

$$\dot{Q} = 2\mu(Q_{max} - Q)\dot{q} \quad (3-17)$$

初始条件为:$Q(0) = Q_0$。μ 和 Q_{max} 均为材料参数。系数 η 由 Ohno[109]引入,是为了考虑应变记忆效应。

方程(3-17)可积分为:

$$Q = Q_{max} + (Q_0 - Q_{max})e^{-2\mu q} \quad (3-18)$$

q 和 ξ 的演化方程(3-15)在记忆过程中服从一致性条件:$F = \dot{F} = 0$。

这些式子构成了一组完整的应变记忆方程。然而,由于记忆是缓慢消散的(部分的),也就意味着记忆效应并不能完全被消散,所以可以通过修改 q 的演化方程来考虑这种现象。

与 Q 类似,其渐近值 Q_r 也可与塑性应变记忆效应相关,这是因为要考虑微观结构的恢复效应在循环硬化之前和之后是不同的。

$$Q_r = Q - Q_r^*\left(1 - \left(\frac{Q_{max} - Q}{Q_{max}}\right)^2\right) \quad (3-19)$$

3.1.4 考虑棘轮现象的运动硬化演化方程

棘轮现象是指材料在循环加载作用下,其非弹性变形随循环次数的增加而发生累积。在上述 Chaboche 模型的运动硬化变量演化方程中,是利用 Armstrong-Frederick(AF)非线性硬化法则来描述运动硬化内变量 X 的演化。尽管这样形式的演化方程在描述很多力学行为,特别是循环塑性方面,是一个很好的模型,但是,仍然会预测到过多的单轴棘轮应变,这是因为:

(1) 在这种类型的背应力演化方程中,硬化和动态恢复是成比例变化的,这就使得迟滞环不可能闭合;

（2）由于迟滞环不闭合,随着载荷循环次数的增加,预测到的累积棘轮应变就会越来越大。

为了能够比较准确地描述棘轮现象,人们做了许多修正来改进 AF 模型。其中,Ohno/Wang 修正被认为是最成功的一个[95]。Ohno/Wang 模型假定背应力的每一个分量都存在一个动态恢复的临界态。这个假设导致迟滞环会完全封闭和近似封闭。在单轴棘轮中,由于迟滞环的这两种情况分别对应于没有棘轮应变或即使有也是非常小的,所以这种修正取得了成功。

为了克服 AF 模型会产生过多棘轮应变这样的缺陷,Ohno/Wang 假定只有当 X_i 达到一个临界值 $J(X_i)$ 时,它的动态恢复项才会被激活。他们据此导出下面带有 Heaviside 函数 H 和 Macaluley 符号 $\langle\rangle$ 的方程[95]:

$$\dot{X}_{ij}^k = c_k\left(\frac{2}{3}a_k\dot{\varepsilon}_{ij}^{\text{in}} - H(f_i)\left\langle\dot{\varepsilon}_{ij}^{\text{in}}:\frac{X_{ij}^k}{J(X_{ij}^k)}\right\rangle X_{ij}^k\right) \qquad (3-20)$$

这里 f_i 和 $J(X_i)$ 分别被定义为

$$f_k = J(X_{ij}^k) - a_k \qquad J(X_{ij}^k) = \frac{3}{2}X_{ij}^k:X_{ij}^k$$

称方程(3 − 20)为 Ohno/Wang Ⅰ 模型。因为在屈服面 $f_k = 0$ 内,动态恢复项是没有的,所以它所描述的迟滞环是闭合的。换言之,Ⅰ 模型并不能产生单轴棘轮应变。因此,Ohno 和 Wang 又假设当 X_{ij}^k 接近屈服面 $f_k = 0$ 时,X_{ij}^k 的动态恢复项会具有明显的非线性特征,方程(3 − 20)被改写为[95]:

$$\dot{X}_{ij}^k = c_k\left(\frac{2}{3}a_k\dot{\varepsilon}_{ij}^{\text{in}} - \left(\frac{J(X_{ij}^k)}{a_k}\right)^{m_k}\left\langle\dot{\varepsilon}_{ij}^{\text{in}}:\frac{X_{ij}^k}{J(X_{ij}^k)}\right\rangle X_{ij}^k\right) \qquad (3-21)$$

称方程(3 − 21)为 Ohno/Wang Ⅱ 模型,当参数 $m_k(k = 1,2,\cdots,M)$ 无限大时就变成 Ⅰ 模型。

在非比例加载的条件下,$\left\langle\dot{\varepsilon}_{ij}^{\text{in}}:\frac{X_{ij}^k}{J(X_{ij}^k)}\right\rangle < \dot{p}$,这样使得恢复项减少,棘轮应变的累积变小。在比例加载条件下 $\left\langle\dot{\varepsilon}_{ij}^{\text{in}}:\frac{X_{ij}^k}{J(X_{ij}^k)}\right\rangle = \dot{p}$,方程(3 − 21)成为

$$\dot{X}_{ij}^k = c_k\left(\frac{2}{3}a_k\dot{\varepsilon}_{ij}^{\text{in}} - \left(\frac{J(X_{ij}^k)}{a_k}\right)^{m_k}\dot{p}\cdot X_{ij}^k\right) \qquad (3-22)$$

事实上,即使 m_k 比较大,方程(3 − 21)和方程(3 − 22)产生的棘轮应变也不会有明显的区别。这样同时考虑到方程(3 − 12)和方程(3 − 22),本书将运动硬化方程写为如下形式:

$$\dot{X}_{ij}^{(k)} = \frac{2}{3} c_k a_k \dot{\varepsilon}_{ij}^{\text{in}} - c_k \Phi(p) \left| \frac{J(X_{ij}^{(k)})}{\dfrac{a_k}{\Phi(p)}} \right|^{m_k} X_{ij}^{(k)} \dot{p} - \beta_k \mid J(X_{ij}^{(k)}) \mid^{r_k - 1} X_{ij}^{(k)}, k = 1, 2, \cdots, M$$

$$(3 - 23)$$

Abdel-Karim 和 Ohno(2000)[99,100] 将 AF 模型(3 − 8)与 Ohno/Wang I 模型(3 − 20)组合成下式:

$$\dot{X}_{ij}^{k} = c_k \left(\frac{2}{3} a_k \dot{\varepsilon}_{ij}^{\text{in}} - \mu_k a_k \dot{p} - H(f_k) \left\langle \dot{\varepsilon}_{ij}^{\text{in}} : \frac{X_{ij}^{k}}{J(X_{ij}^{k})} - \mu_k \dot{p} \right\rangle X_{ij}^{k} \right) \quad (3 - 24)$$

当 μ_k 取 0 和 1 时,分别退化到 Ohno/Wang I 模型和 AF 模型。通过在 0 和 1 之间取适当的数值,可以很好地模拟 9Cr − 1Mo 改型钢在 550℃ 和 IN738LC 在 850℃ 时的单轴、多轴棘轮特性,尤其是多轴循环应力松弛、蝴蝶型路径下的非比例加载。这说明将这些模型经过恰当的组合,可以在一定程度上解决 Bari 和 Hassan[85] 所说的本构理论在建模单轴与多轴棘轮时遇到的矛盾。

3.1.5 温度历史效应

当本构行为与温度相关时,每一个材料参数都可以认为是温度相关的。在这种情况下,为了和热力学理论相容,在 X_i 和 R 的率形式演化方程中就要增加一项[94]:

$$\dot{X}_{ij}^{k} = [\dot{X}_{ij}^{k}]_{\dot{T}=0} + \frac{1}{C_k} \frac{\partial C_k}{\partial T} X_{ij}^{k} \dot{T}, C_k = c_k a_k \quad (3 - 25)$$

$$\dot{R} = [\dot{R}]_{\dot{T}=0} + \left(\frac{1}{b} \frac{\partial b}{\partial T} + \frac{1}{Q} \frac{\partial Q}{\partial T} \right) R \dot{T} \quad (3 - 26)$$

其中,$[\dot{X}_{ij}^{k}]_{\dot{T}=0}$ 表示前面介绍的等温硬化法则。这样,就可以进行变温时的力学行为模拟和预测。

3.2 Bodner-Partom 粘塑性统一本构理论

Bodner-Partom 理论(B − P 模型)是由 S. R. Bodner 和 Y. Partom 采用位错动力学思想于 20 世纪 60 年代末提出的一个弹—粘塑性硬化材料的本构关系理论。该模型能描述许多与应变率相关的非弹性变形的特征,如率相关的应变硬化、蠕变和应力松弛以及循环硬化和循环软化、由非比例加载引起的附加硬化等。最近三十年间在工程上得到了广泛的应用,发展得较为成熟。B − P 模型的特点在于不需要屈服准则和加载、卸载判据。

在小变形假设的前提下,和 Chaboche 理论一样,B − P 模型假设总应变率可以分为弹性应变率与非弹性应变率之和,见方程(2-2)。其中弹性部分是由晶格应变所引起的,可以由弹性势函数导出,而且是一种可逆的过程,仍为方程(2-3)。非弹性部分则是由于位错运动所产生的不可逆变形。

B-P粘塑性本构理论主要由一组微分方程组成,包括流动法则、运动方程和内变量演化方程三部分[57,68~70,72,74,75,82]。

3.2.1 流动法则

采用 Prandtl-Reuss 流动法则来定义塑性(非弹性)应变率和应力偏量之间的张量关系

$$\dot{\varepsilon}_{ij}^{in} = \lambda_{ijkl} S_{kl} \qquad (3-27)$$

其中 S_{kl} 为应力偏量, λ_{ijkl} 是四阶张量。B-P 模型将 λ 处理成一个反映与载荷历史相关的动态硬化的标量,将上式两边自乘,并考虑到张量的求和约定,可得:

$$\lambda^2 = \frac{D_2^P}{J_2} \qquad (3-28)$$

式中, D_2^p 和 J_2 分别为非弹性应变率张量的第二不变量和应力偏张量的第二不变量,即,

$$D_2^p = \frac{1}{2} \dot{\varepsilon}_{ij}^{in} \dot{\varepsilon}_{ij}^{in}$$

$$J_2 = \frac{1}{2} S_{ij} S_{ij}$$

关于流动法则的讨论见 2.2.1 节。

3.2.2 运动方程

Bodner-Partom 放弃了有关屈服条件的传统观点,假定 D_2^p 与 J_2 之间存在一定的函数关系,并根据一种位错动力学模型建立了二者之间的关系,即 $D_2^p = f(J_2)$。这样,就使得塑性本构关系具有微观位错运动的物理基础。

Gilman 等人[110]从实验资料和理论分析中发现,可动位错的平均速度 v(位错速度以弹性剪切波速为极限值)与应力的关系可表示为

低应变率时,有 $\qquad v = C\left(\frac{\sigma}{\sigma_0}\right)^n$

高应变率时,有 $\qquad v = A\exp(-B/C)$

式中, σ_0, n, A, B 都是材料常数, C 为一标量乘子。

Bodner-Partom 将上列两式推广到一般情况,得到运动方程:

$$D_2^p = D_0^2 \exp\Big[-\Big(\frac{Z^2}{3J_2} \Big)^n \Big] \qquad (3-29)$$

式中,D_0 表示极限剪切应变率,是应力很高时 D_2^p 的极限值,当 $\dot{\varepsilon} < 10 \mathrm{s}^{-1}$,取 $D_0 = 10^4 \mathrm{s}^{-1}$;$n$ 为材料应变率敏感性常数,与 $D_2^p = f(J_2)$ 曲线的变化程度有关,并反映了应力应变曲线的非弹性区域的陡峭程度,且与加载历史无关,n 值越大,应变率敏感程度越小。Z 为内部状态变量(简称内变量),它体现了材料对塑性流动的抵抗能力。

将方程(3-28)和方程(3-29)代入到方程(3-27),可得非弹性应变率的表达式为:

$$\dot{\varepsilon}_{ij}^{\mathrm{in}} = D_0 \exp\Big[-\frac{1}{2}\Big(\frac{(Z)^2}{3J_2} \Big)^n \Big] \frac{S_{ij}}{J_2} \qquad (3-30)$$

3.2.3 内变量演化方程

和大多数统一本构理论一样,B-P 模型将内变量 Z 分为一个各向同性分量 Z^{I} 与一个运动硬化分量 Z^{D} 之和:

$$Z = Z^{\mathrm{I}} + Z^{\mathrm{D}} \qquad (3-31)$$

这种内变量的分解形式,具有浓厚的物理背景。Bodner 认为,位错的运动可以采用两种不同的物理量来表达:硬化的标量部分表征位错密度在整体上的演化,通常增加了位错运动的阻碍,降低了整体的迁移率。硬化的张量部分由剪应力在相关剪平面上的分解方向上的位错损耗来推动。这样,就能够对所加偏应力方向的应变演化做出贡献。

运动硬化分量表示在应力各方向上发生的应变硬化对整体硬化效果的综合贡献,用一个二阶张量 $\boldsymbol{\beta}$ 和一个表示应力方向的张量 $\boldsymbol{u}$ 之间的内积(标量)表示:

$$Z^{\mathrm{D}}(t) = \beta_{ij}(t) u_{ij}(t) \qquad (3-32)$$

而 $\boldsymbol{\beta}$ 的演化方程为:

$$\dot{\beta}_{ij}(t) = m_2 [Z_3 u_{ij}(t) - \beta_{ij}(t)] \dot{W}^p - A_2 Z_1 \Big[\frac{(\beta_{kl}\beta_{kl})^{1/2}}{Z_1} \Big]^{r_2} V_{ij} \quad (3-33)$$

初始条件为 $\beta_{ij}(0) = 0$。塑性功率 $\dot{W}^p = \sigma_{ij} \dot{\varepsilon}_{ij}^{\mathrm{in}}$。此处,有两个方向性张量:

$$u_{ij}(t) = \frac{\sigma_{ij}(t)}{(\sigma_{kl}\sigma_{kl})^{1/2}}, V_{ij}(t) = \frac{\beta_{ij}(t)}{(\beta_{kl}\beta_{kl})^{1/2}} \qquad (3-34)$$

在比例加载下,各向同性硬化分量的演化方程为

$$\dot{Z}^{\mathrm{I}} = m_1 [Z_1 - Z^{\mathrm{I}}(t)] \dot{W}^p(t) - A_1 Z_1 \Big[\frac{Z^{\mathrm{I}}(t) - Z_2}{Z_1} \Big]^{r_1} \qquad (3-35)$$

初始条件为 $Z^I(0) = Z_0$，其中 Z_0 是与温度有关的材料参数，对应于初始屈服应力状态。

如果考虑非比例加载，则 Z^I 的演化方程为：

$$\dot{Z}^I = m_1 [Z_1 + YZ_3 - Z^I(t)] \dot{W}^p(t) - A_1 Z_1 \left[\frac{Z^I(t) - Z_2}{Z_1} \right]^{r_1} \quad (3-36)$$

变量 $\dot{Y} = Y(\theta, \dot{W}^p)$，其演化方程为

$$\dot{Y} = m_2 (Y_1 \sin\theta - Y) \dot{W}^p, Y(0) = 0 \quad (3-37)$$

其中，$\theta = \arccos(\overline{V}_{ij}\overline{V}_{ij})$ 为两个张量 $\boldsymbol{\beta}$ 与 $\dot{\boldsymbol{\beta}}$ 之间的夹角，或者 $\theta = \arcsin(\overline{u}_{ij}\overline{u}_{ij})$ 表示应力与应力速率之间的夹角。而两个张量分别为

$$\overline{u}_{ij} = \frac{\dot{\sigma}_{ij}}{(\dot{\sigma}_{kl}\dot{\sigma}_{kl})^{1/2}}; \overline{V}_{ij} = \frac{\dot{\beta}_{ij}}{(\dot{\beta}_{kl}\dot{\beta}_{kl})^{1/2}} \quad (3-38)$$

其中，式(3-33)，式(3-35)和式(3-36)的第一部分是功硬化项，第二部分是热恢复项。功硬化由塑性功来表达，因为它是表示塑性变形过程中所耗散掉的不可恢复的能量。可以看出，Z^I 和 Z^D 都是标量，而 $\boldsymbol{\beta}, \boldsymbol{u}, \boldsymbol{V}, \boldsymbol{\sigma}, \boldsymbol{\varepsilon}$ 都是张量。在比例加载时，上述方程中共包含12个材料参数：$E, D_0, Z_0, Z_1, Z_2, Z_3, m_1, m_2, n, A_1, A_2, r_1, r_2$；非比例加载时还包括 Y_1。

3.2.4　温度历史效应

当考虑温度变化时，必须在各向同性和运动硬化变量的演化方程中增加与温度相关的项，这样就包括硬化、热恢复和温度变化率三项[83]：

$$\dot{Z}^I = [\dot{Z}^I]_{T=0} + \left(\frac{Z_1 - Z^I}{Z_1 - Z_2} \right) \frac{\partial Z_2}{\partial T} \cdot \dot{T} \quad (3-39)$$

$$\dot{\beta}_{ij} = [\dot{\beta}_{ij}]_{T=0} + \frac{\beta_{ij}}{Z_3} \cdot \frac{\partial Z_3}{\partial T} \cdot \dot{T} \quad (3-40)$$

3.3　粘塑性统一本构模型的有限元实现

本构模型只有和数值方法有效结合，才能对实际工程结构的应力应变计算发挥作用。目前，结构的数值分析方法主要采用有限元方法。而粘塑性统一本构模型的应用价值，充分体现在它能够很好地与现有的有限元分析软件相结合，为实际结构的强度分析提供了良好的工具。通常是通过已有的有限元软件提供的材料模型用户子程序来实现。不同的有限元软件系统实现起来各有要求，但总体上要解决一个主要问题，即本构模型的数值积分方法。

3.3.1　粘塑性本构方程的积分方法

在 2.1 节已经提到,本章所讲的两个本构模型可以写为方程(2-1)这样的形式。从更广泛的意义上来讲,方程(2-1)也可以表示为形如:

$$\dot{Y} = F[Y(t)], Y = (\varepsilon, V_1, \cdots, V_M)^{\mathrm{T}} \qquad (3-41)$$

关于时间的微分形式。且在 $t = t_0$ 时有

$$Y(t_0) = Y_0 \qquad (3-42)$$

方程(3-41)和方程(3-42)共同构成了一个解矢量为 Y 的一阶常微分方程系统,其中解矢 Y 包含本构模型中的应力、应变张量和内变量张量。采用显式、隐式或者混合积分格式可以将这种率形式的本构方程写成增量的形式以便于求解

$$Y_{t+\Delta t} = Y_t + \Delta Y(\Delta t) \qquad (3-43)$$

解矢在一个增量步 Δt 内的增量 ΔY 是由内变量演化方程来表达的,而对本构方程的积分主要在于如何保证计算的稳定性和准确性。但是,由于目前这种统一型的粘塑性本构方程具有数学"刚性",使得这种积分具有一定的难度。所谓本构方程的数学"刚性"是指,本构微分方程中相关变量对独立变量或者时间增量的变化敏感,实质上是由于本构理论运动方程所采用的函数形式而引起的,通常会伴随着加载过程中非弹性应变的显著增加而出现。本构方程的这种性质,不仅影响计算的稳定性和精度,也会对材料参数的可靠性产生不可忽视的作用。因此,发展恰当的积分算法是必要的。

已有的对这类方程各种积分方法的系统比较研究表明[111~113]:有时,一种相对简单的显式积分方法可能优于高阶的或隐式的积分方法,显式积分方法虽然是条件稳定的,但如果在积分时恰当地控制积分步长,积分结果和效率也是可以接受的。隐式算法的优点在于能够保证计算稳定而快速地达到收敛,但是在每个增量步内都要求解方程组,运算量比较可观,会导致计算效率下降。如果运用一定的时间步长控制策略,则最简单的欧拉显式积分格式也可具有较高的计算效率。下面给出一自适应的向前欧拉显式积分算法。尽管计算稳定性是有条件的,但如果在每个积分步对时间步长进行适当的误差控制,不仅可以获得比较高的计算效率,而且能够比较容易与有限元程序进行集成。

假设在时刻 t,解矢 Y 是已知的,率形式的本构方程可以写成 $\mathrm{d}Y/\mathrm{d}t = F(Y,t)$,$F(Y,t)$ 是内变量演化方程的右端项。采用积分格式:

$$Y_{t'} = Y_t + \Delta t' F(Y_t, t), \Delta t' = \frac{\Delta t}{N_{\text{SPLIT}}}, t' = t + \Delta t'$$

上式的含义为当前有限元整体加载的时间步长 Δt 被分为 N_{SPLIT} 个等距子步 $\Delta t' = \Delta t / N_{\text{SPLIT}}$（积分步长），重复 N_{SPLIT} 遍即可得到 $t + \Delta t$ 时刻的解矢 $Y_{t+\Delta t}$。在 Δt 内，积分的精度与可靠性主要依赖于积分步长 $\Delta t'$ 的选择（由 N_{SPLIT} 控制），可以通过以应变增量为度量的收敛准则进行误差控制：

$$e = R + \frac{\sqrt{3\Delta J_2}}{2E} \tag{3-45}$$

$$N_{\text{SPLIT}} = N_{\text{SPLIT}}/2, e < e_l \tag{3-46a}$$

$$N_{\text{SPLIT}} = N_{\text{SPLIT}}, e_l < e < e_u \tag{3-46b}$$

$$N_{\text{SPLIT}} = 2 \times N_{\text{SPLIT}}, e > e_u \tag{3-46c}$$

其中，$R = \sqrt{\dfrac{2}{3}\Delta\varepsilon_{ij}^{\text{in}}\Delta\varepsilon_{ij}^{\text{in}}}$，$J = \dfrac{3}{2}\Delta S_{ij}\Delta S_{ij}$；$e_l, e_u$ 分别为误差 e 的上下限，建议分别取为 1.0×10^{-4} 和 1.0×10^{-5}。式 $(3-46)$ 的含义是：如果误差低于下限，子步长 $\Delta t'$ 加倍（N_{SPLIT} 减半）；如果介于上限和下限之间，子步长保持不变；如果大于误差上限，子步长减半（N_{SPLIT} 加倍）。

时间载荷步长 Δt 的确定，依赖于具体采用的有限元程序和求解时采用的步长策略。通常可直接选用有限元软件提供的步长策略。如 ABAQUS 提供的自动时间步长增长策略，也可在 ABAQUS 的 STEP 中采用 *STATIC DIRECT 以使用固定时间步长增长策略。或者在 UMAT 程序中通过变量 PNEWDT 直接控制。

3.3.2　粘塑性统一本构模型在 ABAQUS 程序中的实现

下面以广泛使用的 ABAQUS/STANDARD 求解器为例，说明粘塑性本构模型通过 ABAQUS 定义材料本构关系的接口子程序 UMAT（一般用 FORTRAN 语言编写），如何实现其与有限元软件的结合。使用 ABAQUS 时，在本构方程中必须采用 Cauchy 应力张量。

ABAQUS 采用 Newton-Raphson 方法求解非线性有限元平衡方程，对准静态加载情况，有

$$\sum \left(\int \boldsymbol{B}^{\text{T}} \boldsymbol{J} \boldsymbol{B} \mathrm{d}V \right) C^k = P(t + \Delta t) - \sum \int \boldsymbol{B}^{\text{T}} [\boldsymbol{\sigma}(t) + \Delta\boldsymbol{\sigma}(\Delta u^k)] \mathrm{d}V$$

$$\tag{3-47}$$

$$\Delta u^{k+1} = \Delta u^k + C^k \qquad (3-48)$$

式中,矩阵 $\boldsymbol{B}$ 将节点位移增量通过下式转换为应变增量

$$\Delta \varepsilon = \boldsymbol{B} \cdot \Delta u \qquad (3-49)$$

应力增量是应变增量的函数,因此也是位移增量的函数。方程(3-48)给出了第 K 次迭代对位移增量的修正。当应用 Newton-Raphson 迭代法在每次载荷步内求解平衡方程(3-47)时,需给出其中的 Jacobian 矩阵 $\boldsymbol{J} = (\partial \Delta \sigma / \partial \Delta \varepsilon)_{t+\Delta t}$,也即为 UMAT 子程序中的 DDSDDE 矩阵。元素 J_{ij} 定义为第 j 个应变分量的微小增量对第 i 个应力分量的扰动。通常 DDSDDE 矩阵是对称的,但是率形式本构方程,很难得到 $\boldsymbol{J}$ 矩阵的显式表达。考虑不论以什么方式定义它,仅影响计算的收敛速度,对结果没有影响。所以,最简单的办法就是采用弹性刚度矩阵作为 DDSDDE 矩阵,这相当于有限元中的"常刚度"法。

当运行 ABAQUS/STANDARD 时,每当调用材料模块,都进入 UMAT 子程序。这时,ABAQUS 主程序向 UMAT 传进应变增量、温度增量、时间步长和外载增量,同时还传入当前已知状态的应力、应变、温度以及各种状态变量。在 UMAT 中,用户根据本构方程更新应力和状态变量,并提供 DDSDDE 矩阵给 ABAQUS 主程序。

在求解的过程中,需要记录并保存与求解过程相关的状态变量,如非弹性应变、内变量等,这些变量可以储存在 UMAT 子程序的 STATEV(NSTATV)数组中。NSTATV 是变量的个数。表 3-1 给出了采用 3 个 X 时 Chaboche 模型和 B-P 模型中的状态变量。

表 3-1　ABAQUS/UMAT 子程序中的状态变量

模型 变量名称	Chaboche 模型	Bodner-Partom 模型
非弹性应变张量	6 个分量	6 个分量
各向同性硬化变量	1	1
运动硬化变量	$3 \times 6 = 18$ 个	7 个(1 个 Z^D, β 有 6 个分量)
累积变量	1 个累积塑性应变	1 个塑性功变量
其他	1 个 N_{SPLIT}	1 个 N_{SPLIT}
总计	27	16

采用自适应的欧拉显式积分方法,按照 ABAQUS 的用户材料接口 UMAT 的结构,将 Chaboche 本构模型和 Bodner-Partom 本构模型分别编成两个 UMAT 程序,其程序流程见图 3-1。

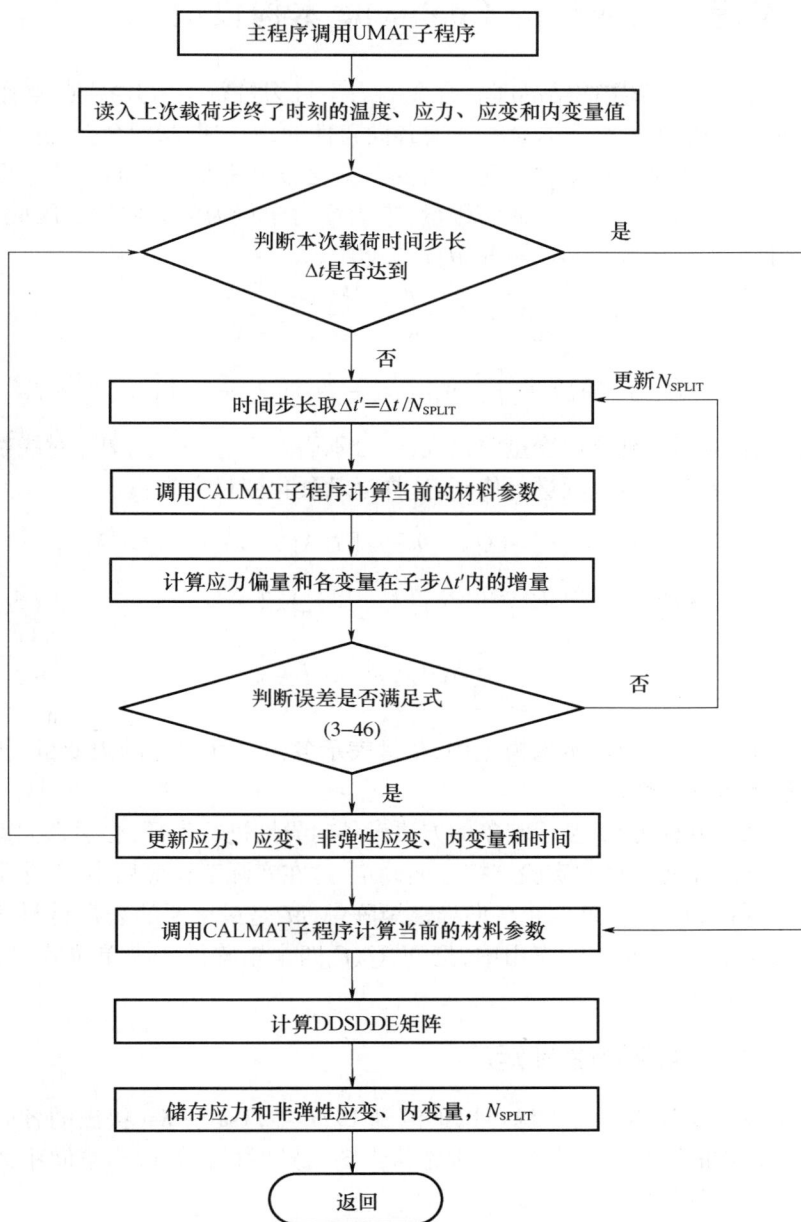

图 3 - 1 ABAQUS/UMAT 子程序流程图

3.4 考虑各向异性的 Chaboche 本构模型

当对镍基单晶和定向结晶高温合金的力学行为进行本构建模时,必须考虑其各向异性。典型地,单晶合金是正交各向异性的,而定向凝固合金是横观各向同性的。为此,无论是屈服准则还是内变量演化方程都是有方向性的。可以采用唯象的方法,通过引入一个四阶张量,来表征力学行为的方向性。因此,针对流动法则,引入一个各向异性矩阵 M_{ijkl},

$$\dot{\varepsilon}_{ij}^{\text{in}} = \frac{\partial \Omega}{\partial \sigma_{ij}} = \frac{3}{2} \left\langle \frac{f}{K} \right\rangle^n \frac{M_{ijkl}(\sigma_{ij} - X'_{ij})}{J(\sigma_{ij} - X_{ij})} \qquad (3-50)$$

$$J(\sigma_{ij} - X_{ij}) = \left[\frac{3}{2} M_{ijkl}(\sigma_{ij} - X_{ij})(\sigma_{ij} - X_{ij}) \right]^{1/2} \qquad (3-51)$$

相应地,对运动硬化内变量演化规律,分别引入 N_{ijkl},Q_{ijkl},P_{ijkl} 对线性硬化项、动态恢复项和热恢复项进行修正,这样运动硬化变量变为:

$$\dot{X}_{ij}^{(k)} = \frac{2}{3} N_{ijkl} c_k a_k \dot{\varepsilon}_{ij}^{\text{in}} - Q_{ijkl} c_k \Phi(p) \left[J(X_{ij}^{(k)}) \Phi(p) / a_k \right]^{m_k} X_{ij}^{(k)} \dot{p}$$

$$- P_{ijkl} \beta_k X_{ij}^{(k)} \left[J(X_{ij}^{(k)}) / a_k \right]^{r_k - 1} (k = 1, 2, \cdots) \qquad (3-52)$$

$$\dot{p} = \sqrt{\frac{2}{3} M_{ijkl}^{-1} \dot{\varepsilon}_{ij}^{\text{in}} \dot{\varepsilon}_{ij}^{\text{in}}} = \left\langle \frac{f}{K} \right\rangle^n \qquad (3-53)$$

在 Chaboche 粘塑性本构模型中,R 是表示各向同性硬化的内变量,所以通常不再引入各向异性矩阵。

从上面的方程可知,基于唯象的方法对各向异性进行表征,会引入大量的模型参数,因此,需要大量的实验支持才能确定,这在实际工程应用中,是非常困难的。考虑到在 M、N、Q、P 四个各向异性矩阵中,M 是最重要的表征材料各向异性力学的参量,通常在实际应用中,把 N、Q、P 四个矩阵设定为单位阵,只用 M 阵表征各向异性。

3.4.1 正交各向异性 M 矩阵

正交各向异性矩阵的来源可以追溯到 1971 年,Tsai – Wu 提出的各向异性材料失效评价的张量理论[114]。该理论认为各向异性材料在应力空间中的破坏曲面是一个二阶张量多项式,即:

$$F_{ij} \sigma_{ij} + F_{ijkl} \sigma_{ij} \sigma_{kl} = 1 \qquad (3-54)$$

对于正交各向异性材料,其强度不受剪应力方向的影响,即剪应力的正或者负对材料的屈服没有影响。所以含有 σ_{12}，σ_{23}，σ_{31} 的一次方系数均为零。

同时我们只考虑拉伸压缩具有相同屈服极限特性，所以上式可以简化为：

$$F_{ijkl}\sigma_{ij}\sigma_{kl} = 1 \tag{3-55}$$

写成矩阵的形式为：

$$F_{ijkl} \cdot \sigma_{ij}^{\mathrm{T}}\sigma_{ij} = F_{ijkl}\begin{bmatrix} s_{11}s_{11} & s_{11}s_{22} & s_{11}s_{33} & s_{11}s_{12} & s_{11}s_{13} & s_{11}s_{23} \\ s_{22}s_{11} & s_{22}s_{22} & s_{22}s_{33} & s_{22}s_{12} & s_{22}s_{13} & s_{22}s_{23} \\ s_{33}s_{11} & s_{33}s_{22} & s_{33}s_{33} & s_{33}s_{12} & s_{33}s_{13} & s_{33}s_{23} \\ s_{12}s_{11} & s_{12}s_{22} & s_{12}s_{33} & s_{12}s_{12} & s_{12}s_{13} & s_{12}s_{23} \\ s_{13}s_{11} & s_{13}s_{22} & s_{13}s_{33} & s_{13}s_{12} & s_{13}s_{13} & s_{13}s_{23} \\ s_{23}s_{11} & s_{23}s_{22} & s_{23}s_{33} & s_{23}s_{12} & s_{23}s_{13} & s_{23}s_{23} \end{bmatrix} \tag{3-56}$$

这个矩阵形式表现了每一个应力分量之间的互相影响，如果不考虑正应力和剪应力之间的相互影响，则上式右端第二项的系数矩阵具备下面的性质：

$$M_{ijkl} = \begin{bmatrix} M_{11} & M_{12} & M_{13} & 0 & 0 & 0 \\ M_{21} & M_{22} & M_{23} & 0 & 0 & 0 \\ M_{31} & M_{32} & M_{33} & 0 & 0 & 0 \\ 0 & 0 & 0 & M_{44} & M_{45} & M_{46} \\ 0 & 0 & 0 & M_{54} & M_{55} & M_{56} \\ 0 & 0 & 0 & M_{64} & M_{65} & M_{66} \end{bmatrix} \tag{3-57}$$

如果不考虑不同剪应力之间互相的影响，则上式简化为：

$$M_{ijkl} = \begin{bmatrix} M_{11} & M_{12} & M_{13} & 0 & 0 & 0 \\ M_{21} & M_{22} & M_{23} & 0 & 0 & 0 \\ M_{31} & M_{32} & M_{33} & 0 & 0 & 0 \\ 0 & 0 & 0 & M_{44} & 0 & 0 \\ 0 & 0 & 0 & 0 & M_{55} & 0 \\ 0 & 0 & 0 & 0 & 0 & M_{66} \end{bmatrix} \tag{3-58}$$

这就是 Tsai-Wu 理论的系数矩阵。

考虑正交各向异性材料系数矩阵的对称性，M_{ijkl} 矩阵的独立参数简化为 M_{11}，M_{22}，M_{33}，M_{12}，M_{13}，M_{23}，M_{44}，M_{55}，M_{66}，共 9 个独立参数。

3.4.2 横观各向同性 M 矩阵

对于横观各向同性的正交各向异性材料，M 矩阵具有下面的性质（设 3 方向为定向凝固方向）：

$M_{11} = M_{22}$，$M_{13} = M_{23}$，$M_{55} = M_{66}$；所以简化为 6 个独立的参数：M_{11}，M_{33}，M_{12}，M_{13}，M_{44}，M_{66}。

考虑非弹性应变是不可压缩的，有：

$$\dot{\varepsilon}_{11}^{in} + \dot{\varepsilon}_{22}^{in} + \dot{\varepsilon}_{33}^{in} = 0 \tag{3-59}$$

$$\begin{cases}
\dot{\varepsilon}_{11}^{in} = A\{M_{11}(\sigma'_{11} - X'_{11}) + M_{12}(\sigma'_{22} - X'_{22}) + M_{13}(\sigma'_{33} - X'_{33})\} \\
\dot{\varepsilon}_{22}^{in} = A\{M_{21}(\sigma'_{11} - X'_{11}) + M_{22}(\sigma'_{22} - X'_{22}) + M_{23}(\sigma'_{33} - X'_{33})\} \\
\dot{\varepsilon}_{33}^{in} = A\{M_{31}(\sigma'_{11} - X'_{11}) + M_{32}(\sigma'_{22} - X'_{22}) + M_{33}(\sigma'_{33} - X'_{33})\} \\
\dot{\varepsilon}_{12}^{in} = A\{M_{44}(\sigma'_{12} - X'_{12})\} \\
\dot{\varepsilon}_{23}^{in} = A\{M_{55}(\sigma'_{23} - X'_{23})\} \\
\dot{\varepsilon}_{31}^{in} = A\{M_{66}(\sigma'_{31} - X'_{31})\}
\end{cases}$$

$$\tag{3-60}$$

其中：$A = \dfrac{3/2\langle f/K\rangle^n}{\sqrt{\dfrac{3}{2}(\sigma'_{ij} - X'_{ij})^{\mathrm{T}} M_{ijkl}(\sigma'_{kl} - X'_{kl})}}$，将式(3-60)前三个方程代入式(3-59)，得

$$(M_{11} + M_{21} + M_{31})(\sigma'_{11} - X'_{11}) + (M_{12} + M_{22} + M_{32})(\sigma'_{22} - X'_{22}) + (M_{13} + M_{23} + M_{33})(\sigma'_{33} - X'_{33}) = 0 \tag{3-61}$$

因为应力偏量具有 3 个方向应力偏量之和为 0 的性质，即：

$$(\sigma'_{11} - X'_{11}) + (\sigma'_{22} - X'_{22}) + (\sigma'_{33} - X'_{33}) = 0 \tag{3-62}$$

根据方程(3-61)和方程(3-62)得到以下关系：

$$\begin{cases}
(M_{11} + M_{21} + M_{31}) = k \\
(M_{12} + M_{22} + M_{32}) = k \\
(M_{13} + M_{23} + M_{33}) = k
\end{cases} \tag{3-63}$$

对于横观各向同性的正交各向异性材料，M_{ijkl} 矩阵共有 6 个独立参数需要确定，加上方程(3-63)的约束条件，得出下面的关系：

$$M_{13} = M_{11} + M_{12} - M_{33} \tag{3-64}$$

所以只剩下 5 个独立参数 M_{11}，M_{12}，M_{33}，M_{44}，M_{66}。

对于上面的 5 个独立参数，通过实验来确定，需要四种类型实验曲线：

（1）纵向 < 33 > 方向的单向拉伸；

（2）横向 < 11 > 方向的单向拉伸；

（3）横向 < 12 > 方向的单向拉伸，对于横观各向同性材料横向 < 12 > 和横向 < 11 > 相等；

（4）45° < 13 > 方向的单向拉伸。

下面分别论述确定 M 矩阵中各参数的方法。

（1）假定纵向 < 33 > 方向单轴拉伸应力 σ，则

$$\sigma'_{33} = \frac{2}{3}\sigma, \sigma'_{11} = -\frac{1}{3}\sigma, \sigma'_{22} = -\frac{1}{3}\sigma \qquad (3-65)$$

将偏应力状态分量代入方程（3 - 50），得到：

$$\dot{\varepsilon}^{in}_{33} = \frac{3}{2}\left\langle \frac{J(\sigma_{ij} - X_{ij}) - k}{K} \right\rangle^n \frac{\frac{1}{3}(\sigma - X)(2M_{33} - M_{31} - M_{32})}{J(\sigma_{ij} - X_{ij})} \qquad (3-66)$$

对于单轴应力状态，将全应力分量代入方程（3 - 50），得到：

$$\dot{\varepsilon}^{in}_{33} = \frac{3}{2}\left\langle \frac{J(\sigma_{ij} - X_{ij}) - k}{K} \right\rangle^n \frac{(\sigma - X)M_{33}}{J(\sigma_{ij} - X_{ij})} \qquad (3-67)$$

所以，对 Chaboche 各向异性本构模型要能退化到单轴状态，必须满足：

$$M_{33} = \frac{1}{3}(2M_{33} - M_{31} - M_{32})，简化为：M_{13} = -\frac{1}{2}M_{33} \qquad (3-68)$$

由方程（3 - 68），得：

$$J(\sigma_{ij} - X_{ij}) = (\sigma - X)\sqrt{\frac{3}{2} \times \frac{2}{9}(M_{11} + 2M_{33} + M_{21} - 4M_{31})} = (\sigma - X)_3\sqrt{\frac{3}{2}M_{33}} \qquad (3-69)$$

当 $M_{33} = \frac{2}{3}$ 时，就蜕化为一维流动方程 $\dot{\varepsilon}^{in} = \left\langle \frac{|\sigma - X| - k}{K} \right\rangle^n$ $\qquad (3-70)$

（2）假定横向 < 11 > 方向单轴拉伸应力 σ，则

$$\sigma'_{11} = \frac{2}{3}\sigma, \sigma'_{22} = -\frac{1}{3}\sigma, \sigma'_{33} = -\frac{1}{3}\sigma \qquad (3-71)$$

对于偏应力状态，带入（3 - 50）式：

$$\dot{\varepsilon}^{in}_{11} = \frac{3}{2}\left\langle \frac{J(\sigma_{ij} - X_{ij}) - k}{K} \right\rangle^n \frac{\frac{1}{3}(\sigma - X)(2M_{11} - M_{12} - M_{13})}{J(\sigma_{ij} - X_{ij})} \qquad (3-72)$$

简化为：

$$\dot{\varepsilon}_{11}^{\text{in}} = \frac{3}{2} \left\langle \frac{J(\sigma_{ij} - X_{ij}) - k}{K} \right\rangle^n \frac{\frac{1}{3}(\sigma - X)(4M_{11} - M_{33})}{J(\sigma_{ij} - X_{ij})} \qquad (3-73)$$

$$J(\sigma_{ij} - X_{ij}) = \sigma \sqrt{\frac{3}{2} \times \frac{1}{9}(5M_{11} + M_{33} - 4M_{21} - 2M_{31})} = (\sigma - X)_1 \sqrt{\frac{3}{2}M_{11}}$$
$$(3-74)$$

假定纵向单轴拉伸应力 σ_3 和横向单轴拉伸应力 σ_1,产生的应变变形相等,根据等效应力的定义,这时它们的等效应力也相等,则:

$$J(\sigma_{ij} - X_{ij}) = (\sigma - X)_1 \sqrt{\frac{3}{2}M_{11}} = (\sigma - X)_3 \sqrt{\frac{3}{2}M_{33}} \qquad (3-75)$$

所以:
$$M_{11} = M_{33} \frac{(\sigma - X)_3^2}{(\sigma - X)_1^2} \qquad (3-76)$$

当 $M_{11} = M_{33} = \frac{2}{3}$ 时,对应各向同性材料,退化为一维流动方程

$$\dot{\varepsilon}^{\text{in}} = \left\langle \frac{|\sigma - X| - k}{K} \right\rangle^n \qquad (3-77)$$

(3) 横向 <12> 方向的单向拉伸确定剪切参数

横向 <12> 方向单调拉伸:曲线应力 Y_{45} ,$\sigma_{11} = \sigma_{22} = \frac{1}{2}Y_{45}$,$\tau_{12} = \frac{1}{2}Y_{45}$,其余为 0

$$\sigma'_{11} = \sigma'_{22} = \frac{1}{6}Y_{45} , \sigma'_{33} = -\frac{1}{3}Y_{45}$$

这样等效应力

$$J(\sigma_{ij} - X_{ij}) = Y_{45} \sqrt{\frac{3}{2} \times \frac{1}{18}(M_{11} + 2M_{33} + M_{12} - 4M_{13} + 9M_{44})}$$
$$(3-78)$$

简化为:

$$J(\sigma_{ij} - X_{ij}) = Y_{45} \sqrt{\frac{3}{2} \times (\frac{1}{4}M_{33} + \frac{1}{2}M_{44})} = Y_{45} \sqrt{\frac{3}{2}M_{11}} \qquad (3-79)$$

所以得到:
$$M_{44} = 2M_{11} - \frac{1}{2}M_{33} \qquad (3-80)$$

(4) 45° <13> 方向单调拉伸:曲线应力 Y_{45} ,$\sigma_{11} = \sigma_{33} = \frac{1}{2}Y_{45}$,$\sigma_{13} = \frac{1}{2}Y_{45}$,

其余为 0

$$\sigma'_{11} = \sigma'_{33} = \frac{1}{6}Y_{45} , \sigma'_{22} = -\frac{1}{3}Y_{45}$$

这样等效应力

$$J(\sigma_{ij} - X_{ij}) = Y_{45}\sqrt{\frac{3}{2} \times \frac{1}{36}(5M_{11} + M_{33} - 4M_{12} - 2M_{13} + 18M_{44})}$$

$$(3-81)$$

简化为：

$$J(\sigma_{ij} - X_{ij}) = Y_{45}\sqrt{\frac{3}{2} \times (\frac{1}{4}M_{11} + \frac{1}{2}M_{55})} = (\sigma_3 - X_3)\sqrt{\frac{3}{2}M_{33}}$$

$$(3-82)$$

所以：
$$M_{55} = M_{66} = M_{33}\frac{2(\sigma_3 - X_3)^2}{Y_{45}^2} - \frac{1}{2}M_{11} \qquad (3-83)$$

上面是横观各向同性材料 **M** 矩阵中各参数之间的关系以及确定方法。

根据上述推导过程，**M** 矩阵只剩下 3 个独立的参数 M_{11}，M_{33}，M_{66}，各参数之间的关系总结如下：

$$
\begin{cases}
M_{33} = \dfrac{2}{3} \\[2mm]
M_{11} = M_{22} = M_{33}\dfrac{(\sigma - X)_3^2}{(\sigma - X)_1^2} \\[2mm]
M_{23} = M_{13} = -\dfrac{1}{2}M_{33} \\[2mm]
M_{12} = \dfrac{1}{2}M_{33} - M_{11} \\[2mm]
M_{44} = 2M_{11} - \dfrac{1}{2}M_{33} \\[2mm]
M_{55} = M_{66} = M_{33}\dfrac{2(\sigma_3 - X_3)^3}{Y_{45}^2} - \dfrac{1}{2}M_{11}
\end{cases}
\qquad (3-84)
$$

对于单晶材料，只有 M_{11} 和 M_{44} 两个独立的参数，M 矩阵成为：

$$
M_{ijkl} =
\begin{bmatrix}
M_{11} & -\dfrac{1}{2}M_{11} & -\dfrac{1}{2}M_{11} & 0 & 0 & 0 \\[2mm]
-\dfrac{1}{2}M_{11} & M_{11} & -\dfrac{1}{2}M_{11} & 0 & 0 & 0 \\[2mm]
-\dfrac{1}{2}M_{11} & -\dfrac{1}{2}M_{11} & M_{11} & 0 & 0 & 0 \\[2mm]
0 & 0 & 0 & M_{44} & 0 & 0 \\[2mm]
0 & 0 & 0 & 0 & M_{44} & 0 \\[2mm]
0 & 0 & 0 & 0 & 0 & M_{44}
\end{bmatrix}
\qquad (3-85)
$$

对于各向同性材料，M 矩阵为常数矩阵：

$$M_{ijkl} = \frac{2}{3} \begin{bmatrix} 1 & -\frac{1}{2} & -\frac{1}{2} & 0 & 0 & 0 \\ -\frac{1}{2} & 1 & -\frac{1}{2} & 0 & 0 & 0 \\ -\frac{1}{2} & -\frac{1}{2} & 1 & 0 & 0 & 0 \\ 0 & 0 & 0 & \frac{3}{2} & 0 & 0 \\ 0 & 0 & 0 & 0 & \frac{3}{2} & 0 \\ 0 & 0 & 0 & 0 & 0 & \frac{3}{2} \end{bmatrix} \qquad (3-86)$$

第4章 棘轮现象建模

4.1 引言

在 20 世纪最后的三十年间,关于材料循环塑性本构关系的研究虽然获得了很大进展,但是一个仍未完全解决的问题就是循环载荷下的棘轮现象,即,应变随载荷循环次数而逐渐累积,特别是载荷控制循环加载时。在设计承受循环载荷而产生非弹性变形的结构时,如何防止棘轮现象的发生是很困难的,对之进行预测却非常重要[89]。而且,来自材料方面的因素和来自结构方面的因素之间的相互作用使得问题复杂化。在这种情况下,每个循环所产生的很小的塑性应变,可能会随着循环次数而产生不可接受的较大的累积量。这甚至对那种并不显著体现棘轮现象的理想材料来说也是可能发生的。事实上,大多数材料都具有发生棘轮现象的可能性,而要准确评估结构的累积变形,需要采用更好的本构方程加以描述。

目前在材料本构关系和疲劳理论研究领域内,越来越多的人开始关注单轴和多轴载荷下的循环塑性及其与蠕变耦合的问题,特别是多轴非比例加载。因为材料在循环加载情况下,非弹性变形会累积到足以引起材料发生破坏的程度,在单轴和多轴机械载荷下都有可能发生,如果材料本构方程不能模拟材料在某一温度下发生的这种现象,则该组方程是有缺陷的,在进行结构有害变形以及疲劳寿命分析时可能会带来较大的误差。因此,近年来在材料本构研究方面,能否模拟棘轮现象和平均应力松弛效应就成为评估本构理论优良性的一个重要指标。国内外的学者在这方面作出了大量的研究,已经完成了大量的理论与实验研究工作,并提出了许多针对棘轮现象的粘塑性本构模型。

Chaboche 粘塑性理论的发展是与棘轮现象的研究密切相关的。Chaboche 和 Nouailhas(1989)[89]讨论了一些主要的棘轮行为试验事实,分析了棘轮的物理本质及对其进行本构模拟的重要意义,发现经典的时间无关塑性本构理论在采用 AF 型的硬化法则时会给出过高或过低的棘轮应变预测,同时指出单轴棘轮应变要比多轴的高一些,而建模单轴棘轮现象是最基本的。在文献[90~92]中,他们对改善本构方程预测棘轮应变的几种可能形式进行了分析,提出了运动硬化门槛值的概念,并在动态恢复项中引入了背应力的一个幂函数。但是,仍然会导致过高的棘轮应变估计。

为此,Ohno 和 Wang(1991)[93,94]在 A - F 模型的基础上提出一种背应力的多重曲面演化方程式,将背应力划分为若干分量,并且在其演化方程中引入温度率项,使得非线性硬化法则可以用于温度变化的情形。随后,Ohno 和 Wang(1993,1997,1998)[95~98]在考虑了动态恢复的临界状态以后,再次将多曲面硬化法则修正为更加适合工程应用的形式,并对比了三种不同的运动硬化法则在建模 Ratcheting 现象时的差别。

Bari 和 Hassan(2000)在与时间无关的塑性理论框架内,对包括 Prager,Mroz,Armstrong/Frederick,Chaboche 及其 Ohno/Wang 修正形式等不同的运动硬化模型在模拟 Ratcheting 效应时的特点进行了综合评价,指出:这些以稳定的屈服面为前提的模型,不能考虑屈服面在塑性变形过程中发生的变化,而且由单轴实验数据获得的本构参数,在模拟多轴棘轮应变时都存在过高的估计,如果采用能够考虑屈服面形状变化的屈服准则或者使用无屈服准则的模型,则有望解决这个问题。Abdel - Karim 和 Ohno(2000)[99]认为多轴棘轮与单轴棘轮的发生机理不同,多轴情形下棘轮发生在有效应力方向上,而单轴棘轮是由迟滞环不封闭造成的。他们将 AF 模型与 Ohno/Wang I 模型[95,96]进行组合,很好地模拟了 9Cr - 1Mo 改型钢 550℃和 IN738LC 在 850℃时的单轴、多轴 Ratcheting 特性,尤其是多轴循环应力松弛、蝴蝶型路径下的非比例加载,部分地解决了在 Bari 和 Hassan[85]所说的本构理论在建模单轴与多轴 Ratcheting 时遇到的矛盾。Voyiadjis 和 Basuroychowdhury(1998)[115,116]为多轴循环加载提出双曲面的塑性模型,运动硬化采用 A - F 模型,并添加了一项以考虑应力率方向对屈服面移动的影响,使得该模型能够模拟非比例加载,对室温下 316 不锈钢薄壁圆管非比例加载进行了数值模拟,与实验结果有很好的吻合;Taheri 和 Lorentz(1999)[117]提出一个可以描述单轴和多轴棘轮的弹塑性模型,并讨论了采用 Mises 屈服准则的本构模型在描述棘轮时所具有的误差容限,指出采用 Tresca 准则比采用 Mises 准则的结果要好;Yoshida(2000)[118]认为屈服点的出现是由于快速的位错增加以及位错速度的应力相关性,并引入塑性应变空间中定义的各向异性硬化曲面,提出一个可以考虑屈服台阶和棘轮现象的本构模型,但是还没有进行实验验证;Yaguchi(2002)等人[119]为了描述 IN738LC 在 850℃时平均应力随循环次数增加的现象,在 Chaboche 模型的运动硬化法则中引入一个新的二阶张量 Y 来描述 γ/γ' 晶界上位错网格对运动硬化的影响,获得了与试验较一致的结果。我国西南交通大学的冯明珲(2002)[120]和蔡力勋等人(2002)[121]分别在 Miller 模型和 Chaboche 模型的基础上为 304 不锈钢材料发展了各自的预测棘轮效应的唯象模型,但是仅限于单轴。

在棘轮试验研究方面,Chan 和 Page(1988)[122] 在非等温条件下,通过执行温度步进变化时的拉伸实验和热机械循环实验,研究了镍基高温合金 B1900 + Hf 的非弹性变形行为和棘轮效应;Ruggles 和 Krempl(1989)[123] 通过研究试验温度对 304 不锈钢棘轮行为的影响,指出:不同温度下,棘轮过程中非弹性应变的累积明显依赖于棘轮应力水平中的粘性应力,这部分应力的下降会导致棘轮应变下降,如果粘性应力被先前的应力松弛所耗尽的话,材料就几乎变成了与时间无关的塑性材料,而不会再出现棘轮和蠕变。这说明材料承受塑性变形的能力是有限的,经过一段应力松弛以后,使得发生棘轮的可能被降低。康国政等人(2001)[124] 对 304 不锈钢分别进行了室温和高温单轴应变和应力控制下的循环实验,揭示出该材料的单轴应变循环特性和棘轮行为对加载历史和温度历史的依赖性以及两种加载模式间的交互作用;陈旭等人(2001)[125] 对 1Cr18Ni9Ti 不锈钢进行了各种比例和非比例循环棘轮实验,其中包括圆路径、正方形、正菱形、蝶形、三角形和两种十字形应变路径。实验表明其具有明显的非比例循环附加强化;先前小的非比例度加载历史对后继大的非比例度路径的强化没有影响;而先前的大非比例度的加载路径对后继小非比例度路径的循环强化有较大影响。由于多轴各种加载路径下的棘轮实验非常难做,这方面的实验并不多见。

本章将从本构关系角度深入研究棘轮的数值建模问题,在统一粘塑性理论框架内(时间相关),评估不同的运动硬化模型预测棘轮的能力。在此基础上,以镍基高温合金 Udimet 720Li 材料为对象,给出其单轴棘轮的建模结果。

4.2 棘轮现象

棘轮现象对应于随循环而发生的逐渐变形,它是由一个交变次载荷与一个恒定主载荷共同作用所引起的一种材料变形现象,属于循环塑性(Cyclic Plasticity)或循环粘塑性(Cyclic Viscoplasticity)范畴。即使在室温下,某些工程材料的非弹性变形也有可能是与时间相关的(粘性),高温下更是不言而喻地存在,大多数金属、合金都会发生。一般来说,当同时承受一个主载荷(恒定的)与一个次载荷(循环的)的共同作用时,结构可能会发生不受限制的变形,即小塑性应变的循环累积[89]。

4.2.1 概论

材料的任何一种变形现象都有其深刻的物理机制,但是关于金属棘轮现象的机理目前尚不清楚。其中一个可能的因素是在一定的外载条件下,金属晶体发生位错运动,并同时与其他晶体内部缺陷(如空位、杂质原子、晶界/孪晶界、层错、空洞等)之间相互作用,导致晶体范性形变(宏观非弹性变形)发生某种程度的累积。

棘轮应变表达的是前后相邻两个循环之间非弹性应变的增加量,如图4-1所示。

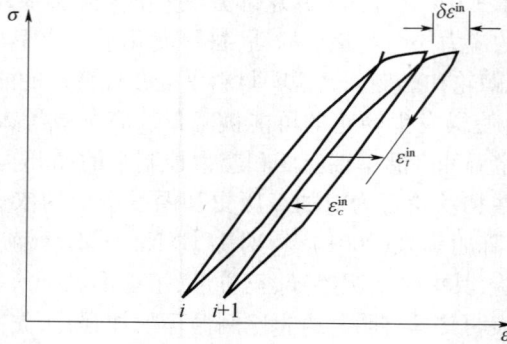

图4-1 循环加载中非弹性应变范围和棘轮应变的定义

对每个循环,可以分别定义棘轮应变 $\delta\varepsilon_i^{in}$ 和非弹性应变范围 $\Delta\varepsilon^{in}$ 为:

$$\delta\varepsilon_i^{in} = \varepsilon_{i+1}^{in} - \varepsilon_i^{in} \qquad (4-1)$$

$$\Delta\varepsilon^{in} = \varepsilon_t^{in} - \varepsilon_c^{in} \qquad (4-2)$$

其中, ε_{i+1}^{in} 和 ε_i^{in} 分别表示第 $i+1$ 个循环和第 i 个循环的最大非弹性应变, ε_t^{in} 和 ε_c^{in} 为第 $i+1$ 个循环中的最大拉伸非弹性应变和最大压缩非弹性应变。棘轮应变速率(Ratcheting Rate,RR)可以定义为:

$$RR = d(\delta\varepsilon^{in})/dN \qquad (4-3)$$

应变的这种累积效应可以用平均应变 ε_m 或者最大非弹性应变 ε_{max}^{in} 随循环次数的变化来表示,如图4-2所示。在开始的几个循环,棘轮变形速率较快,随着循环次数增加而下降,这种性质与材料、温度和加载速率有关。一般来说,可以将棘轮速率划分为两个阶段:瞬时的迅速变化阶段(Transient Ratcheting,TR)和随循环次数缓慢变化的阶段(Asymptotic Ratcheting,AR)。在 TR 之后,应变响应可以是稳定的(平均应力或平均应变不再变化),也可能继续发展。在渐近终点,稳定的情况可以分解成一个周期性应变与一个恒定应变的叠加。还应该注意到,在特定的载荷下,如弹性加载或者塑性硬化稳定时,经历一些循环以后,棘轮变形达到稳定。

能够反映棘轮效应的主要现象是平均应力和平均应变随循环的变化。图4-3给出三种典型的控制应力加载方式下循环软化/硬化和棘轮行为的区别。

44

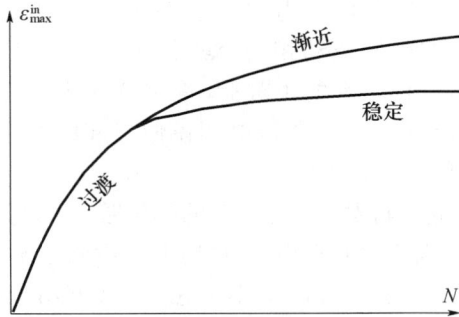

图 4 - 2　棘轮曲线示意图——最大应变随循环次数的变化趋势

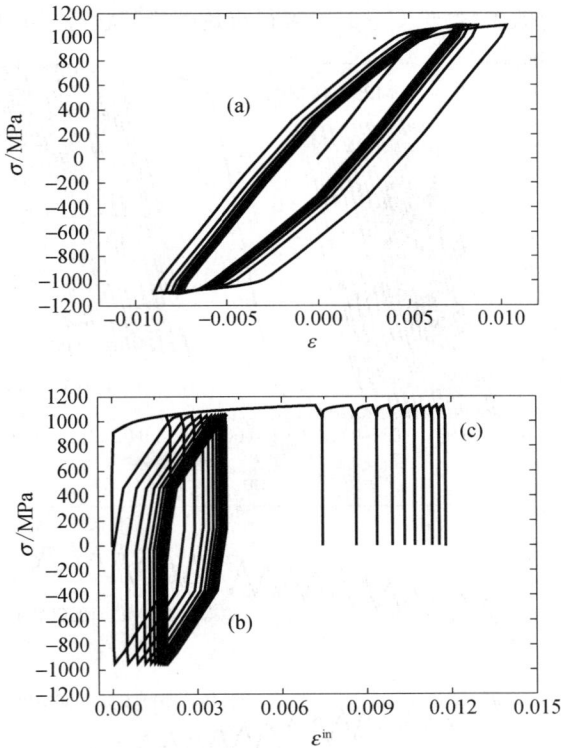

图 4 - 3　拉—压控制应力不同主载荷与次载荷组合时材料的循环硬化和棘轮行为

（a）$\sigma_m = 0$，材料循环软化稳定；（b）$\sigma_m \ll \sigma_a$ 时材料的棘轮行为；

（c）σ_m 较大时的棘轮行为。

在零平均应力下（无主载荷），应变可能是稳定的也可能是不稳定的，这取决于材料特性的变化（循环硬化或软化），如图 4 - 3（a），这种载荷形式是没有棘轮变形的。第二种情形是当平均应力水平远小于应力幅时(低主载荷、大次载荷),变形主要和循环非弹性流动相关,$\delta\varepsilon^{in}$很小,经过一段时间后几乎不再变化,如图4-3(b)。第三种是大的主载荷(高平均应力)下,载荷反向时完全没有或近似没有非弹性流动,$\delta\varepsilon^{in}$完全是单调拉伸引起的非弹性流动,这时,是由粘性效应起作用(如蠕变),如图4-3(c)。

由此可知,能够引起材料发生棘轮行为的载荷形式可以分为三种类型。A型:σ_m不为零,但与应力范围相比非常小,此种情形下主要是循环非弹性流动,ε_t^{in}和ε_c^{in}是同量级大小,如图4-3(b),$\delta\varepsilon^{in}$远小于$\Delta\varepsilon^{in}$。B型:σ_m很大,若$\sigma_m>0$,$\varepsilon_t^{in}\gg\varepsilon_c^{in}$,甚至压缩非弹性应变$\varepsilon_c^{in}\approx0$,$\delta\varepsilon^{in}$的产生完全依赖于拉伸非弹性流动,如图4-3(c)。C型:主载荷σ_m与次载荷σ_a都很大,$\delta\varepsilon^{in}$的产生是循环非弹性流动和拉伸非弹性流动的综合效果,棘轮变形的发展很难达到稳定状态,如图4-4(a)所示;

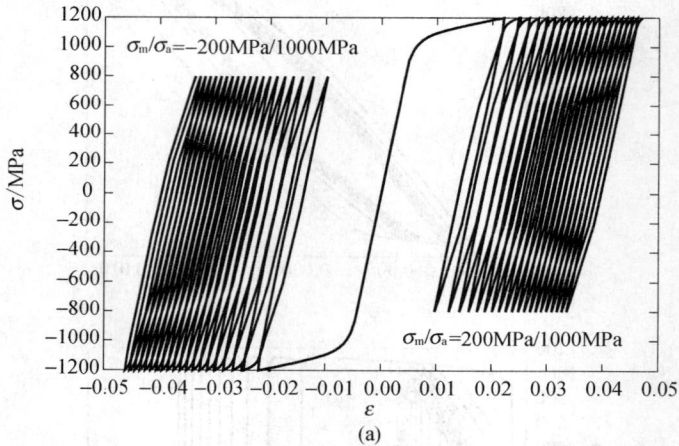

(a)

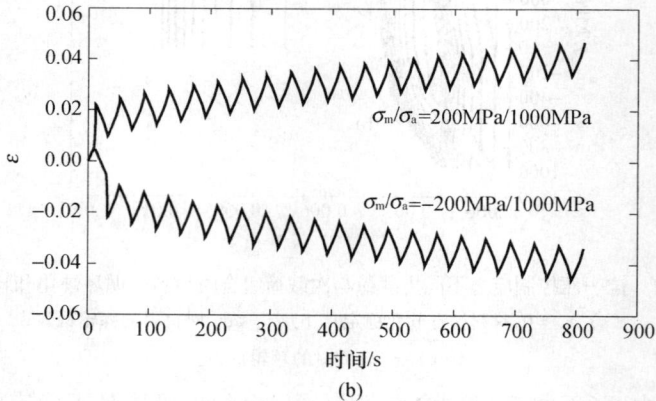

(b)

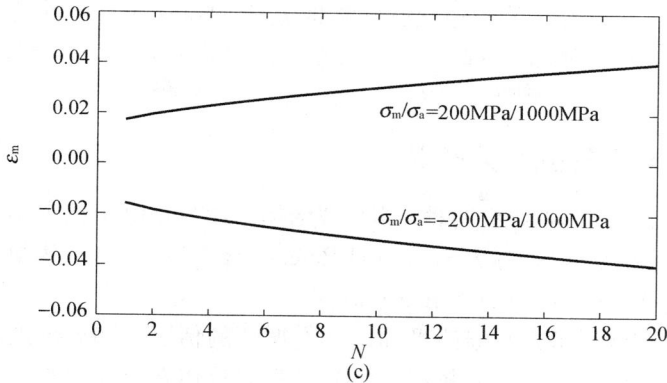

图 4-4　引起材料发生棘轮变形的 C 型载荷及其响应

（a）相同应力幅，平均应力分别为正、负时的棘轮行为；

（b）拉和压平均应力对应的应变变化曲线；（c）平均应变 ε_m 随循环次数 N 的变化曲线。

当平均应力为负或者从高平均应力下降到一个低水平时，有负的棘轮变形发生，如图 4-4（c）所示。以上论述对控制应变的情形完全类似。

总之，发生棘轮变形的条件可归结为：非对称加载条件下存在非零主载荷（σ_m 或 ε_m）与能够引起非弹性流动的次载荷（循环 σ_a 或 ε_a）。

对于 B 型与 C 型载荷，材料在不同平均应力和应力幅组合条件下的单轴棘轮实验都表现出如下趋势[89,123]：

（1）对非零平均应力（或非零的平均非弹性应变），总是存在 TR（Transient Ratcheting）。当达到一定循环数以后，最终非弹性变形稳定。

（2）恒定 σ_a 时，当 σ_m 增加时，TR 增加，Shakedown 也许被一个连续的棘轮代替，AR 有恒定的速率。这时，棘轮变形随 σ_m 增加而增加。在一个给定次数的循环内，累积非弹性应变与 σ_m 之间的非线性关系并存于 TR 和 AR 中。

（3）恒定 σ_m 增加 σ_a 时，棘轮变形增加，但非弹性应变范围也增加。这意味着应力范围 $\Delta\sigma$ 增加，$\Delta\varepsilon^{in}$ 也要增加，相当于屈服面尺寸的扩大。

（4）当加载速率降低时，粘性的影响使得棘轮变形速率增加。

（5）棘轮应变和蠕变一样都是永久变形。Ruggles 和 Krempl 的实验表明：经过中间的棘轮应变和蠕变过程以后，再接着拉伸，应力应变曲线仍会沿着没有发生棘轮应变和蠕变之前的趋势和方向发展，这表明棘轮应变和蠕变应变对硬化的贡献和正常拉伸非弹性应变是一样的[89]。

综上所述，对棘轮应变 $\delta\varepsilon^{in}$ 的大小进行准确评估是很难的，主要原因在于：①周期性反复的次载荷可能会引起明显的反向非弹性流动，这样由于两个相邻的、近似封闭的迟滞环之间的应变差异导致棘轮应变有可能是二阶的，如

图4－1所示。②不好区分快速变化的瞬时效应(Transient)和缓慢变化的渐进效应(Asymptotic)，如图4－2所示。③必须区分循环硬化与循环软化过程的可能影响。

4.2.2 棘轮变形的常见形式

常见的棘轮变形主要有两种。其一为结构性的，是由于特定结构内温度变化引起的不可恢复变形，称为 Structural Ratcheting（SR）。其二为机械载荷作用引起的，称为 Mechanical Ratcheting（MR）。

SR 的典型例子是空心圆筒受轴向温度循环的情况。随着温度循环次数的增加，圆筒周向塑性应变会有累积。因为是高温流体在圆筒里循环变化的情况下，又没有机械载荷作用，只是由于圆筒这样的结构中流体的温度变化所引起的，所以是结构棘轮，它与材料在一般的应力应变状态下的棘轮有本质的区别，而且在分析时，本构模型并不是必需的。航空发动机燃烧室内的火焰筒的变形就属于这种情况。火焰筒所承受的机械载荷很小，但是穿过筒体燃气流的周期性变化，就会引起筒体周向塑性应变累积。每次起落引起的塑性应变虽然很小，但日积月累也会比较可观，从而产生裂纹。

关于火焰筒 SR 的研究目前并不多见，这是一个典型的流体—固体耦合产生棘轮变形的例子。虽然固体变形不会影响到温度场，却极大地依赖于燃气流场。如果温度场（温度载荷谱）能够尽可能准确地给出，则进行结构的应力应变有限元分析是很简单的。但是难点在于试验或者计算流体力学（CFD）给出的温度场有多大的精度。这里只是简单介绍一下 SR 的概念，并不是本章所关心的研究内容。本章主要研究 MR(Mechanical Ratcheting)。

MR 要稍微复杂一些。如前所述，在单轴拉压情形下，平均应力（或平均应变）就起着主载荷的作用，而应力幅（或应变幅）就担当次载荷的角色。控制应力的循环加载（有正的平均应力）会发生平均应变蠕变（循环蠕变）；控制应变的循环加载（有正的平均应变）则产生平均应力松弛，这两种现象都属于 MR 范畴，如图4－5和图4－6所示。

当空心圆筒承受恒定的内压（主载荷），而轴向循环拉伸（次载荷）时，周向的塑性应变就会随着循环次数增加而累积，如图4－7所示。这是多轴棘轮的典型例子。

如果材料本构方程不能模拟 MR 现象，则该组方程是有缺陷的，在进行疲劳寿命分析时有可能产生较大的误差。

载荷循环时，平均应变蠕变和平均应力松弛之间的关系相似于恒应力蠕变（有正的平均应力）和恒应变的应力松弛（有正的平均应变）之间的对应关

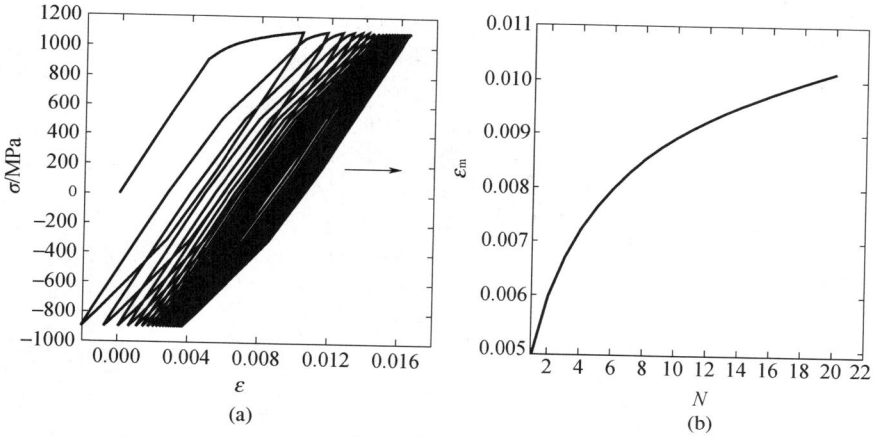

图 4-5　控制应力时的棘轮行为

（a）应力应变迟滞环曲线；（b）平均应变随循环数的变化。

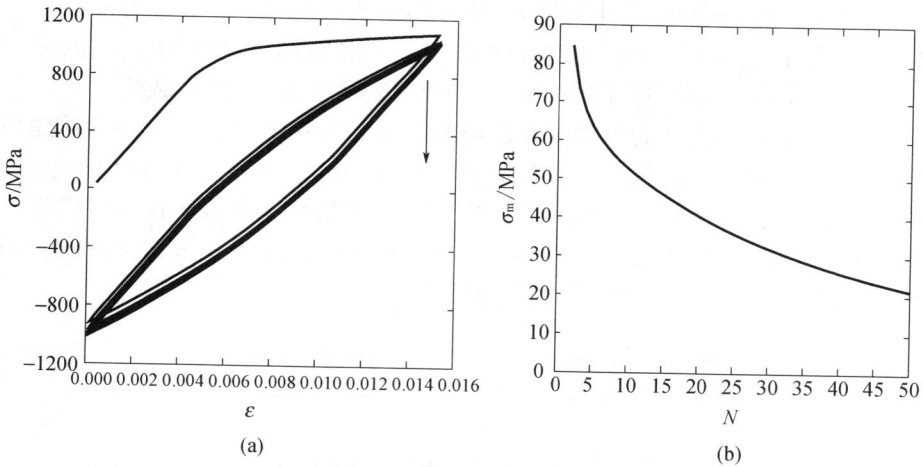

图 4-6　控制应变时的棘轮行为

（a）应力应变迟滞环曲线；（b）平均应力随循环数增加发生松弛。

系。而恒载蠕变和恒应变的应力松弛实际上是循环平均应变蠕变与循环平均应力松弛在次载荷不循环时的极限情况。如果认为材料承受变形的能力是一定的，发生应力松弛（包括平均应力松弛和恒应变的应力松弛）的时间越长，之后再进行蠕变（包括循环平均应力蠕变和恒应力蠕变）试验，则蠕变量会越少，反之亦然。

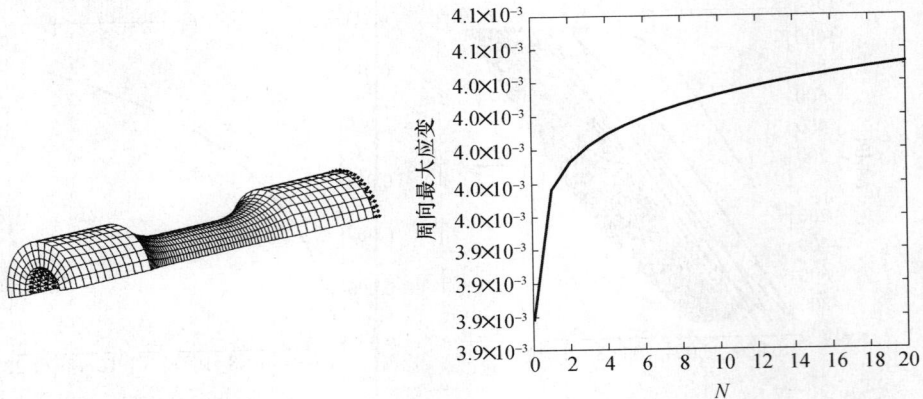

图4-7 空心圆筒同时受内压和轴向拉伸时的棘轮变形

4.2.3 单轴与多轴的差别

单轴应力时,可以认为平均应力(或平均应变)为主载荷,而应力幅(或应变辐)为次载荷。多轴应力时,如空心圆筒受拉—扭或轴向拉加内压。用恒拉(或恒内压)来模拟主载荷,用循环剪应变(或循环轴应变)来模拟次载荷。

多轴应力的棘轮行为与单轴有近似的特征。图4-8给出了空心圆筒的两种受力状态。轴向循环拉(ε_z 循环) + 恒定内压(σ_θ 恒定)时,周向应变 ε_θ 会有累积,且 ε_θ 与循环次数 N 之间是非线性关系。类似结果也见于拉—扭实验:当剪切应变辐 $\Delta\gamma$ 循环时,轴向非弹性应变累积;当轴向应力 $\sigma_z = 0$ 时,有很小的棘轮变形,这对应于扭转与拉伸的几何耦合。

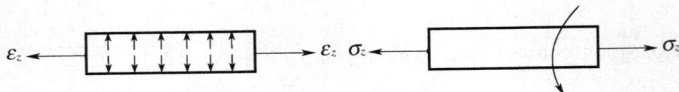

图4-8 空心圆筒各种受力状态示意图

根据 Von Mises 准则等效单轴应力(应变)与多轴应力(应变),在相同主载荷与次载荷下,对比单轴和多轴棘轮变形的实验结果发现:单轴棘轮变形要比多轴时的大许多[89,123]。这一点对经典弹塑性理论、蠕变理论来说是完全无法表征的力学现象,即使对采用统一弹—粘塑性本构理论进行的数值模拟来说,也是一个大的挑战。后面将要论述到,对单轴的描述是比较难的。推广到多轴应力状态时,可能需要加入一些修正因子,才能够在准确描述单轴棘轮变形的前提下,更好地表征多轴棘轮行为的特性。另外一个应该在多轴情形下考虑的因素是:非弹性应变可能会引起屈服面形状发生改变,文献[126]中给出了一个这样的例子。可见,改进途径主要应该针对单轴进行[89,90]。

4.3　不同硬化模型建模棘轮行为的能力

　　因为大部分金属循环硬化(循环软化)到一定程度就会达到稳定或屈服面的尺寸不再改变,而棘轮变形在材料循环稳定以后,仍然会随循环次数增加而变化。因此,运动硬化(屈服面在应力空间内的移动)就成为引起棘轮变形的主要原因。这样,为了发展和验证能够描述棘轮变形的本构模型,需要在研究循环稳定材料本构关系的基础上进行。这就意味着影响各向同性硬化(即屈服面尺寸的改变)的参数不应该包含在为棘轮变形而发展的模型中。同时,所有运动硬化参数都应当由针对循环稳定材料的实验来获得。目前对于高温结构的应力应变分析,都是基于时间无关的塑性理论或者与蠕变相关联的塑性分析,对于棘轮变形的预测都不是很好。甚至对于运动硬化塑性理论和多屈服面理论来说,也不能得到满意的结果[85,89~92]。

　　因此,需要探讨恰当的运动硬化法则。本节在统一粘塑性本构理论框架下,分别采用线性硬化、多线性硬化、非线性 AF 模型、经典 Chaboche 硬化模型、Ohno/Wang 修正、RRD/BUAA 六种不同的运动硬化法则,对控制应力条件下棘轮变形进行数值研究。需要特别强调的是,目前公开出版的文献都是基于时间无关塑性理论来研究的[85,90~92]。

　　运动硬化法则的一般形式为:

$$\dot{X} = H(X) - D(X) \tag{4-4}$$

其中,非弹性应变率采用方程(3-7),弹性应变率采用方程(2-3)的一维形式。所用的材料参数为:$E = 186095, K = 526, k_0 = 500, n = 30.5$。下面就根据不同形式的 $H(X)$ 和 $D(X)$ 函数(硬化和恢复),考虑棘轮行为的建模研究。采用镍基各向同性多晶体材料 Udimet 720Li 在 650℃ 和 700℃ 时的材料本构参数(见表 6-1)。

　　采用控制应力的三角波形($R_\sigma = -1$ 和 0),$\sigma_{max} = 950MPa$,三种不同加载速率,对比不同硬化法则所产生的应力应变曲线、最大非弹性应变—循环数曲线之间的差异。

4.3.1　线性运动硬化(LK)

　　Prager(1956)提出如下形式的线性运动硬化演化方程(Linear Kinematic rule,LK)[22]:

$$\dot{X} = \frac{2}{3}ca\dot{\varepsilon}^{\text{in}} \qquad (4-5)$$

当取 $a = 123$, $c = 1129$ 时,LK 模型所描述的对称和非对称加载条件下,第一个循环的应力应变曲线以及非对称加载时最大非弹性应变随循环数的变化曲线见图 4-9(a),4-9(b)。

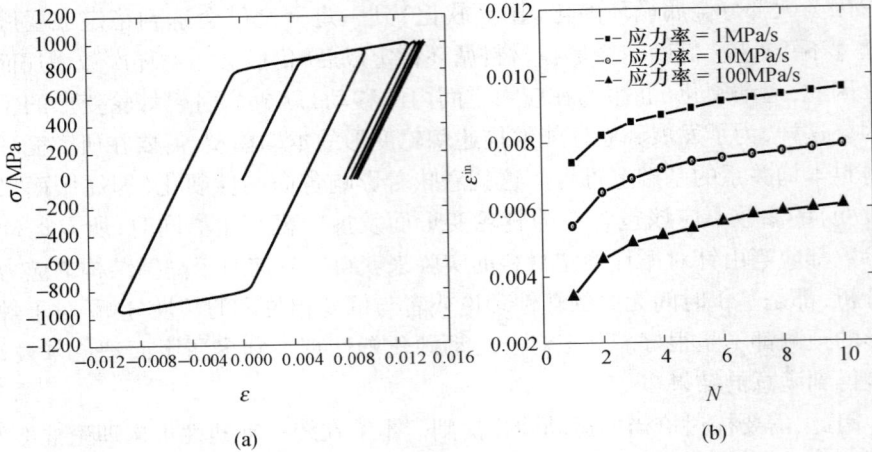

图 4-9　LK 模型的计算结果

(a) 控制应力的加载—卸载曲线;(b) $R_\sigma = 0$ 时不同速率下非弹性应变随循环数变化。

从图 4-9 可以看出,迟滞环基本上是近似封闭的,每一次循环加载只引起非常微小的由拉伸主导的非弹性应变,但是并没有出现稳定,而是缓慢地在增加,如图 4-9(b)。这一点在与时间无关的弹塑性理论框架内是不可能的,因为变形如果与时间无关,背应力和非弹性应变又是线性变化关系,屈服面随塑性应变线性移动,故而迟滞环是双线性完全闭合的。而粘塑性框架内,迟滞环并非完全是线性的(图 4-9(a))。

4.3.2　多线性运动硬化模型(MLK)

Mroz(1967,1969)改进了线性硬化模型,提出多曲面模型,在应力空间中,每个曲面代表一个恒定的硬化模量(应力 - 非弹性应变曲线的斜率,即 $d\sigma/d\varepsilon^{\text{in}}$)[26,27]。Besseling(1958)[127]引入一个多层(Multilayer)模型。Ohno 和 Wang(1993)在他们的基础上引入一个分段线性法则,这就是多线性硬化模型(Multi - Linear Kinematic rule, MLK)[95]:

$$X = \sum_{i=1}^{M} X_i; \dot{X}_i = c_i a_i \dot{\varepsilon}^{\text{in}}, i = 1, \cdots, M \qquad (4-6)$$

MLK 模型基本上是将应力—应变曲线分成许多线性段,当选择了足够多的分段时,可以模拟对称加载下的迟滞环,但是对带平均应力的应力循环,仍然会得到近似封闭的迟滞环。已经被加进大型有限元软件 ANSYS 中的 MLK 模型是在与时间无关的塑性理论框架内(经典弹塑性)建立的,并不能描述单轴棘轮行为,对大多数双轴加载会得到过高的预测[85]。但是在时间相关的粘塑性理论框架下,当取 $M=3$,令 a_1,a_2,a_3,c_1,c_2,c_3 分别为 $123,181,264,1129,47,108$ 时,所得第一个循环的迟滞环如图 $4-10($a$)$所示。和 LK 模型一样,虽然累积塑性应变的增加完全是靠单调拉伸时的非弹性流动(图 $4-10($b$)$),但是并没有出现稳定状态,只是 RR(Ratchet Rate)会趋于缓慢。

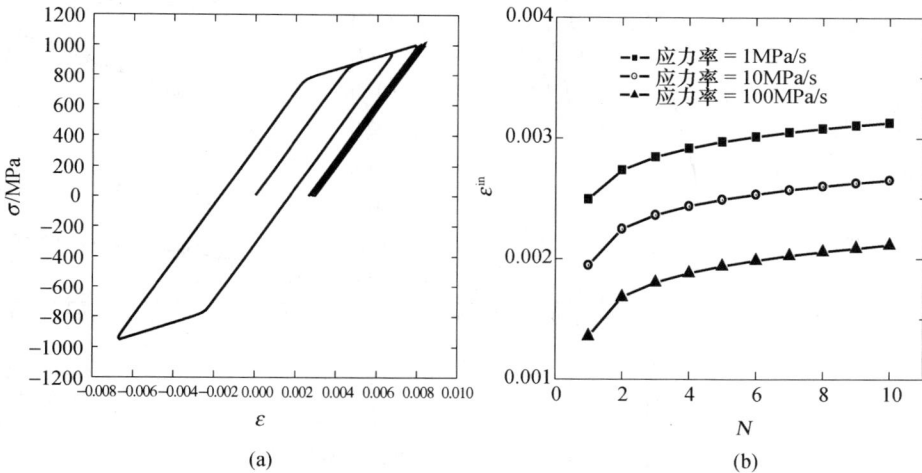

图 $4-10$ MLK 模型的计算结果
(a)控制应力的加载—卸载曲线;(b)$R_\sigma=0$ 时不同速率下非弹性应变随循环数变化。

4.3.3   非线性运动硬化模型(AF-NLK)

非线性运动硬化模型(Nonliear – Kinematic Hardening,NLK)首先由 Armstrong 和 Frederick(1966)提出(AF-NLK 模型)[25]。它是在线性硬化模型的基础上,考虑了材料硬化的动态恢复效应,加入一个恢复项以与渐渐耗散的应变记忆效应发生联系,使得运动硬化法则具有了非线性的性质:

$$\dot{X} = \frac{2}{3}ca\dot{\varepsilon}^{in} - cX\dot{p},\dot{p} = \sqrt{\frac{2}{3}\dot{\varepsilon}_{ij}^{in}\dot{\varepsilon}_{ij}^{in}} \qquad (4-7)$$

AF-NLK 模型对应一个双曲面理论(带有一个固定的边界曲面),服从 Mroz 关于映射点的假设[26]。在拉—压(应力)控制时,AF-NLK 模型对一个非零平均应力总能算出棘轮变形,或者对低应力范围呈弹性稳定。AF-NLK 模型可以较 LK 和 MLK 更好地模拟对称加载的迟滞回线(见图 4 – 11),在相同加载条件下,当 $a = 123$, $c = 1129$ 时,产生的棘轮应变比线性和多线性运动硬化法则要多(比较图 4 – 11 和图 4 – 9,图 4 – 10),而且棘轮应变随着循环次数的增加有逐渐累积的趋势,这与时间无关的弹塑性情况类似。在控制应变的非对称循环中,能产生平均应力松弛;对于单轴带平均应力的应力循环,会得到过高的估计;对空心圆筒,也得到过高的周向应变[85,91,97,98,99,109]。

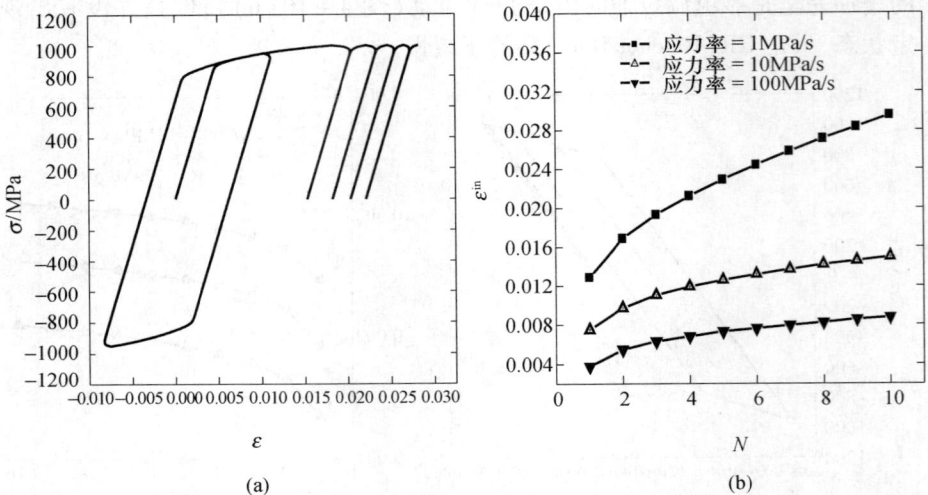

图 4 – 11   AF – NLK 模型的计算结果
(a)控制应力的加载—卸载曲线;(b) $R_\sigma = 0$ 时不同速率非弹性应变随循环数的变化。

AF – NLK 模型开辟了数值模拟棘轮行为的新途径,在此模型的基础上做进一步的改进,可以得到下面一些非常有用的运动硬化法则。

4.3.4   Chaboche 运动硬化法则

1. 经典的 Chaboche 运动硬化法则(Classical Chaboche, C – NLK)

Chaboche 及其合作者(1979,1987)[34,128]将背应力在应力空间进行分解:

$$X = \sum_{i=1}^{M} X_i, \dot{X}_i = \frac{2}{3} c_i a_i \dot{\varepsilon}^{in} - c_i X_i \dot{p}, i = 1, \cdots, M \quad (4-8)$$

分量的个数可以根据具体材料来选择。

通常一个稳定的迟滞回线可以分为三个关键部分:屈服开始时高的塑性模量;较大应变范围内恒定的塑性模量;瞬态的非线性段(迟滞回线的拐角处)。这三段实际对应着长程、中程和短程背应力。AF – NLK 模型只有一个背应力。而如

54

果分别用三个背应力分量表示这三段,就能够很好地模拟各种迟滞环,并且可以描述平均应力松弛现象。当取 $M=3$ 时,取与 MLK 模型相同的参数计算得到的结果如图 4-12 所示。在相同加载条件下,比 AF-NLK 和 LK 模型产生的棘轮应变要小,虽然与 MLK 的接近,但不同的是多轴时产生的棘轮应变过多[85]。

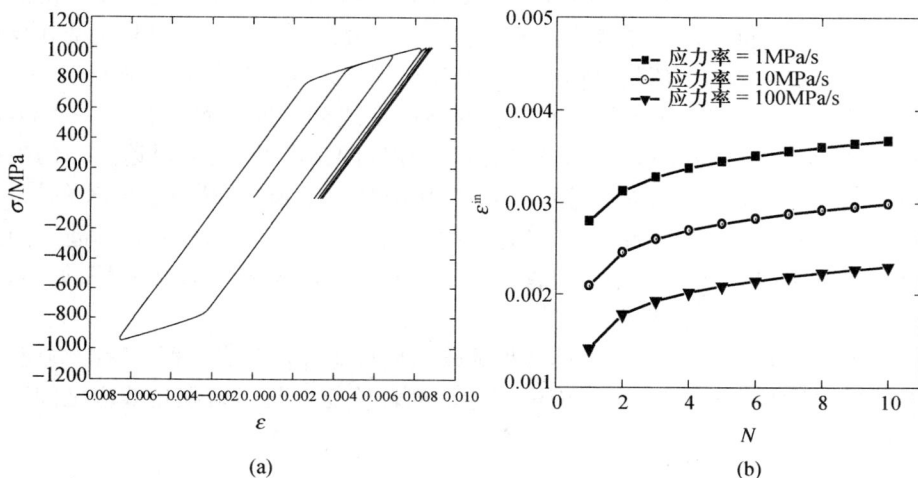

图 4-12　C-NLK 模型的计算结果
（a）控制应力的加载—卸载曲线；（b）$R_\sigma=0$ 时不同速率非弹性应变随循环数的变化。

2. Chaboche 运动硬化法则的各种修正形式

经典的 Chaboche 运动硬化法则虽然对单轴棘轮变形的模拟比 AF-NLK 模型要好,但是仍然过高;对于多轴,即使再增加背应力分量,改善效果不大。为了更好地描述单轴和多轴棘轮变形,后来又出现了如下几种修正形式。

（1）用一个幂函数来修正恢复项的 MILL 模型:

$$\dot{X}_i = \frac{2}{3}c_i a_i \dot{\varepsilon}^{\mathrm{in}} - c_i/a_i \left[J(X_i) \right]^{m-1} X_i \dot{p}, i=1,2,3 \qquad (4-9)$$

（2）NLP1 模型:

$$\dot{X}_i = \left(\frac{2}{3}B - \frac{\beta}{B}X_i : X_i \right) \dot{\varepsilon}^{\mathrm{in}} \qquad (4-10)$$

（3）NLP2 模型:

$$\dot{X}_4 = \frac{2}{3}c_4 a_4 \dot{\varepsilon}^{\mathrm{in}} - \frac{c_4}{a_4}(X_4 - Y)\dot{p}$$

$$\dot{Y} = \left(\frac{2}{3}B - \beta Y : \frac{\dot{\varepsilon}^{\mathrm{in}}}{p} \right) \dot{\varepsilon}^{\mathrm{in}} \qquad (4-11)$$

（4）NLK – T 带门槛值的模型：

$$\dot{X}_4 = \frac{2}{3}c_4 a_4 \dot{\varepsilon}^{in} - c_4 \left\langle 1 - \frac{\bar{a}_4}{f(X_4)} \right\rangle X_4 \dot{p} \qquad (4-12)$$

Chaboche 和 Nouailhas(1989)[90]，Chaboche(1991)[91]对上述各种硬化模型模拟 316 不锈钢单轴棘轮变形的效果进行了综合评价。发现：MILL 模型并没有显著改善 C – NLK 在预测单轴和多轴棘轮变形时的主要缺点（过高），但降低了硬化模量，增加了平均应力和累积非弹性应变之间的非线性程度。一个 X 用 NLP1 另外一个 X 用 NLK 表示可以得到比较好的预测结果，但对迟滞环的模拟却很差。一个 X 用 NLP2 与另外三个 X 用 NLK 可以避免 NLP1 + NLK 的缺点，但是对于多轴还是会产生高于实验值的计算结果应变。NLK – T 引进了门槛值，使得模拟迟滞环得到很大改善，对单轴、变 σ_m 的棘轮行为描述更好，但是，仍然过高地预测了多轴变形。

正如 3.1.4 小节所言，上述各种硬化模型只能各自表明一种独特的响应，或者产生棘轮变形或者不产生，而没有考虑到棘轮变形与运动硬化效应之间的非线性耦合。

4.3.5　Ohno/Wang 硬化法则

在 3.1.4 小节介绍了 Ohno 和 Wang(1993,1997,1998)[95~98]在 Chaboche 模型和 AF – NLK 模型基础上发展的 OW1 和 OW2 两种硬化模型。

OW1 模型：

$$\dot{X}_{ij}^k = c_i \left(\frac{2}{3}a_i \dot{\varepsilon}_{ij}^{in} - H(f_i) \left\langle \dot{\varepsilon}_{ij}^{in} : \frac{X_{ij}^k}{J(X_{ij}^k)} \right\rangle X_{ij}^k \right) \qquad (4-13)$$

OW2 模型：

$$\dot{X}_{ij}^k = c_k \left(\frac{2}{3}a_k \dot{\varepsilon}_{ij}^{in} - \left(\frac{J(X_{ij}^k)}{a_k} \right)^{m_k} \left\langle \dot{\varepsilon}_{ij}^{in} : \frac{X_{ij}^k}{J(X_{ij}^k)} \right\rangle X_{ij}^k \right) \qquad (4-14)$$

如第 2 章所述，OW1 模型不能得到单轴棘轮变形。OW2 模型中修正项的引入，使得动态恢复对背应力演化产生的非线性效应更加具有决定性作用，比 Chaboche 模型能更好地描述应力控制的棘轮变形。仍取三个分量，令 $m_1 = 0$，$m_2 = 1.55$，$m_3 = 30$，仍取与 MLK 模型相同的参数所得计算结果如图 4 – 13 所示。

Abdel – Karim 和 Ohno(2000)[99,109]将 AF – NLK 模型与 OW1 模型(4 – 13)组合成下式：

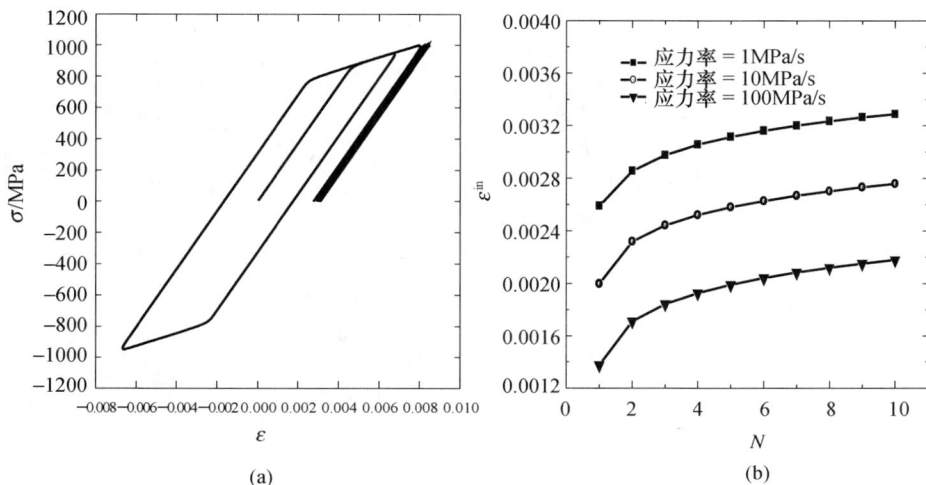

图 4 – 13　OW2 模型的计算结果

（a）控制应力的加载—卸载曲线；（b）$R_\sigma = 0$ 时不同速率非弹性应变随循环数的变化。

$$\dot{X}_{ij}^k = c_k\left(\frac{2}{3}a_k\dot{\varepsilon}_{ij}^{\mathrm{in}} - \mu_k a_k\dot{p} - H(f_k)\left\langle \dot{\varepsilon}_{ij}^{\mathrm{in}} : \frac{X_{ij}^k}{J(\mathrm{X}_{ij}^k)} - \mu_k\dot{p}\right\rangle X_{ij}^k\right) \quad (4-15)$$

当多轴修正因子 μ_i 取 0 和 1 时，分别退化到 OW1 模型和 AF – NLK 模型。通过在 0 和 1 之间取适当的数值，可以很好地模拟 9Cr – 1Mo 改型钢 550℃ 和 IN738LC 在 850℃ 时的单轴、多轴棘轮特性，尤其是多轴循环应力松弛、蝴蝶型路径下的非比例加载，都获得了比以往那些硬化模型更好的结果，但缺乏更多的试验验证。

4.3.6　RRD/BUAA 运动硬化法则

在 Rolls-Royce 德国公司与我们在欧盟 FP5 框架下开展的 E3E Disc Lifing 研究项目中，根据涡轮盘材料 Udimet 720 Li 所具有的不同于常规镍基合金的特点，在 OW2 模型的基础上，考虑到循环中迟滞迴线上切线模量的变化，引入一个与累积非弹性应变有关的 $\Phi(p)$ 函数：$\Phi(p) = \Phi_s + (1 - \Phi_s)\mathrm{e}^{-bp}$，则背应力的演化方程成为：

$$\dot{X}_{ij}^k = \frac{2}{3}c^k a^k \dot{\varepsilon}_{ij}^{\mathrm{in}} - c^k\Phi(p)\left(\frac{|J(X_{ij}^k)|}{a^k/\Phi(p)}\right)^{m^k} X_{ij}^k\dot{p} \quad (4-16)$$

为方便起见，称这个运动硬化模型为 RRD/BUAA 模型，取与 OW2 相同的参数，在对称和非对称加载时的数值模拟结果如图 4 – 14 所示，基本与 OW2 模型相

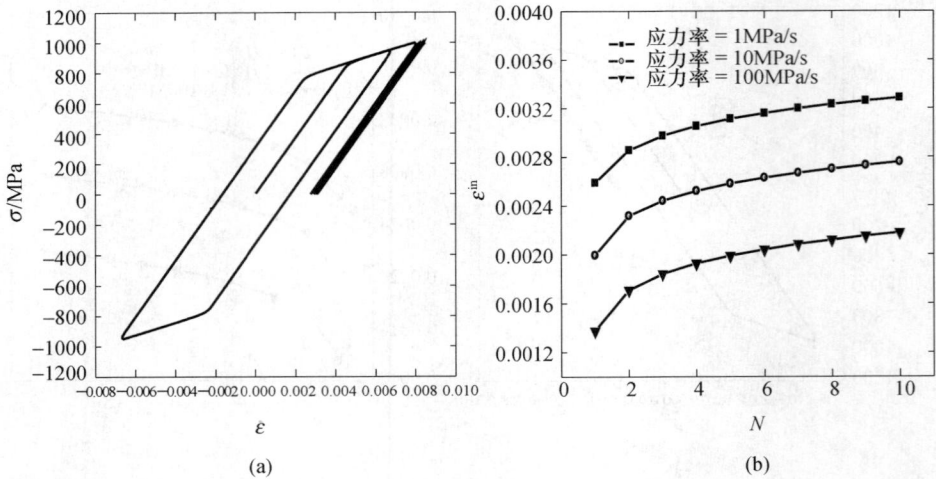

(a)

(b)

图 4 – 14　RRD/BUAA 模型的计算结果

（a）控制应力的加载—卸载曲线；（b） $R_\sigma = 0$ 时不同速率非弹性应变随循环数的变化。

同。多轴时的差别还需进一步验证。

图 4 – 15 给出了加载速率为 1MPa/s 时,各硬化法则计算结果的比较。可以发现在最大应力,加载速率都相同的情况下,LK 模型和 AF – NLK 模型产生的棘轮应变要比其他硬化法则大许多。经过 100 个循环,AF – NLK 模型产生的最大非弹性应变约为 1.12% ,小于 LK 模型的 11.47% ,而图 4 – 15（b）中 C – NLK 的最大,约为 0.4% 。OW2 和 RRD/BUAA 的基本接近,MLK 的最小。

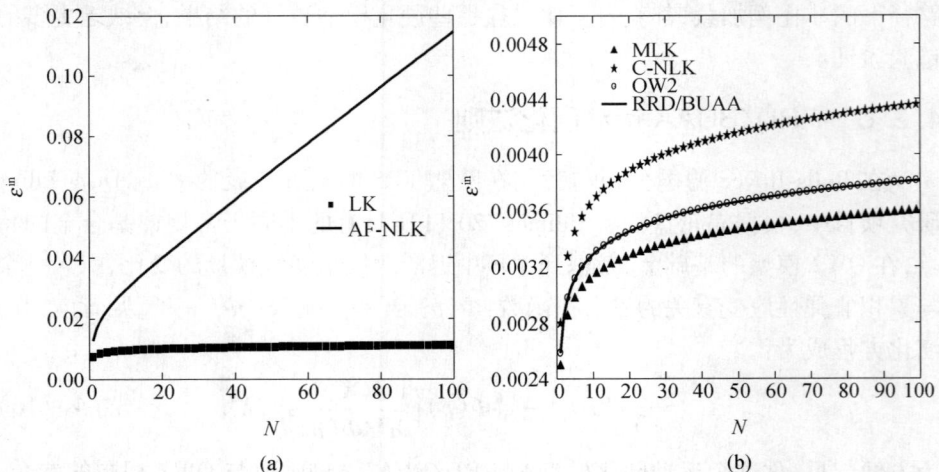

(a)

(b)

图 4 – 15　相同载荷条件下（ $R_\sigma = 0$ ）不同硬化模型得到的棘轮应变预测结果

4.3.7 多轴与单轴的协调

在与时间无关的本构理论框架内,Bari 和 Hassan(2000)指出,上述各种非线性硬化模型都会产生过高的多轴棘轮应变[85]。可能有两个原因:

(1)所有这些模型都是用单轴循环稳定材料试验来获得参数。

(2)屈服准则用的是 Von Mises 准则。

Phillips 和 Lee(1979)发现,多晶体在塑性变形过程中,屈服面会改变形状(角度发生变化)[129]。而上述 AF 型的各类模型都是以稳定的屈服面为前提的,但实际上屈服面的法向可能是不断改变的。如果用双轴实验来得到一些参数,结果可能会得到改善。Guionnet(1992)提出一个模型,其中有一些参数由双轴实验得到,但是却得到过高的单轴棘轮应变,而多轴结果是部分好,部分过高或过低[130]。看来,这条途径并不是很理想。Zeibs 等人(1992)在实验中通过 Mises 准则等效,发现一维棘轮变形比二维的要大许多[131]。Taheri 和 Lorentz(1997)的数值研究结果表明:对一维和二维棘轮行为,最大剪应力要比等效应力好[133]。这意味着 Tresca 准则似乎好于 Mises 准则[102]。有些学者通过研究非比例加载引起的过硬化与单轴时的棘轮行为进行比较,研究表明:选择 Mises 或 Tresca 准则会引起应力幅发生 10%(Doquet,1989)[133] 或 15%(Lambda 和 Sidebottom,1978)[134] 的误差,这一点也许可能解释为什么使用 Mises 或 Tresca 准则的本构模型,在将一维和二维棘轮行为联系起来时会产生困难[85,117]。

Abdel - Karim 和 Ohno(2000)[99,100] 的研究提供了解决这个问题的一种途径,但有待于用更多的材料进行检验。第二种可能的途径是发展带角度的屈服准则,这样才能够描述多晶体塑性变形时屈服面变化的情况。第三种可能的方法是采用无屈服准则的统一粘塑性本构理论。

4.4 典型模型对 Udimet720Li 高温合金棘轮行为的预测

由于高温多轴实验非常昂贵而复杂,一般很少见到这方面的实验结果发表。我们主要开展了镍基合金 Udimet 720Li 在高温时的棘轮行为实验,实验类型见表 4 - 1,实验结果如图 4 - 16 所示。有 1s 的短时载荷保持,所以结果可能还会含有时间相关的变形(蠕变)。对这些载荷条件下,分别采用了有屈服准则的

RRD/BUAA 模型、MLK 模型[95]、无屈服准则的 Bodner-Partom（B－P）模型，以及在此基础上发展的 MSH 模型，对前 100 个循环中平均应变随循环数的变化进行模拟。数值模拟结果分别见图 4－17，图 4－18 和图 4－19 所示。

表 4－1　Udimet 720Li 高温单轴棘轮行为实验

$T/℃$	波形	保持时间/s	σ_{max}/MPa	σ_{min}/MPa
650	1 - 1 - 1 - 1	1	1175	0
700	1 - 1 - 1 - 1	1	975	0
	1 - 1 - 1 - 1	1	925	0

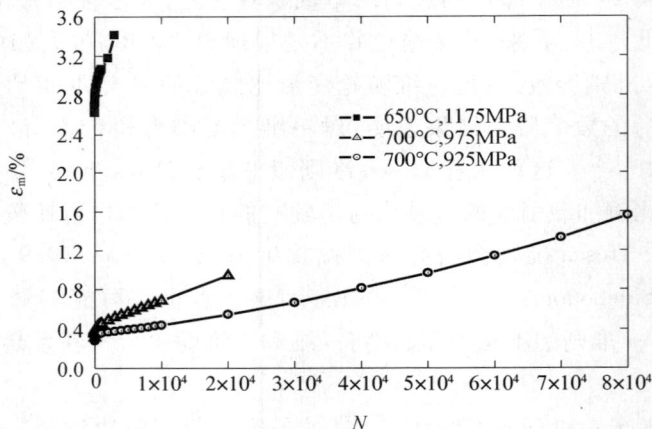

图 4－16　对应表 4－1 的平均应力循环蠕变曲线

　　由于所有这几个本构模型的材料参数都是通过拟合单轴材料实验数据而得到的，那么将它们用于预测表 4－1 所示各种控制应力的载荷下前 100 个循环中平均应变随循环数的变化，来检验各自的适应性是可行的。由对平均应变循环蠕变的总体模拟结果看来，无屈服准则 B－P 模型以及在此基础上发展而来的多级硬化 MSH 模型，在预测单轴、带短保持时间的"准单轴棘轮行为"时，精度明显好于 RRD/BUAA 模型（OW2 模型），这可能与载荷保持时的蠕变有关。而 MLK 模型总是给出过低的预测结果，这是因为它过早地产生了稳定棘轮。

　　如果能够做多轴比例和非比例加载各种路径的实验，则可以更好地验证上述结论。

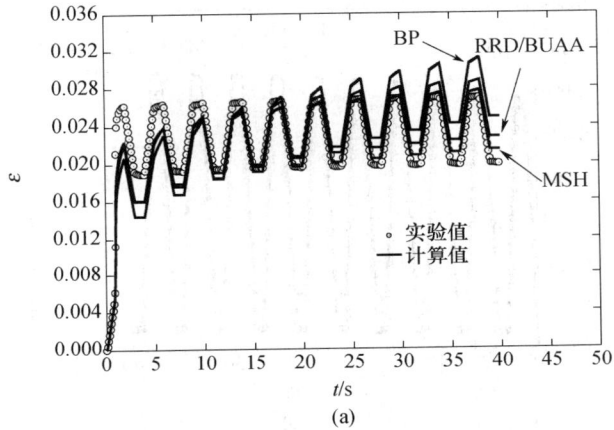

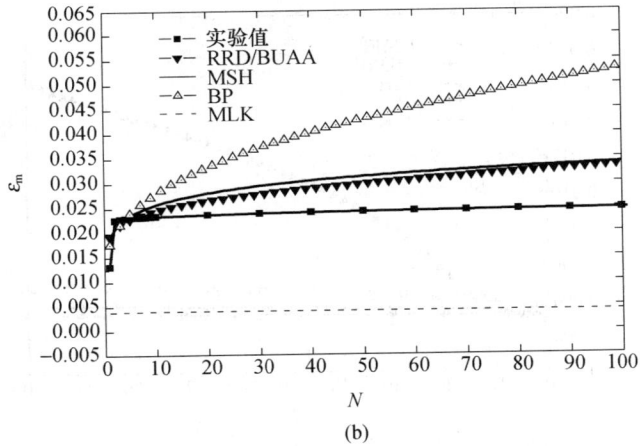

图 4-17 不同模型对单轴棘轮行为的预测结果（650℃，1-1-1-1，$\sigma_{max}=1175\text{MPa}$）

（a）前 10 个循环中应变随时间的变化；

（b）四种硬化模型对前 100 次循环中平均应变循环蠕变的模拟结果。

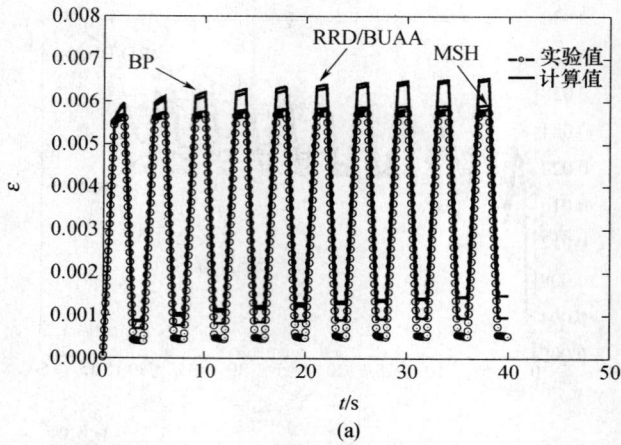

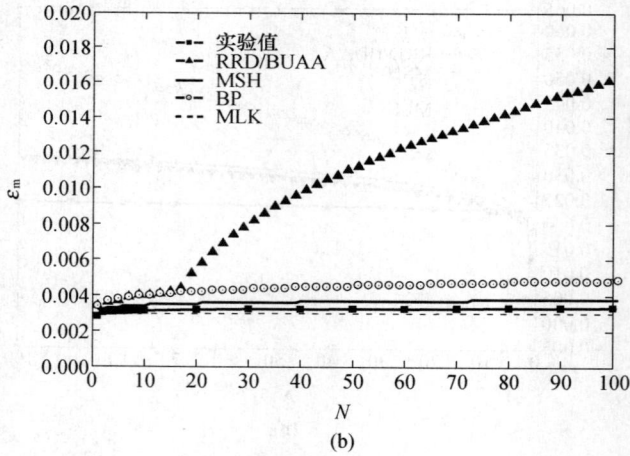

图 4 - 18 不同模型对单轴棘轮行为的预测结果(700℃,1 - 1 - 1 - 1,σ_{max} = 925MPa)

(a) 前 10 个循环应变随时间的变化;

(b) 四种模型对前 100 次循环中平均应变循环蠕变的模拟结果。

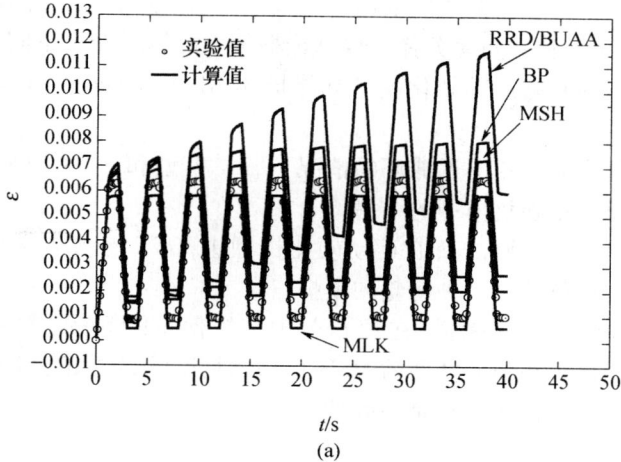

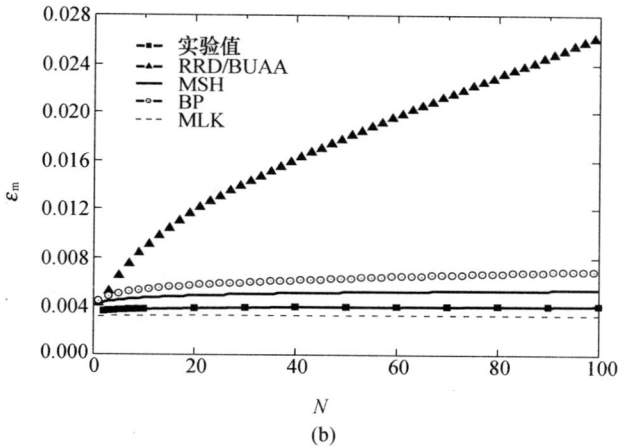

图 4 – 19　不同模型对单轴棘轮行为的预测结果（700℃，1 – 1 – 1 – 1，$\sigma_{max} = 975$MPa）

（a）前10个循环应变随时间的变化；（b）四种模型对前100次循环中平均应变循环蠕变的模拟结果。

4.5　结论

　　本章在时间相关统一粘塑性本构理论框架下，基于与屈服准则相关联的 Chaboche 非弹性流动法则，对几种经典运动硬化模型在迟滞环和棘轮两方面的描述能力进行了研究。另一方面，同时采用两类粘塑性统一本构模型（有和无屈服准则）对 Udimet 720Li 单轴"准棘轮行为"进行了数值模拟，研究表明：

（1）在时间相关统一粘塑性本构理论框架下,所研究的经典运动硬化法则在描述单轴棘轮时,和时间无关弹塑性理论框架下的结果有所不同。

（2）所研究的所有运动硬化模型都能描述 RR（Ratcheting Rate）与加载速率的相关性。

（3）在模拟出大致相同迟滞环的情况下,LK 模型和 AF – NLK 模型的预测要明显高于其他运动硬化模型的结果。

（4）在采用屈服准则的所有运动硬化模型中,OW2 模型与 RRD/BUAA 模型能够较其他几种更适合单轴棘轮的模拟。

（5）对 Udimet 720Li 来说,在预测单轴带短保持时间的"准单轴棘轮"方面,B – P 模型和在此基础上发展的 MSH 模型的精度明显要好于 RRD/BUAA 模型,其中 MSH 模型的预测结果是最好的。

第 5 章 粘塑性本构参数获取方法

5.1 对试验数据的要求

材料参数的获取离不开系统、完整、正确的试验曲线和数据。而试验方法、试验人员的知识水平和操作技能在很大程度上决定了试验结果的准确性和可靠性。

地面和航空燃气轮机热端部件的材料所承受的载荷条件比较复杂,包括温度的因素,要求本构模型能够模拟材料的各种变形行为,如单调拉伸性能、循环塑性、蠕变和持久强度等,有时还要考虑结构的变温、应力状态是否多轴、是否存在热机械疲劳与热疲劳问题。所以材料的本构实验也应该根据这些要求来做。一般主要包括以下试验。

(1) 单调拉伸试验(应变率 $\dot{\varepsilon} \geqslant 1.0 \times 10^{-4}$)。

(2) 控制应变的低循环疲劳试验(应变比 $R = -1$ 和 0)。

(3) 控制载荷的低循环疲劳试验(应力比 $R = -1$ 和 0)。

(4) 持久强度试验。

(5) 蠕变试验和应力松弛试验。

(6) 控制应变带保持时间的低循环疲劳试验(应变比 $R = -1$ 和 0)。

(7) 控制应力带保持时间的低循环疲劳试验(应力比 $R = -1$ 和 0)。

(8) 多轴比例和非比例加载试验。

(9) 多轴疲劳试验。

其中,前五项试验一般采用单轴(标准圆棒试样)加载,是材料本构描述所需要的基本试验,本构方程的参数需要通过拟合这些试验数据而得到。通过单轴试验得到材料本构方程中的参数以后,需要采用后面一种或多类试验结果来检验本构理论的预测能力。由于带保持时间的以及多轴试验的实现难度,对试验数据的要求也可以降低。针对常规材料手册中给出的数据,单调拉伸、持久强度、蠕变曲线这三类较为常见,因此,也可以利用(1)、(4)和(5)作为材料参数识别的基准数据,这样做就牺牲了对于循环塑性的模拟精度。这些实验曲线用来获得材料本构参数的初始值,然后通过拟合它们得到参数的优化值。

对于高温合金,单调拉伸曲线最好能给出每个温度下至少 2 个应变速率下的结果,这是为了了解材料在高温下的率相关行为,包括弹性和屈服性能数据。对于某些材料,如定向结晶和单晶合金,还需考虑晶体方向的影响。

循环塑性主要依赖应变控制的低循环加载试验获得,同时此类试验还给出了低循环疲劳性能的 $\Delta\varepsilon - N_f$(应变范围—寿命)数据。对于本构行为来说,循环塑性包括循环硬化或软化以及平均应力松弛,直接体现材料在高温循环载荷下的塑性变形特点。获得的寿命数据可以用来建立材料疲劳寿命预测模型。

蠕变和持久曲线经常被放到一起进行材料高温强度性能的评价。二者的区别在于,蠕变是以变形来度量,而持久强度是以载荷或应力来度量,这与拉伸强度和塑性这一组概念是相似的。蠕变曲线给出某个应力水平下变形随时间的变化趋势,而持久强度曲线给出某蠕变断裂时间对应的应力水平。如果应变测试和控制技术得当,在同一个蠕变试验中可以同时测出蠕变曲线和断裂时间,并给出持久强度的数据。令人惋惜的是,现实中,这两套数据是通过两个不同的试验来实现的,这就造成了经济和时间的浪费。

上述三类试验在美国 NASA 的热端部件计划(HOST)中被看作基准试验,用来建立模型和分析方法。下面叙述的试验属于验证试验,用来验证、校核所建立的模型、方法和计算工具。

对于高温部件来说,蠕变与低循环疲劳交互性能是耐久性研究不可忽略的因素。因此,在试验室条件下摸清此种疲劳特征是非常重要的。带保持时间的低循环疲劳试验可以同时给出寿命和变形结果。前者可以用来验证和补充寿命模型,而后者通常被用来验证本构模型的预测能力。当然,交互作用效果常会受到诸如温度、应变、应力大小,载荷对称或非对称等因素的影响。

对于某些结构,特别是涡轮盘,工作时其处于离心拉伸应力和周向应力的共同作用,是典型的高温双周应力状态,这对其强度和寿命的评价手段需要特别注意。另外,气冷涡轮叶片由于冷却结构与叶片材料(定向和单晶)以及热障涂层的使用,使得局部区域也可能是多轴应力状态,且随时间变化。深入的研究需要设计多轴试验来模拟结构上的真实应力状态。当然,这样的试验实现起来比较困难。

5.2　B–P本构参数获取方法

5.2.1　基本思路

B–P本构模型的材料参数需要通过等温单轴试验来获取,首先需要写出单轴、等温情况下的B–P本构方程,然后给出参数获得的方法和流程。

在单轴应力状态下,有 $J_2 = \sigma^2/3, S = 2\sigma/3$,将它们代入B–P模型非弹性应

变率的表达式

$$\dot{\varepsilon}_{ij}^{in} = D_0 \exp\left[-\frac{1}{2}\left(\frac{(Z)^2}{3J_2}\right)^n \right]\frac{S_{ij}}{J_2} \qquad (5-1)$$

得

$$\dot{\varepsilon}^{in} = \frac{2D_0}{\sqrt{3}} \exp\left[-\frac{1}{2}\cdot\left(\frac{Z(t)}{\sigma}\right)^{2n} \right]\text{sign}(\sigma) \qquad (5-1a)$$

Z^I 的演化方程保持方程(3−35)的形式不变,而方程(3−32)和方程(3−33)则变成:

$$Z^D(t) = \beta(t)\text{sign}(\sigma)$$

$$\dot{\beta}(t) = m_2\left[Z_3\text{sign}(\sigma) - \beta(t)\right]\dot{W}^p - A_2 Z_1\left|\frac{\beta(t)}{Z_1}\right|^{r_2}\text{sign}(\beta) \qquad (5-1b)$$

这样可以通过单轴试验数据来获得材料本构参数。

B−P 模型共有 13 个材料参数:$E, D_0, Z_0, Z_1, Z_2, Z_3, m_1, m_2, n, A_1, A_2, r_1, r_2$。一般情况下为简化起见,令 $A_1 = A_2 = A$,$r_1 = r_2 = r$。各参数物理意义如下:D_0 表示极限剪切应变率,当 $\dot{\varepsilon} < 10/\text{s}$,取 $D_0 = 10^4$;Z_0 和 Z_1 分别是各向同性硬化变量 Z^I 的初值和终值,m_1 控制 Z^I 从 Z_0 演化到 Z_1 的速率;同理,Z_3 是运动硬化变量 Z^D 的终值,m_2 控制 Z^D 从 0 演化到 Z_3 的速率;n 是率敏感参数,影响材料率相关程度的高低,同时也是粘塑性指数,与 Z_0,Z_1 一起决定初始蠕变能否出现;A、r 分别是热恢复系数和热恢复指数,二者的数值影响蠕变量的大小,而 Z_2 是 Z^I 的一个极值。这样,共有 10 个参数需要由单轴单调拉伸和蠕变试验得到。下面是参数估计方法的推导过程[74,75]。

如果定义函数 $f = f(D_0, \dot{\varepsilon}^{in})$ 为

$$f = \left\{2\ln\left[\frac{2D_0}{\sqrt{3}\dot{\varepsilon}^{in}}\right]\right\}^{1/2n} \qquad (5-2)$$

则由式(5−1a)可得内变量 Z 与应力 σ 的关系式:

$$Z = \sigma\cdot f = \sigma\cdot(S)^{1/2n} \qquad (5-3)$$

此处,$S = 2\ln\left[\dfrac{2D_0}{\sqrt{3}\dot{\varepsilon}^{in}}\right]$。定义功硬化率为应力对非弹性功的偏导数

$$\gamma = \frac{\partial\sigma}{\partial W^p} = \frac{\partial\sigma/\mathrm{d}t}{\partial W^p/\mathrm{d}t} = \frac{\dot{Z}}{\dot{W}^p\cdot f} \qquad (5-4)$$

其中非弹性功率 $\dot{W}^p = \sigma\cdot\dot{\varepsilon}^{in}$。

图 5−1 为不同应变率时的单调拉伸应力应变曲线的计算结果,可见只有当应变率非常低($\dot{\varepsilon} < 10^{-5}/\text{s}$)时,稳态恢复项才明显地起作用,这意味着

当 $\dot{\varepsilon} > 10^{-5}/s$ 时,内变量演化方程中的热恢复项相对硬化项来说可以忽略不计。

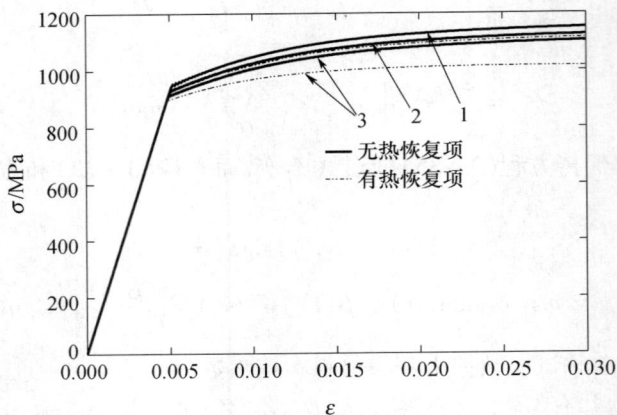

图 5－1　稳态热恢复效应对不同应变率下拉伸应力应变曲线的影响

（1—$10^{-4}/s$,2—$10^{-5}/s$,3—$10^{-6}/s$）

因此,可以通过单调拉伸试验曲线和蠕变试验曲线分别获得硬化参数和热恢复参数。将单调拉伸应力应变曲线划分为 A、B 两个区域,见图 5－2。A 处应力的 $0.15\% \sim 0.85\%$ 这一段直线的斜率即为弹性模量 E 的初值[38]。

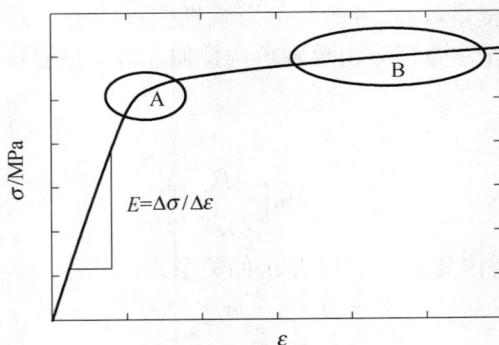

图 5－2　典型的单调拉伸应力应变曲线

这时,内变量演化方程可以写为:

$$\dot{Z}^{\mathrm{I}} = m_1 [Z - Z^{\mathrm{I}}(t)] \dot{W}^{\mathrm{p}}(t) \qquad (5-5)$$

$$\begin{cases} Z^{\mathrm{D}}(t) = \beta(t) \\ \dot{\beta}(t) = m_2 [Z_3 - \beta(t)] \dot{W}^{\mathrm{p}}(t) \end{cases} \qquad (5-6)$$

称 A 区为小塑性应变区,称 B 区为大塑性应变区。在 A 区,由于各向同性

硬化变量 Z^I 的演化很慢,可以假设 $Z^I = Z_0$,因此有

$$Z^D = Z - Z^I \approx \sigma \cdot f_1(D_0, \dot{\varepsilon}_1^{in}) - Z_0$$

其中,$\dot{\varepsilon}_1^{in}$ 对应于刚刚出现屈服的非弹性应变率。将方程(5-5)和方程(5-6)代入方程(5-4),得到 A 区的功硬化率为:

$$\gamma_K = \frac{1}{f_1}[m_1(Z_1 - Z_0) + m_2(Z_3 + Z_0)] - m_2\sigma \qquad (5-7)$$

在 B 区 $\dot{\varepsilon}^{in} \approx \dot{\varepsilon}$,运动硬化分量 Z^D 已经达到饱和值 Z_3,$Z^I = Z - Z^D = \sigma \cdot f_2(D_0, \dot{\varepsilon}_2^{in}) - Z_3$,由此可得:

$$\gamma_1 = \frac{1}{f_2}m_1(Z_1 + Z_3) - m_1\sigma \qquad (5-8)$$

$\dot{\varepsilon}_2^{in}$ 是 B 区的非弹性应变率,近似等于拉伸速率 $\dot{\varepsilon}$。

5.2.2 硬化系数 m_1, m_2

由方程(5-7)和方程(5-8)可知,m_1、m_2 分别为 A、B 区应力—功硬化率曲线的斜率。在同一温度下,由某一拉伸速率 $\dot{\varepsilon}$ 下的 $\sigma-\varepsilon$ 曲线(n_t 个试验点),可以直接利用以下两式得到 m_1、m_2 的数值,

$$\gamma_i = \frac{d\sigma_i}{dW_i^p} \approx \frac{\Delta\sigma_i}{\sigma_i\Delta\varepsilon_i^{in}} \qquad (5-9)$$

$$m_i = -\frac{\Delta\gamma_i}{\Delta\sigma_i}, (i = 1, 2, \cdots, n_t) \qquad (5-10)$$

其中:$\Delta\varepsilon^{in} = \dot{\varepsilon}\left(1 - \frac{\Delta\sigma}{\dot{\varepsilon}} \cdot \frac{1}{E}\right)$,$\Delta\sigma_i = \sigma_i - \sigma_{i-1}$。应力应变曲线起始端的 m_i 即为 m_2,拉伸终了时的 m_i 即为 m_1。如图5-3所示。

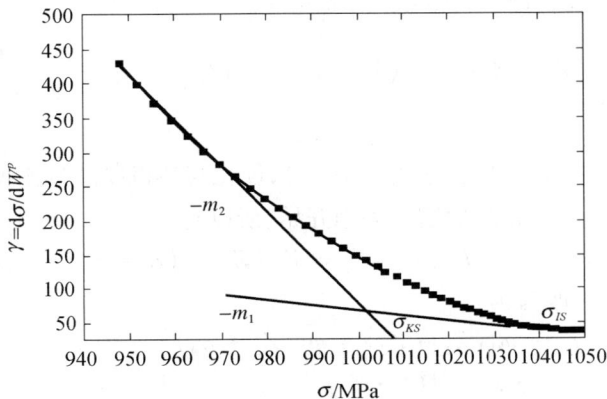

图5-3 功硬化率 γ 随应力 σ 的变化曲线($650℃, \dot{\varepsilon} = 1.0 \times 10^{-2}$)

5.2.3 硬化参数 Z_0, Z_1, Z_3 与粘塑性指数 n

从方程(5-7)和方程(5-8)可以看出,当 A 区的硬化达到饱和时 $\gamma_K = 0$,定义此时的应力为 σ_{KS},意为运动硬化饱和;当 B 区硬化达到饱和时也有 $\gamma_I = 0$,定义此时的应力为 σ_{IS},意即各向同性硬化饱和。当应变足够大时(B 区),Z 达到了它的饱和值 $Z_1 + Z_3$,应力也达到 σ_{IS}。因此就有

$$0 = \frac{1}{f_1}\left[m_1(Z_1 - Z_0) + m_2(Z_3 + Z_0) \right] - m_2\sigma_{KS} \qquad (5-11)$$

$$0 = \frac{1}{f_2}m_1(Z_1 + Z_3) - m_1\sigma_{IS} \qquad (5-12)$$

同时,可根据两个不同拉伸速率 $\dot{\varepsilon}$ 的 $\sigma - \varepsilon$ 曲线之 B 区,利用方程(5-3)求得率敏感指数 n,

$$n = -\frac{1}{2}\frac{\ln S_2 - \ln S_1}{\ln\sigma_{IS2} - \ln\sigma_{IS1}} \qquad (5-13)$$

一旦得到 n 以后,同样由方程(5-3)得到对应某一拉伸速率 $\dot{\varepsilon}$ 的 Z_0:

$$Z_0 = \sigma_0 f(D_0, \dot{\varepsilon}_1^{\text{in}}) \qquad (5-14)$$

这里 σ_0 是非弹性应变率开始显著时的应力。然后从方程(5-11)和方程(5-12)可得

$$Z_1 = Z_0 + \frac{m_2(\sigma_{IS}f_2 - \sigma_{KS}f_1)}{(m_2 - m_1)} \qquad (5-15)$$

$$Z_3 = Z - Z_1 = \sigma_{IS} \cdot f_2(D_0, \dot{\varepsilon}_2^{\text{in}}) - Z_1 \qquad (5-16)$$

5.2.4 热恢复参数 A、r

考虑热恢复效应时,方程(5-4)变为,

$$\gamma = \frac{1}{f}\left[m_1(Z_1 - Z^{\text{I}}) + m_2(Z_3 - Z^{\text{D}}) - AZ_1^{1-r} \cdot \frac{(Z^{\text{I}} - Z_0)^r + |Z^{\text{D}}|^r}{\sigma \cdot \dot{\varepsilon}^{\text{in}}} \right]$$

$$(5-17)$$

在蠕变第二阶段(蠕变率 $\dot{\varepsilon}_c$,应力水平 σ_c),硬化与热恢复达到平衡状态,即 $\gamma = 0$;而且此时由于内变量 Z^{I} 的演化刚刚开始,所以有

$$Z^{\text{I}} \approx Z_0 = \sigma_0 \cdot f_c(D_0, \dot{\varepsilon}_c); Z^{\text{D}} = Z - Z_0 = (\sigma - \sigma_0) \cdot f_c(D_0, \dot{\varepsilon}_c)$$

则方程(5-17)可改写为

$$\{f_c \cdot [m_1(Z_1 - Z_0) + m_2(Z_3 + Z_0)] - m_2\sigma_c\} \cdot$$

$$\sigma_c\dot{\varepsilon}_c - A(f_c \cdot Z_1)^{1-r} | \sigma_c - \sigma_0 |^r = 0 \qquad (5-18)$$

定义

70

$$q = \{f_c \cdot [m_1 (Z_1 - Z_0) + m_2 (Z_3 + Z_0)] - m_2 \sigma_c \} \cdot \sigma_c \dot{\varepsilon}_c \quad (5-19)$$

则有

$$\log q = C + r \cdot \log \frac{| \sigma_c - \sigma_0 |}{f_c \cdot Z_1} \quad (5-20)$$

上式表示参数 r 为对数坐标下 q 与 $| \sigma_c - \sigma_0 | / (f_c Z_1)$ 构成的直线的斜率,可用两个应力水平的蠕变实验曲线确定 r。然后,由下式得到 A:

$$A = \frac{q}{(f_c Z_1)^{(1-r)} | \sigma_c - \sigma_0 |^r} \quad (5-21)$$

5.3 Chaboche 本构参数获取方法

5.3.1 基本思路

Chaboche 本构模型中的材料参数需要通过等温单轴试验数据来获得,因此需要写出等温、单轴应力状态下的本构方程。

在不考虑应变记忆效应时,Chaboche 本构方程的一维形式为下述系列方程:

$$\dot{\varepsilon}^{\text{in}} = \left\langle \frac{\sigma_v}{K} \right\rangle^n \text{sign}(\sigma - X) \quad (5-22)$$

$$\sigma_v = | \sigma - X | - (k_0 + R) \quad (5-23)$$

$$X = \sum_{k=1}^{M} X_k \quad (5-24)$$

$$\dot{X}_k = c_k a_k \dot{\varepsilon}^{\text{in}} - c_k \Phi(p) \left| \frac{X_k}{a_k / \Phi(p)} \right|^{m_k} X_k \dot{p} - \beta_k | X_k |^{r_k - 1} X_k , k = 1, 2, \cdots, M$$

$$(5-25)$$

$$\Phi(p) = \Phi_s + (1 - \Phi_s) \mathrm{e}^{-\omega p} \quad (5-26)$$

$$\dot{R} = b(Q - R) \dot{p} \quad (5-27)$$

$$\dot{p} = | \dot{\varepsilon}^{\text{in}} | \quad (5-28)$$

其中,符号函数定义如下:当 $x > 0$, $\text{sign}(x) = 1$;当 $x < 0$, $\text{sign}(x) = -1$。

将方程(5-23)代入方程(5-22),有

$$\sigma(X, R, \dot{\varepsilon}^{\text{in}}) = X + \text{sign}(\dot{\varepsilon}^{\text{in}}) [k_0 + R + \sigma_v (\dot{\varepsilon}^{\text{in}})] \quad (5-29)$$

其中,取塑性应变 0.01% 对应的弹性极限为 k_0 初始估计值。粘塑性过应力

$$\sigma_v (\dot{\varepsilon}^{\text{in}}) = K | \dot{\varepsilon}^{\text{in}} |^{1/n} \quad (5-30)$$

这样,应力 σ 就可以用背应力 X (内变量)、真实屈服极限 $k_0 + R$ 和粘塑性过应

力 σ_v 共同确定。对各向同性硬化材料来说,图 5 – 4 给出了上述各种应力量之间的关系。

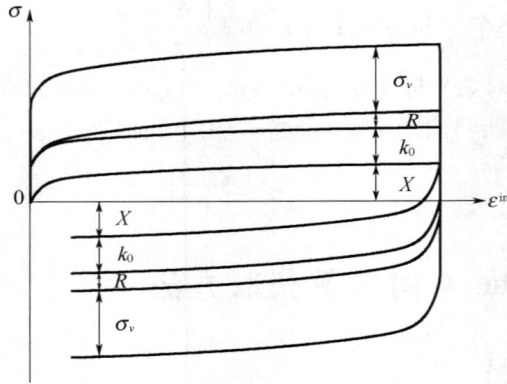

图 5 – 4　应力的不同组成部分

总之,Chaboche 本构模型中的材料参数包括:$K, n, k_0, \Phi_s, \omega, b, Q, a_k, c_k, m_k,$ $\beta_k, r_k(k = 1, 2, 3, \cdots)$。此外,还要考虑材料的弹性常数。对各向同性材料来说,为弹性模量 E 和泊松比 ν。总之,在式(5 – 25)中,当 $M = 3$ 时,材料参数共有 24 个,当 $M = 2$ 时,材料参数减为 19 个,若仅取一个运动硬化内变量 X,则材料参数只有 14 个。M 数的选择视不同材料的力学行为而定。对于镍基高温合金,一般取 2 或 3 即可。

由于粘塑性统一本构模型及其各内变量(包括应力、非弹性应变率、内变量 X 和 R)之间所具有的非线性关联程度很强,各方程所含的不同材料参数的贡献各有不同,因此参数对材料力学行为的影响也是非线性的,这为材料参数的识别带来了很大困难。

如果考虑运动硬化内变量 X 仅包含 2 个分量 X_1 和 X_2,则模型的待定材料参数共有 17 个(若加上 E 和 ν 为 19 个)。根据它们各自对本构行为的作用不同,可分为如下几组。A 组:粘塑性全局参数 E, ν, K, k_0, n。B 组:描述硬化程度和快慢的参数 a_1, a_2, c_1, c_2, b, Q。C 组:描述相邻迟滞环演化差异的参数 $\Phi_s, \omega,$ m_1, m_2。D 组:描述长时间稳态热恢复效应的参数 $\beta_1, r_1, \beta_2, r_2$。

上述参数又可以分为两大类:第一类参数主要针对快速加载时的本构行为,如应变速率 $\dot{\varepsilon} \geqslant 1 \times 10^{-4}/\mathrm{s}$ 的单调拉伸或循环加载条件下材料的变形特征,包括单向拉伸试验、控制应变的低循环试验和控制载荷的低循环疲劳试验。第二类主要在慢速加载才起作用,如应变速率 $\dot{\varepsilon} < 10 \times 10^{-4}/\mathrm{s}$ 的单调和循环加载下的变形,以及蠕变和应力松弛等热恢复效应较明显的试验。

A组参数对非弹性流动来说属于全局因素,决定所有的力学行为,对单调拉伸、加载速率相关变形、循环塑性和蠕变及松弛等行为都有影响。从前文可知,在粘塑性统一理论中,将塑性应变和蠕变都看作非弹性变形,统一到非弹性应变这个概念下来,统一用方程(5-22)表示,适用于所有载荷条件。当外加蠕变载荷时,方程(5-22)变成蠕变本构方程。由此可知,A组的 K, k_0, n, E, ν 也决定了某应力水平下的蠕变或循环蠕变速率或者某总应变控制下的应力松弛或循环应力松弛速率。因此,A组参数是影响全局的主要因素。

另一方面,B组硬化参数主要影响材料的塑性硬化行为,如单调拉伸和循环加载过程中进入塑性后材料的硬化或软化程度及其速度;C组参数体现循环加载中应力应变迟滞环的演化方式,如相邻循环间峰值应力的相对变化等,一般体现为总应变控制下应力响应的循环硬化或软化量的大小和演化速度、应力或载荷控制下棘轮变形及其演化速率;D组参数主要反映长时间缓慢加载下材料的响应,如蠕变和应力松弛。

参数识别的整体思路是利用试验数据和曲线,对参数进行分组、分步、综合识别和优化。步骤如下:

步骤1:首先,令C组参数中 $\omega = m_1 = m_2 = 0$, $\Phi_s = 1$,并令D组中 $\beta_1 = \beta_2 = 0$, $r_1 = r_2 = 1$,利用单调拉伸和稳定循环的迟滞环曲线、应变控制的对称循环加载下的循环硬化/软化曲线,通过初步识别和优化,可以得到一套A组、B组的参数值,能够以较高精度模拟单调拉伸、应力应变迟滞环以及循环硬化/软化行为。

步骤2:利用步骤1中已经获得的A、B组参数,结合非对称循环加载下的平均应力松弛或棘轮应变曲线,通过非线性优化,获得C组参数。

步骤3:利用步骤1和步骤2中已经获得A、B、C三组参数,结合蠕变曲线或应力松弛曲线,优化D组热恢复效应参数,同时也检验了A组粘塑性参数对蠕变的适应性,如果对蠕变和松弛曲线的模拟误差不可接受,则返回步骤1。

上述论述,是基于对材料高温力学行为的理解和大量的实践得出的规律性认识,具有通用性,对大多数高温合金的本构行为大体适用。

5.3.2　单调拉伸获得的参数

对不同的材料及其所体现的力学特性,本构建模所需要的硬化分量个数 M 可能有所不同。对一些特殊的力学现象,每个硬化分量所起的作用也可能并不一样。一般情况下,只需两个 X 分量就足以描述单调拉伸小应变和大应变区域的材料硬化行为,当考虑循环变形的特征时,就需要更多分量才能满足精度要求。

在单调拉伸加载时,以下的假设成立:

（1）如果应变率大于$10^{-4}/s$，那么在运动硬化和各向同性硬化分量的演化方程中，热恢复项就可以忽略不计，因为其数值相对于硬化和动态恢复项之差非常小，对拉伸应力应变曲线没有影响。

（2）各向同性硬化标量 R 是用来描述循环硬化（一个循环接一个循环）的，所以在单调拉伸曲线中，R 可以暂不予考虑。

（3）出于同（2）一样的原因，令参数 $\Phi_s = 1$，$\omega = 0$ 使得函数 $\Phi(p) = 1$。

（4）只需要两个运动硬化分量（$M=2$），即 X_1 和 X_2 就足以模拟拉伸曲线，它们各自担当运动硬化变量的快速变化的部分和缓慢变化的部分。

这样，对各向同性材料，简化了的单轴 Chaboche 模型为：

$$\dot{\varepsilon}^{\text{in}} = \left\langle \frac{|\sigma - X| - k_0}{K} \right\rangle^n \tag{5-31}$$

$$\dot{X}_k = a_k c_k \dot{\varepsilon}^{\text{in}} - c_k X_k \dot{p} \quad k = 1,2 \tag{5-32}$$

$$X = X_1 + X_2 \tag{5-33}$$

在上述简化模型中有 7 个材料参数：$a_1, a_2, c_1, c_2, K, k_0, n$，再加上弹性模量 E，共有 8 个参数，就能够较好地模拟单调拉伸应力应变曲线。由于是单调加载，累积非弹性应变率就是非弹性应变率，积分方程（5-32），可得

$$X_k = a_k (1 - e^{-c_k \varepsilon^{\text{in}}}) \tag{5-34}$$

则 X 为

$$X = a_1 (1 - \exp(-c_1 \varepsilon^{\text{in}})) + a_2 (1 - \exp(-c_2 \varepsilon^{\text{in}})) \tag{5-35}$$

应力可以表达成

$$\sigma = X_1 + X_2 + k_0 + \sigma_\nu \tag{5-36}$$

其中粘塑性过应力 $\sigma_\nu = K|\dot{\varepsilon}^{\text{in}}|^{1/n}$。由式（5-34）可知：

$$\frac{\mathrm{d}X}{\mathrm{d}\varepsilon^{\text{in}}} = ace^{-c\varepsilon^{\text{in}}} \Rightarrow \frac{\mathrm{d}X}{\mathrm{d}\varepsilon^{\text{in}}}\Big|_{\varepsilon^{\text{in}}=0} = ac \tag{5-37}$$

可见，a 的值代表变量 X 在一次单调拉伸时的极限值；而 c 则可描述拉伸曲线能够达到的倾斜度。如果采用两个变量 X_1 和 X_2，从材料物理的观点来看，它们是与短程和长程范围内抵抗不同机理的位错运动相关：在长范围内，内应力是缓慢变化的；在短范围内，内应力是迅速变化的。则（5-36）可写成：

$$\sigma = \underbrace{a_1 (1 - e^{-c_1 \varepsilon^{\text{in}}})}_{X_1} + \underbrace{a_2 (1 - e^{-c_2 \varepsilon^{\text{in}}})}_{X_2} + k_0 + \underbrace{K|\dot{\varepsilon}^{\text{in}}|^{1/n}}_{\sigma_\nu} \tag{5-38}$$

上式含有 7 个参数，加上弹性模量 E，共有 8 个：$a_1, c_1, a_2, c_2, K, n, k_0, E$。

图 5-5 是粘塑性过应力 $\sigma_\nu = K|\dot{\varepsilon}^{\text{in}}|^{1/n}$ 和运动硬化参量 X 在单调拉伸时的特征曲线，从中可以理解这些参数的物理本质。而所用的一组参数 $K = 500\text{MPa}$，$k_0 = 200\text{MPa}$，$n = 15$，$a_1 = 120\text{MPa}$，$c_1 = 800$，$a_2 = 100\text{MPa}$，$c_2 = 50$，$E = 180000\text{MPa}$。

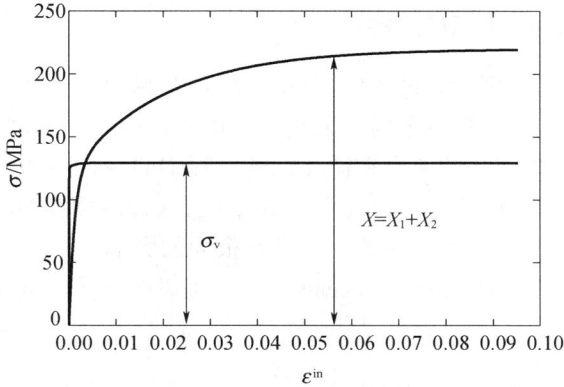

图 5 - 5 粘塑性过应力 σ_v 与 X 的演化曲线

5.3.3 循环硬化获得的参数

通常认为,在应变控制的对称循环加载条件下,应力范围随循环次数增加而增加或减少,即材料发生了循环硬化或软化。从单调拉伸试验曲线通过优化获得的参数 $a_1,c_1,a_2,c_2,K,n,k_0,E$,对于循环硬化(软化)的模拟误差仍然比较大。因此,还需要通过在模型中增加新的机制针对循环加载条件来加以验证。

在 Chaboche 模型中,针对不同类型的材料,这样的力学行为需要依照函数 $\Phi(p)$ 与各向同性硬化内变量 R 的作用而选择不同的本构描述方式。例如,对类似不锈钢这样的材料,可以考虑应变记忆效应而确定出 R 演化方程中的参数;另一方面,对于大多数等轴晶高温合金,其力学行为是各向同性的,循环硬化或软化行为一般用 R 描述就可以给出满足精度要求的模拟结果。但是,当材料出现各向同性软化这样的特殊现象时(如 Udimet 720Li 和 ZSGH4169),则需要特别考虑。

函数 $\Phi(p)$ 可以用来描述这种控制应变的对称循环载荷下应力范围 $\Delta\sigma$ 随循环数而发生的变化。如果 $\Phi(p)$ 小于 1,那么随着累积塑性应变的增加,就可以描述迟滞环的演化。其中两个参数 Φ_s,ω 的变化使得描述初始迟滞环在随后循环过程中的演化成为可能。而 Φ_s 就是第一个循环与硬化稳定的那个循环在最大应力处切线斜率的比值。此时,运动硬化演化方程(5 - 25)变为:

$$\dot{\pmb{X}}_k = c_k a_k \dot{\pmb{\varepsilon}}^{\text{in}} - c_k \Phi(p) X_k \dot{p}, k = 1,2,3 \qquad (5-39)$$

75

5.3.4 棘轮效应获得的参数

在非对称的控制应力的循环中,材料一般具有棘轮效应,即平均应变循环蠕变;而当控制应变时,会发生平均应力松弛。由于这两种现象之间在物理本质上没有区别,都是累积非弹性应变在循环加载过程中的两种不同表现形式,所以这两类试验只需拟合一种即可。对高温合金来说,这样的模拟具有特别重要的意义,因为平均应力对高温构件疲劳寿命具有很大的影响。

选用 Ohno/Wang 修正的 Chaboche 本构模型说明参数的获取。这时 X 变量的演化方程为:

$$\dot{X}_k = c_k a_k \dot{\varepsilon}_{ij}^{\text{in}} - c_k \Phi(p) \left| \frac{X_k}{a_k / \Phi(p)} \right|^{m_k} X_k \dot{p}, k = 1, 2, \cdots, M$$

这就增加了新的参数 $m_k (k = 1, 2, 3\cdots)$。当 $M = 2$,就有参数 m_1, m_2。

它们的初值是无法从试验曲线得到的,开始优化的时候,只能设为 1,然后充分利用非对称循环试验(载荷控制或应变控制)曲线通过优化获得。若只着眼于非对称应变控制的低循环试验($\sigma_m - N$ 曲线)的模拟,参数 m_1, m_2 可直接用来对平均应力随着连续的循环次数发生松弛的值进行调整。

但是,经我们研究发现,这会大幅降低单调拉伸、稳定迟滞环与循环硬化曲线的模拟精度。因此,需要从全局的角度出发,根据不同的作用将参数进行分组优化。具体的优化操作是这样的:首先,拟合平均应力松弛的 $\sigma_m - N$ 曲线以优化 m_1, m_2。可获得比较吻合 $\delta_m - N$ 曲线的这 2 个参数值,但是可能会恶化对单调拉伸等其他曲线的模拟精度,这可以采用 A 和 B 组参数进行优化来复原那些被恶化了的曲线。然而实际的优化过程是很难的,因为参数之间相互是非线性关联的。所以,需要对所有参数和所有类型的试验曲线进行整体优化以获得最优结果。经过这些优化步骤之后,可能会影响到蠕变曲线的拟合,所以要对蠕变参数进行检查,以获得对蠕变曲线更好的模拟。

在参数识别过程中,始终贯彻了一种本构理论参数系统识别的思想,这就是对参数按照功能进行分组、采用分步优化和逐步逼进的策略。这有利于对材料变形的统一建模。

5.3.5 蠕变获得的参数

在快速拉伸和低循环的模型中曾经假设稳态恢复项可以忽略,这可以通过比较有恢复项和无恢复项的模拟来验证。如图 5 - 1 所表明的,当应变率 $\dot{\varepsilon} \geq 10^{-4}$ 时,引入稳态恢复项实际上对拉伸曲线的影响是非常微小的,而当应变率 $\dot{\varepsilon} < 10^{-4}$ 时影响比较显著,因为在加载速率比较缓慢的情况下,热恢复效应随

着时间的延长而逐渐显著起来,因此就必须要用稳态恢复项来模拟加载速率非常缓慢的载荷条件,如蠕变。否则可能会得到不好的结果。

蠕变是一种非常缓慢的过程,虽然也可以用拉伸和低循环所得的参数进行计算,但是必须在运动硬化的演化方程中考虑稳态恢复项,单轴形式的运动硬化方程可写成下式:

$$\dot{X}_k = c_k(a_k\dot{\varepsilon}^{in} - \Phi(p)X_k \mid \dot{\varepsilon}^{in} \mid) - \beta_k \mid X_k \mid^{r_k-1} X_k \qquad (5-40)$$

其中新增待定参数为 $\beta_1, r_1, \beta_2, r_2, \beta_3, r_3$,它们可以通过不同应力水平下的蠕变或不同应变水平下的应力松弛试验曲线粗略地获得。

在稳定蠕变阶段,各向同性硬化 R 由于演化速度大已经达到饱和值 Q;此时的主要特征是所有的内变量都停止演化,所以运动硬化的演化速率为零,即,

$$\dot{X} = c(a\dot{\varepsilon}^{in} - \Phi(p)X \mid \dot{\varepsilon}^{in} \mid) - \beta \mid X \mid^r = 0 \qquad (5-41)$$

这也意味着从第二阶段蠕变开始具有恒定的蠕变速率,而无损伤的本构模型不能够模拟具有明显损伤的非线性蠕变。对方程(5-41)进行整理并取自然对数,可得

$$\ln(\dot{\varepsilon}^{in}) = r\ln X + \ln\beta - [\ln c + \ln(a - \Phi(p)X)] \qquad (5-42)$$

r 就是以 $\ln X$ 为横坐标、$\ln\dot{\varepsilon}^{in}$ 为纵坐标的直线斜率,$\ln\beta$ 可通过该直线在纵轴上的截距得到。而 X 可由方程(5-29)得

$$X = \sigma_c - [k + Q + K(\dot{\varepsilon}^{in})^{1/n}] \qquad (5-43)$$

σ_c 是蠕变应力,这时的非弹性应变率就是蠕变速率。不耦合损伤的本构方程最终只能得到恒定的蠕变速率,即第二阶段蠕变。

5.4 材料参数优化方法

在粘塑性统一本构理论中,材料时间相关的非弹性应变和内部结构的演化是通过一套内变量来刻化的,并用相互耦合的一阶非线性微分方程组来描述这些内变量的变化。由于方程的非线性特征,其解析解是无法得到的。同时,方程中含有大量的材料本构参数,而这些参数之间的关联具有非常强的非线性,有些参数只影响对特定试验类型的模拟精度,而有些则对所有类型的加载条件敏感,有些却无法通过试验直接获得。另一方面,需要本构方程描述的材料力学现象又非常复杂,如率相关效应、蠕变、应力松弛、循环硬化/软化、平均应力循环松弛、平均应变循环蠕变等。因此,成功地实现这些复杂变形的数值模拟,除了高效的本构方程积分算法以外,还须确定本构方程中大量的材料参数。这不仅需要充分利用和选择相应的试验数据,而且一个整体考虑的优化策略和稳定的优

化算法也必不可少。因此,在按上面的方法获得材料参数的初始估计值后,需要进行本构方程参数按试验曲线进行优化。

结合材料不同种类的试验数据,采用非线性优化算法来获取粘塑性本构模型的全局最优值。主要思想是把材料参数视为一组可变向量,则本构方程就是这组向量的非线性函数。这样,事先给定它们的一组初始值,本构方程在理论上就可以计算出不同种类的应力或应变值。将计算结果与相应的材料试验数据进行对比,二者最初通常存在较大的差别,这时借助非线性优化算法,通过改变这组可变向量的数值,使计算结果与试验数据之间的残差平方和达到最小,这样,就得到了经过优化以后的模型参数。

粘塑性统一本构理论含有大量待定的材料参数(n 个),它们构成一个 n 维向量 $\{c\} = (l_1, l_2, \cdots, l_n)^T$,此处 T 表示向量转置。现在假设有 L 条试验曲线,其中第 $i(i = 1, 2, \cdots, L)$ 条曲线有 $M(i)$ 个数据点,那么本构方程的参数优化的目标函数可以定义为:

$$Q(c) = \sum_{i=1}^{L} \sum_{j=1}^{M(i)} W_{ij} \left(\frac{\Psi_j^{\text{theory}}(c, t) - \Psi_j^{\text{test}}(t_j)}{\Psi_j^{\text{test}}} \right)^2 \qquad (5-44)$$

其中,W_{ij} 是加权系数,可以依据不同情况指定;t_j 是记录时间(真实时间或者循环次数)。粘塑性本构通常需要:控制应变率的单调拉伸和迟滞回线 $\Psi_i = \sigma_i$;不同应力水平的蠕变曲线($\Psi_i = \varepsilon_i^{\text{in}}$);控制应变对称循环下应力范围—循环次数曲线($\Psi_i = \Delta\sigma_i$,$\Delta\sigma_i = \Delta\sigma_{i,\text{max}} - \sigma_{i,\text{min}}$);非对称循环的平均应力—循环次数曲线(控制应变 $\Psi_i = \sigma_m$),或者棘轮应变—循环次数曲线(控制应力)。在前两种情况下 t_j 就是时间,而在后三种情况下为循环次数。

显然,误差函数 $Q(c)$ 是材料本构参数向量 $\{c\}$ 的非线性泛函。参数优化的目标是,对每一个记录时间 t_j 所对应的每一个实验值,都要使得理论计算与实验数据之间的相对误差的平方和最小,即

$$\min Q(c), c \in X \qquad (5-45)$$

其中 $c \subset R^n$ 是决策变量(本构参数),$Q(c)$ 为目标函数,$X = R^n$ 为约束集或可行域,这种属于实数空间的优化问题称为无约束最优化问题,一般采用迭代的方法求解。换言之,从某个初始向量 $\{c\}_0 \in R^n$ 开始,按照下面的迭代规则产生一个新的向量 $\{c\}_k$:

$$\{c\}_{k+1} = \{c\}_k + \alpha_k d_k \qquad (5-46)$$

其中 d_k 为搜索方向,表示目标函数在 $\{c\}_k$ 处的下降方向,而 a_k 为步长因子,表示下降程度。不同的 d_k 和不同的 a_k 构成了不同的优化算法。目前,常见的方法包括 Levenberg-Marquadt 非线性优化算法[135]和遗传算法等。Levenberg-Marquadt 算法的特点是运算速度快、优化效率高,能够在较短的时间内获得所优化参

数向量的期望值,比较适合于粘塑性本构方程参数的优化问题。但是,该算法对于所优化参数向量的初始值有一定的敏感性,不过根据本构方程中各内变量的物理意义,可以从试验曲线上通过粗估的方法来得到部分参数的初值(如 5.2 和 5.3 节所述)。该方法使用信赖域策略来确定搜索方向 d_k,保证了算法的总体收敛性[136]。通过一个调比因子来控制优化步长,可以得到快速的局部收敛或者总体收敛。从参数初始值开始,在各个局部最小值的邻域之间寻求全局最优解,使得目标函数的值降到最小。该方法已被证明可以高效可靠地解决非线性最小二乘问题。

Chaboche 模型含有二十几个参数,B – P 模型有十几个参数。有些参数之间的数量级差别非常大,为得到准确的结果带来了一定的难度。最后,所有的参数都要参与优化过程,才能获得好的最优值。

第6章 粘塑性本构模型在镍基高温合金中的应用

采用粘塑性理论进行高温结构的应力应变分析,是降低设计风险的一种有效途径。因此,用于高温结构强度分析的粘塑性本构模型不仅应能够考虑温度的影响,而且应能合理地描述材料在复杂热—机械载荷作用下可能体现出的各种非弹性变形特征,如率相关的单调拉伸、循环硬化和软化、循环棘轮效应及蠕变和应力松弛等。

本章采用 Chaboche 粘塑性损伤统一本构模型及相应的参数方法,分别对两种航空发动机涡轮盘材料、一种涡轮转子叶片材料的高温粘塑性变形特征进行本构建模,为高温结构热—机械耦合载荷下的强度分析提供精确的计算工具。

在第3章中,只是给出了粘塑性统一本构理论的一般框架,面对具体的材料时还需要具体分析,对某些特定的现象也须特殊考虑,比如对损伤和快速各向同性软化的处理。这时,需要对硬化变量的演化方程进行改进,同时为了较准确描述蠕变,还给出了耦合损伤的本构模型。

6.1 耦合损伤的粘塑性统一本构模型

当考虑损伤状态时,需要严格遵守损伤原理。考虑损伤时的有效粘塑性过应力 $\hat{\sigma}_v$ 或屈服函数 $\hat{F}$ 为

$$\hat{\sigma}_v = \hat{F} = J(\hat{\sigma}_{ij} - X_{ij}) - \hat{R} - k_0 \qquad (6-1)$$

其中有效应力的定义必须严格遵循应变等效原理,才能符合热力学第二定律的要求。

根据 Lamaitre 应变等效原理[38],用一个各向异性的损伤张量 $\boldsymbol{D}$ 重新定义有效应力

$$\hat{\boldsymbol{\sigma}} = (\boldsymbol{I} - \boldsymbol{D})^{-1} : \boldsymbol{\sigma} \qquad (6-2)$$

其中,$\boldsymbol{I}$ 和 $\boldsymbol{D}$ 为四阶单位张量;当仅考虑各向同性损伤时,可用标量 D 表示损伤状态,则有效应力张量为

$$\hat{\boldsymbol{\sigma}} = \frac{\boldsymbol{\sigma}}{1 - D} \qquad (6-3)$$

假设在损伤情况下,Chaboche 粘塑性本构理论中的流动势函数仍然和无损时具有相同的形式:

$$\hat{\Omega} = \frac{K}{n+1} \left\langle \frac{\hat{\sigma}_v}{K} \right\rangle^{n+1} \qquad (6-4)$$

如果认为损伤与应力相互独立,则有损时的非弹性(粘塑性)应变率为粘塑性势函数 $\hat{\Omega}$ 对应力张量的偏微分:

$$\dot{\hat{\varepsilon}}_{ij}^{in} = \frac{\partial \hat{\Omega}}{\partial \sigma_{ij}} = \frac{3}{2} \left\langle \frac{\hat{\sigma}_v}{K} \right\rangle^n \frac{\hat{\sigma}'_{ij} - X'_{ij}}{J(\hat{\sigma}_{ij} - X_{ij})} \cdot \frac{1}{1 - D} \qquad (6-5)$$

内变量演化方程保持和无损时相同的形式,其中并不显含损伤因子 D,只是将无损时的非弹性应变率 $\dot{\varepsilon}^{in}$ 及其累积 p 用相应的有损变量 $\dot{\hat{\varepsilon}}^{in}$ 和 $\hat{p}$ 代替即可;同时 D 并不限于蠕变损伤,可以看作是任何形式的损伤,通常情况下为疲劳损伤或者是蠕变损伤,也可以是二者的耦合。

根据连续损伤力学的观点,材料任一状态的损伤表现为热力学熵增。文献中对于损伤的定义有许多种。其中,Chaboche 损伤理论应用的最为广泛。考虑到航空发动机用高温合金的使用状态,耦合疲劳损伤和蠕变损伤的方式,由于其物理意义明确、且在本构方程中处理起来相对方便的特点,而被越来越多的研究者所接受。这里只给出多轴应力状态下蠕变损伤的处理方式。

在恒载或缓慢增加的载荷下蠕变是时间的单增函数,随着温度升高而趋于明显。本文只考虑各向同性蠕变损伤,其演化律采用 Robotnov 方程

$$\dot{D} = \left[\hat{J}_2/B\right]^p \cdot (1 - D)^{-q} \qquad (6-6)$$

其中,$\hat{J}_2 = 3/2 \hat{S}_{ij} \hat{S}_{ij}$,$\hat{S}_{ij} = \frac{\sigma_{ij}}{1-D} - 1/3 \sigma_{kk} S_{ij}$;$B, p, q$ 是与温度有关的材料蠕变损伤参数,参数 B 具有应力的量纲,其数值接近材料的强度极限。$\hat{J}_2$ 的表达式并不唯一。Chaboche 在其专著 *Mechanics of Solid Materials*[38] 中对不同种类材料讨论了 $\hat{J}_2$ 的表达式。

由于定向结晶材料各向异性损伤描述的复杂性,为了使问题简化,并且我们只关注沿材料结晶方向(纵向)的损伤,可用认为一个应力状态中其他方向产生与纵向相同的损伤,这样对于定向结晶材料的损伤状态也可以用一个标量 D 来表示。

需要指出,一般情况下叶片结构中纵向的应力水平最高,其损伤也是最大的,因此,前述的损伤由张量简化到标量的过程,得到的损伤计算和预测结果是偏高的。这在工程设计上是偏安全的。

6.2　镍基合金 UDIMET720Li 材料的本构建模

Udimet720 Li(Li = Low Inclusion,低的夹杂含量)作为 BR715 发动机粉末冶金涡轮盘用的镍基高温合金,其化学组分为:Ni 基体 – 16Cr – 15Co – 5Ti – 3Mo – 2.5Al – 1.25W – 0.03Zr – 0.016B – 0.015C。在生产过程中,通过多晶体固溶、扩散淬火以及时效硬化,可以获得相当稳定的晶体结构,其特点是:①面心立方的多晶体结构(r 相),具有高含量的 Co,Cr,Mo,W。②体积百分比不少于 50% 的 γ' 相,包括晶界上的原生 γ' 相(晶粒直径约为 $5\mu m \sim 10\mu m$)和晶内次生的 γ' 相(晶粒直径约为 150nm $\sim$ 170nm)。③含一定量的碳化物,增加晶界滑移抗力。

在 5.3.1 节中,已经给出了对于 Chaboche 本构模型材料参数获取的一般思路。但是对于 Udimet720 Li 来说,情况稍微有些特殊,主要是该合金体现了一种被称为快速各向同性软化的现象,需要在本构建模时进行特殊的考虑。

图 6 – 1 是 Udimet720 Li 材料在控制应变的非对称循环加载的第一次反向时的应力应变曲线。可以看出,当载荷第一次改变方向时,屈服平面的初始半径 k_0 在第一个半循环中是急剧减小的,而此时的卸载并未结束而反向加载亦未开始,即材料表现出很快的各向同性软化效应。这就需要必须采用一个各向同性硬化内变量 R 来描述这种现象(具有大的 b 值和小于零的 Q 值)。但是,R 本来是用以表征对称循环条件下发生的循环硬化/软化效应的,现在只能用表示迟滞环循环演化的函数 $\Phi(p)$ 来替代 R 的功能。但是,当把各向同性软化添加到材料方程中时,会破坏已经拟合好的单调拉伸曲线,因此还需要增加一个运动硬化分量来补偿这种效果,即

$$R = Q(1 - e^{-bp});X_3 = a_3(1 - e^{-c_3\varepsilon^{in}}) \qquad (6-7)$$

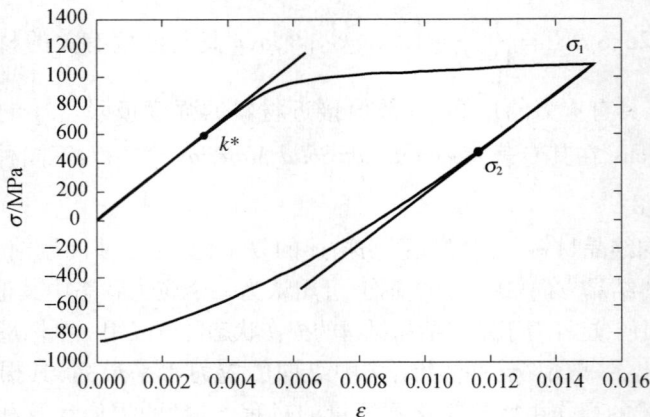

图 6 – 1　快速各向同性软化现象($R_e = 0, \varepsilon_{max} = 1.5\%, \dot{\varepsilon} = 10^{-3}/s$)

并令:$c_3 \approx b$;$a_3 \approx -Q$,由第一个半循环可得到这四个参数的初值。

当运动硬化方程采用 Ohno/Wang 修正后的形式时(式(3-23)),势必影响单调拉伸曲线的形状;而且由于在 X_3 的演化方程中引入了这种修正,这就要求 R 的演化方程也要做相应的改变:

$$\dot{R} = b(Q - | R/Q |^{m_3}R)\dot{P} \qquad (6-8)$$

注意到,在 R 和 X_3 的演化方程中,动态恢复项具有相同的指数 m_3。这时因为前述原因,在 Udimet720 Li 材料的粘塑性本构模型中,R 和 X_3 是成对出现的。

从第 5 章给出的参数系统识别思想出发,对参数按照功能进行分组、采用分步优化和逐步逼进的策略,采用材料参数的非线性优化程序,利用材料的高温实验曲线,得到了 Udimet720 Li 合金的 Chaboche 型粘塑性本构参数,列于表 6-1。

表 6-1　Udimet720 Li 合金的 Chaboche 本构模型材料参数

温度 模型参数	650℃	700℃
E, v, K, k_0, n	186095,0.3,526,500,30.5	183485,0.3,545,425,20.3
$a_1, a_2, a_3, Q, c_1, c_2, c_3, b$	123,181,264, -276 1129,47,908,894	189,59,362, -380, 1613,135,445,440
$\beta_1, \beta_2, \beta_3, r_1, r_2, r_3$	$3.3 \times 10^{-4}, 6.8 \times 10^{-11}, 3.4 \times 10^{-7}$ 1.0,2.75,1.77	$3.5 \times 10^{-4}, 3.3 \times 10^{-6}, 8.8 \times 10^{-7}$ 1.37,3.1,1.8
$\Phi_s, \omega, m_1, m_2, m_3$	0.85,15,0.0,1.55,30	0.77,59,0.0,4.36,13.3
B, p, q	1417.2,16.3,14.5	1264.3,11.0,6.4

利用表 6-1 的参数,用 ABAQUS 调用材料子程序,对各类加载形式进行了本构模拟,理论计算结果与实验数据的对比为图 6-2~图 6-18。整体而言,二者的吻合程度是相当令人满意的。

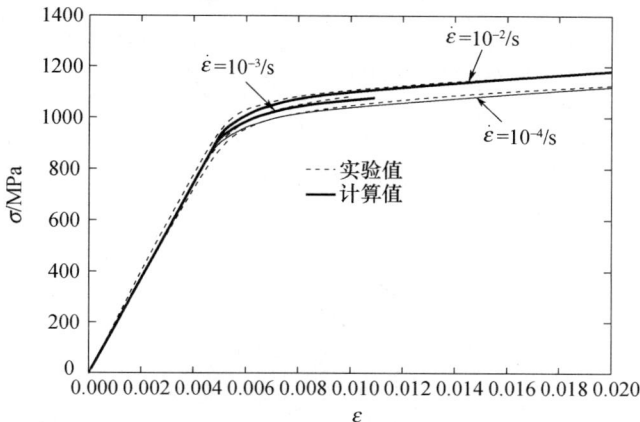

图 6-2　率相关单调拉伸曲线的模拟结果(650℃)

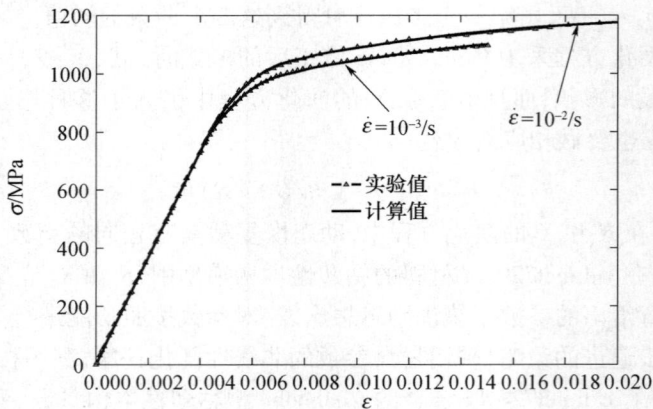

图 6-3　率相关单调拉伸曲线的模拟结果（700℃）

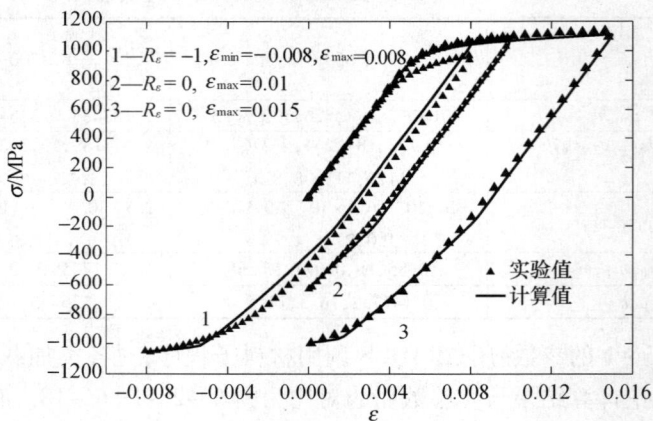

图 6-4　第一次加载—卸载应力应变曲线模拟结果（650℃，$\dot{\varepsilon}=10^{-3}$）

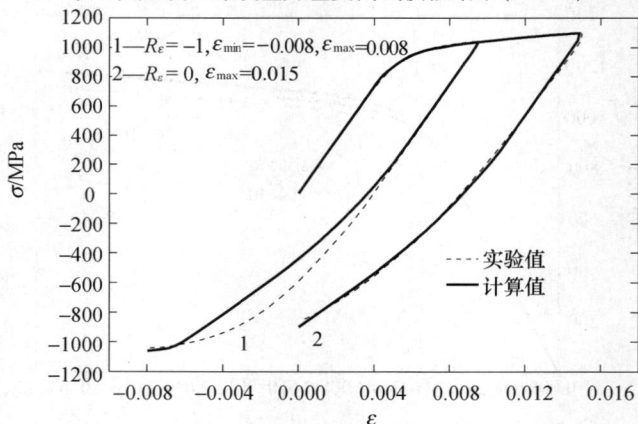

图 6-5　第一次加载—卸载应力应变曲线模拟结果（700℃，$\dot{\varepsilon}=10^{-3}$）

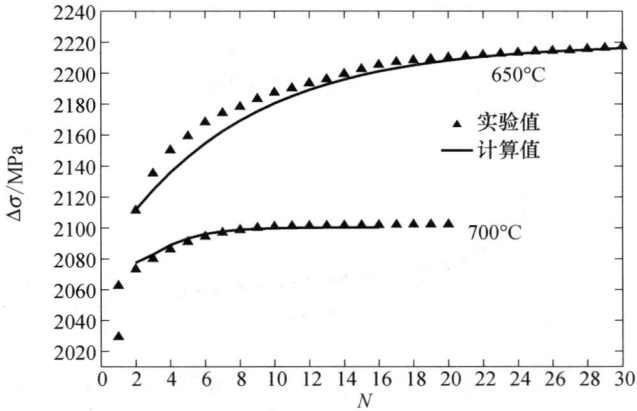

图 6-6　控制应变对称循环 $\Delta\sigma - N$ 模拟结果($\dot{\varepsilon} = 10^{-3}, R_\varepsilon = -1, \varepsilon_{max} = 0.8\%$)

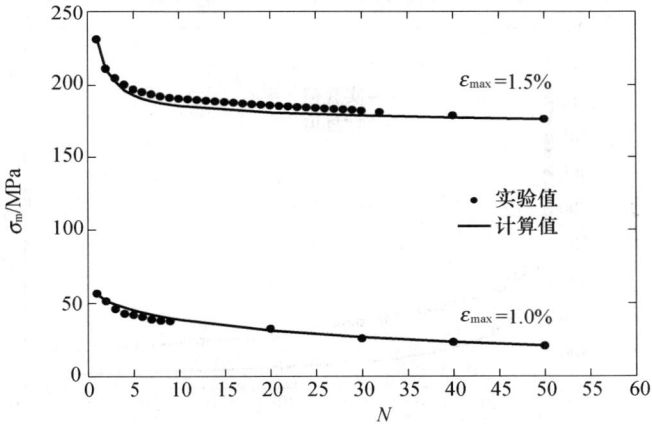

图 6-7　控制应变非对称循环 $\sigma_m - N$ 模拟结果($650℃, \dot{\varepsilon} = 10^{-3}, R_\varepsilon = 0$)

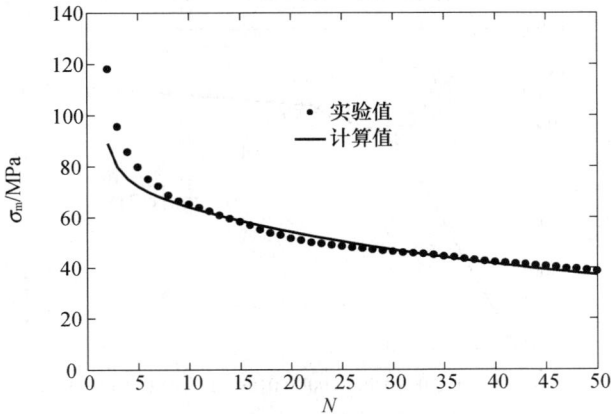

图 6-8　控制应变非对称循环 $\sigma_m - N$ 模拟结果($700℃, \dot{\varepsilon} = 10^{-3}, R_\varepsilon = 0, \varepsilon_{max} = 1.5\%$)

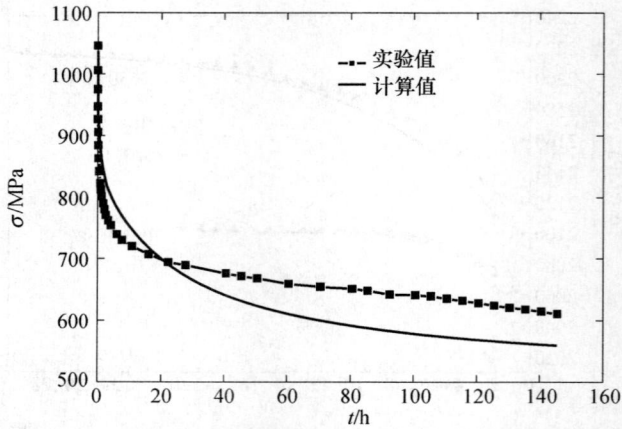

图 6 - 9　应力松弛曲线预测结果 ($650℃$, $\varepsilon = 0.8\%$, $t_0 = 8\mathrm{s}$)

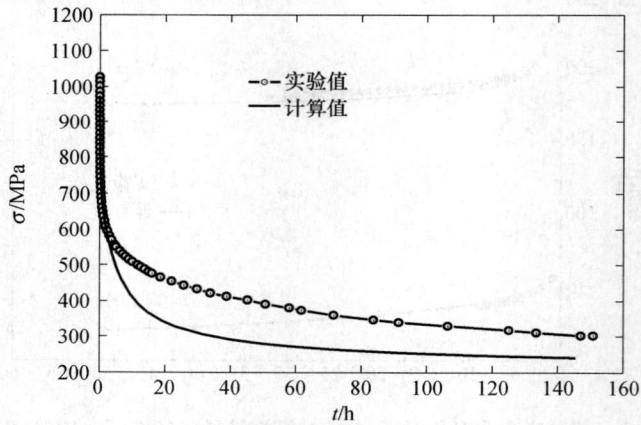

图 6 - 10　应力松弛曲线预测结果 ($700℃$, $\varepsilon = 0.8\%$, $t_0 = 80\mathrm{s}$)

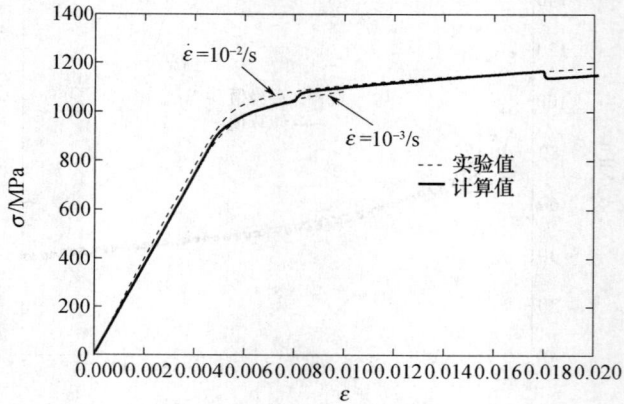

图 6 - 11　模拟变应变率的拉伸曲线 ($650℃$)

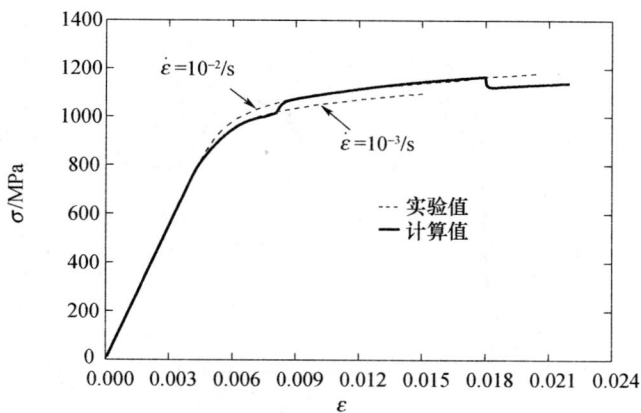

图 6 - 12　模拟变应变率的拉伸曲线（700℃）

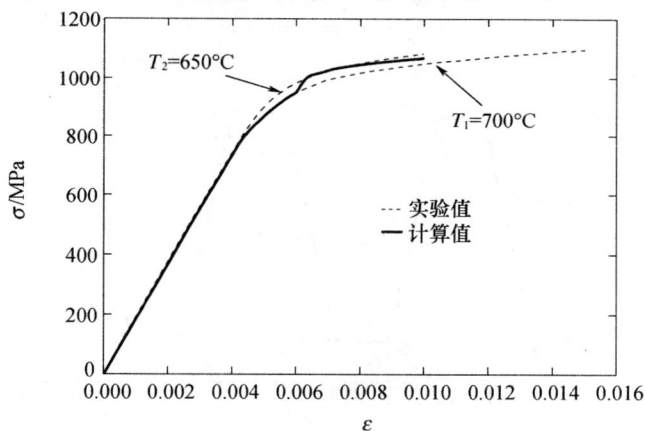

图 6 - 13　模拟变温度的拉伸曲线（$\dot{\varepsilon} = 10^{-3}/s$）

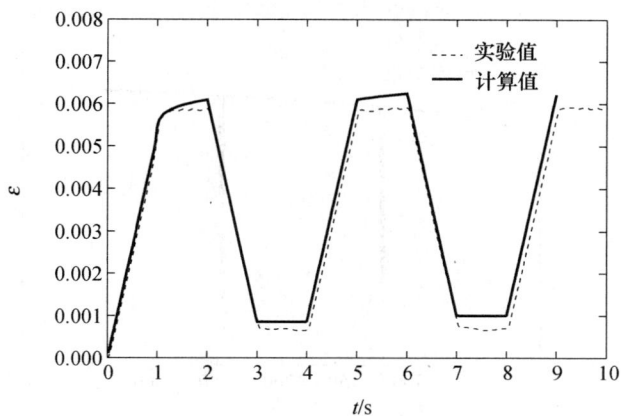

图 6 - 14　控制载荷时的应变响应预测结果（650℃，波形 1 - 1 - 1 - 1，$\sigma_{max} = 975MPa$）

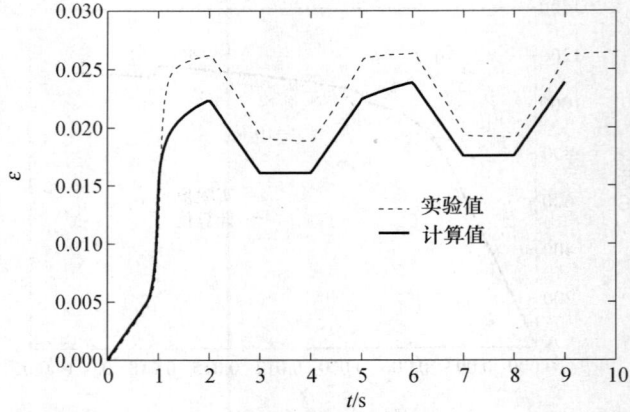

图 6 – 15　控制载荷时的应变响应预测结果（650℃，波形 1 – 1 – 1 – 1，$\sigma_{max} = 1175\mathrm{MPa}$）

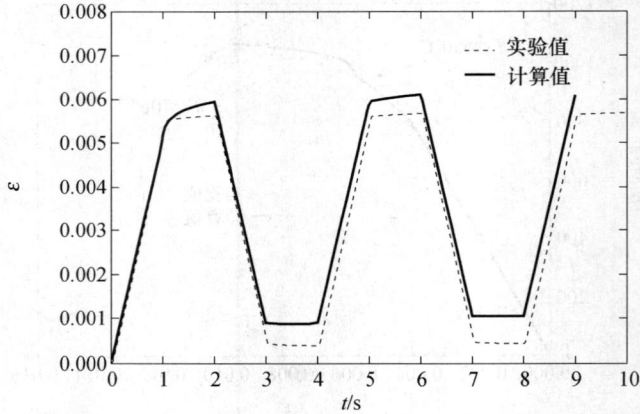

图 6 – 16　控制载荷时的应变响应预测结果（700℃，波形 1 – 1 – 1 – 1，$\sigma_{max} = 925\mathrm{MPa}$）

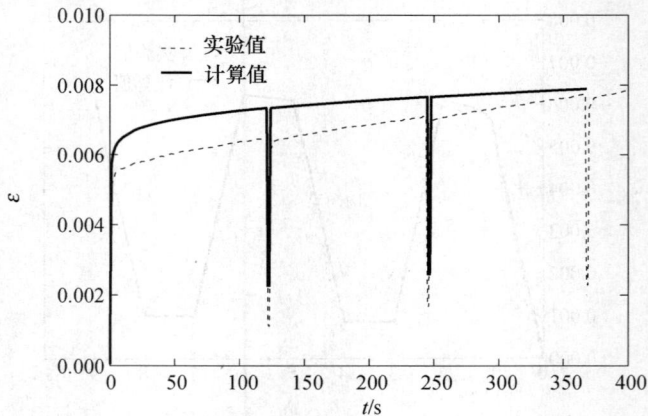

图 6 – 17　控制载荷时的应变响应预测结果（700℃，波形 1 – 120 – 1，$\sigma_{max} = 925\mathrm{MPa}$）

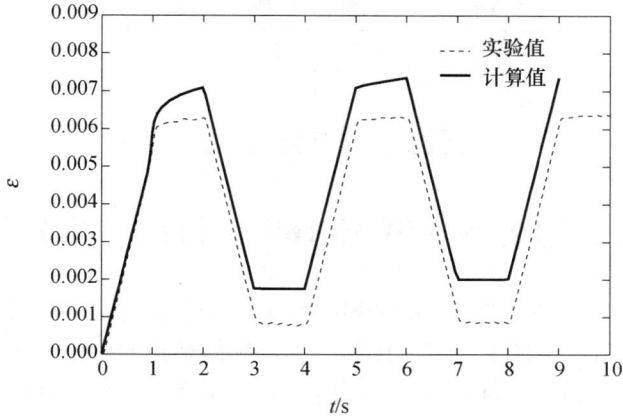

图 6 – 18　控制载荷时的应变响应预测结果（700℃，波形 1 – 1 – 1 – 1，$\sigma_{max} = 975\text{MPa}$）

　　对两个温度率相关的单调拉伸应力应变曲线模拟精度是相当高的，如图 6 – 2 和图 6 – 3 所示。而对第一次加载—卸载曲线的拟合，650℃下理论与试验的差别不大（图 6 – 4），700℃下由于 $R_\varepsilon = 0$ 和 $R_\varepsilon = -1$ 的试验曲线相对于 650℃时的趋势并不一致，而且 $R_\varepsilon = -1$ 的曲线在试验条件下第一次的最大应变并没有很好地控制在 0.8%，从而导致在参数优化时对图 6 – 5 中两条试验曲线的拟合进行协调比较困难，在优化中是以 $R_\varepsilon = 0$ 的试验数据为基准进行的，所以拟合应变比 $R_\varepsilon = -1$ 的试验曲线时偏差比较大。

　　在图 6 – 9 和图 6 – 10 中，对两个温度下的应力松弛试验曲线也进行了模拟，经过 140h 以后，理论计算与实验数据之间相差约 50MPa ~ 60MPa，这在工程上是可以接受的。

　　除此之外，为了考核材料子程序的模拟能力，进行了同一温度下变应变率和同一应变率条件下变温的计算，如图 6 – 11 ~ 图 6 – 13 所示，由于没有真实的变应变率和变温实验曲线，图中分别使用 $\dot{\varepsilon} = 10^{-2}/\text{s}, \dot{\varepsilon} = 10^{-3}/\text{s}$ 两个应变率的实验曲线（650℃ 和 700℃）做变应变率的对比，采用 $\dot{\varepsilon} = 10^{-3}/\text{s}$ 的曲线做变温的对比。在图 6 – 11 和图 6 – 12 中，计算曲线是模拟应变率 $10^{-3}/\text{s}$ 变载到 $10^{-2}/\text{s}$ 后，又回到 $10^{-3}/\text{s}$ 加载。在图 6 – 13 中，计算曲线是模拟温度由 700℃ 变化到 650℃ 时的拉伸应力应变行为。

　　由于载荷历史更接近构件的真实使用状态，通过有限元方法对复杂载荷历程进行计算验证，对于结构的热—机械耦合分析具有特别意义，是高温结构的耐久性和可靠性分析的基础。所以，对表 6 – 2 给出的两种典型应力控制载荷谱（$R_\sigma = 0$）的应变响应也进行了验证计算，并与实验数据做了比较，见图 6 – 14 ~ 图 6 – 18，从结果可以看出，应变预测精度较高，与实验值相比，其相对误差小于 10%。

表 6 - 2　单轴控制应力的疲劳载荷谱

加载波形	加载时间/s	波峰保持时间/s	卸载时间/s	波谷保持时间/s
1 - 1 - 1 - 1	1	1	1	1
1 - 120 - 1	1	120	1	0

6.3　变形高温合金 ZSGH4169 材料的本构建模

采用直接时效热处理工艺的 ZSGH4169 高温合金主要用于国产航空发动机高压涡轮盘和封严组件中。其在控制应变对称循环及非对称循环下的应力应变行为,主要体现为应变率相关的应变硬化、对称循环下的循环软化和非对称循环下的平均应力松弛,此外还有蠕变。这些行为都需要建立材料的本构方程来模拟。

对于直接时效 ZSGH4169 高温合金,其粘塑性统一本构模型的基本方程仍然是第 3 章给出的那些,只是运动硬化变量的演化方程需要采用方程(3 - 23),即能够描述平均应力松弛或棘轮效应的非线性运动硬化法则。这时,需要本构方程描述的力学现象更加复杂,而且应变控制的对称循环加载时应力循环硬化/软化,与非对称循环加载时的平均应力松弛之间的关系也是非线性的。相应地,由于变形的复杂性,各内变量对非弹性应变率的影响是综合的,反过来又会影响内变量本身,所以为了更好地描述循环硬化的非线性,将各向同性硬化内变量 R 的演化方程改写为:

$$\dot{R} = b(Q - | R/Q |^{m_4} R)\dot{p} \qquad (6 - 9)$$

这样,如果采用三个 X,加上损伤变量,材料的粘塑性本构参数就有 21 个:$E, K, n, k_0, a_1, a_2, a_3, c_1, c_2, c_3, m_1, m_2, m_3, b, Q, m_4, \Phi_s, \omega, B, p, q$。内变量 R 用来描述应变控制对称加载时发生的循环软化;Ohno/Wang 修正是为了描述应变控制非对称循环加载时材料平均应力松弛而引入的,所以参数 m_1, m_2, m_3 与此相关。参数 m_4 的加入,使得本构模型的适应性增强。实践中发现,如果 R 保持方程(4 - 7)的形式不变,对于循环软化和平均应力松弛的模拟不大可能同时取得较好的效果。

需要特别注意的是,如果参数 k_0 的数值太大(如接近弹性极限),会导致在低应力水平下,对任何一组本构参数,计算得到的蠕变基本为零。这是因为,当蠕变应力低于弹性极限时,即 $\sigma_c < k_0$ 时,按照粘塑性过应力的定义,有

$$\sigma_v = | \sigma_c - X | - (k_0 + R) \approx \sigma_c - k_0 \leq 0$$

会导致蠕变应力不满足屈服条件,本构模型给出零非弹性应变,因此所有的内变

量如 X 和 R 基本接近于零,这样蠕变应变率,即 $\dot{\varepsilon}^{in}=0$。在这种情况下,不产生蠕变。如果对于无屈服准则的本构模型,如 B－P 模型,这种现象体现的要弱一些。但是对于 Chaboche 模型,k_0 的数值决定了本构方程能否产生蠕变。

从第 5 章给出的参数系统识别思想出发,对参数按照功能进行分组,采用分步优化和逐步逼进的策略,采用材料参数的非线性优化程序,通过优化第一次加载—卸载应力应变曲线、循环硬化和平均应力松弛曲线,可以得到大部分材料本构参数,然后,利用对 k_0 的判断和蠕变曲线,进一步得到损伤参数的值。

针对每个试验温度独立进行了模型的本构参数识别,最终获得了 ZS-GH4169 高温合金 Chaboche 本构参数,列于表 6－3。对合金在 5 个不同温度水平下的循环塑性和蠕变曲线的模拟结果,如图 6－19～图 6－28 所示。

表 6－3　ZSGH4169 合金的 Chaboche 本构模型材料参数

温度 \ 模型参数	14℃	400℃	500℃	650℃	700℃
E, K, k_0, n	204261,1050, 802,1.79	177622,783, 1044,1.9	163045,563.5, 860,4.33	165445,651.4, 265.8,4.7	156797,754, 307,5.584
a_1, a_2, a_3, Q	267.7,177.3, 252,－103	87.2,354.5, 621.1,－142.4	98.6,84.2, 1156.7,－143.2	612.9,108.5, 421.2,－240.2	476.6,61.0, 133.7,－327.9
c_1, c_2, c_3, b	1249.4,928.4, 30.2,2.36	280.2,7.2, 12.07,2.69	439.24,54.46, 6.06,1.11	4255.7,226.7, 38,351.7	6600.1,264.6, 84.4,13.1
$\beta_1, \beta_2, \beta_3$	0.0,0.0,0.0	0.0,0.0,0.0	0.0,0.0,0.0	1.2×10^{-6}, 4.0×10^{-6}, 3.5×10^{-6}	7.5×10^{-6}, 2.0×10^{-5}, 5.0×10^{-5}
r_1, r_2, r_3	1.0,1.0,1.0	1.0,1.0,1.0	1.0,1.0,1.0	1.44,1.02,1.1	1.8,1.25,1.26
m_1, m_2, m_3, m_4	1.95,0.449, 4.09,4.09	6.088,1.355, 2.741,2.741	8.075,2.733, 1.736,1.736	0.598,7.172, 4.215,－0.915	0.0,3.047,5.93, 6.147,－0.028
Φ_s, ω	1.285,0.4	0.735,0.006	1.000,0.0	1.4212,1.4	1.346,0.25
B, p, q	—	—	—	1576.0,9.18, 3.1	1265.0,7.0, 3.0

从结果可以看出,所建立的粘塑性损伤统一本构模型,对于从室温到 700℃ 这一宽广温度范围内,ZSGH4169 材料所体现的各种变形行为,包括弹性性能、循环塑性、Bauschinger 效应、循环硬化和软化、平均应力松弛以及蠕变,都能给出较为满意的结果,而且理论预测与试验曲线之间的相关系数都在 0.9 以上。

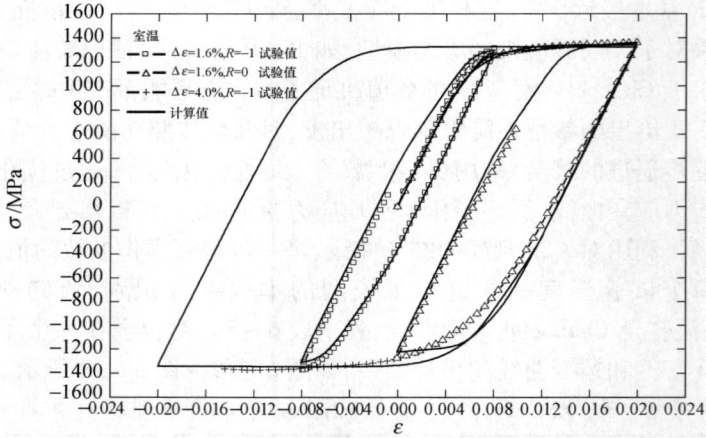

图 6 - 19　第一次加载—卸载应力应变曲线的模拟（室温）

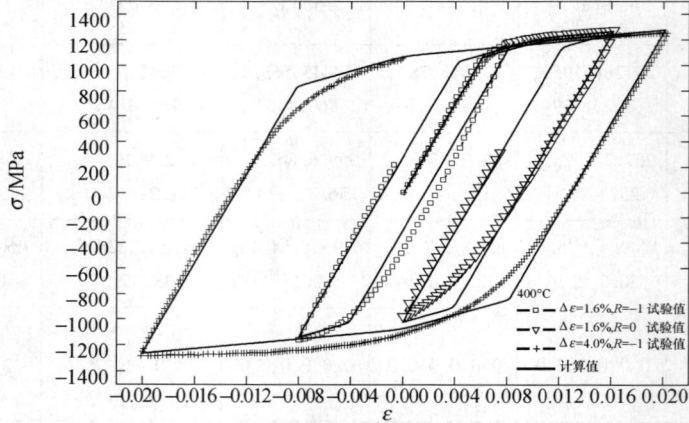

图 6 - 20　第一次加载—卸载应力应变曲线的模拟（400℃）

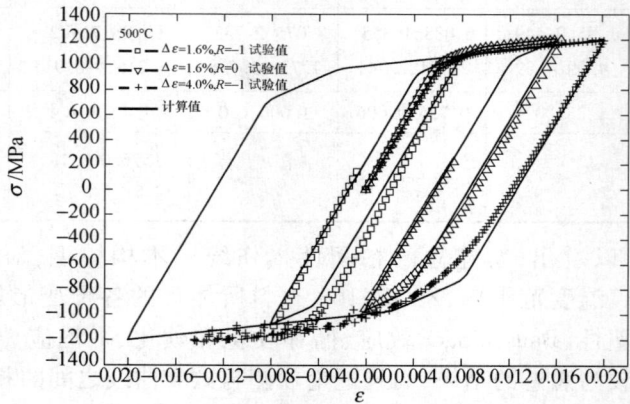

图 6 - 21　第一次加载—卸载应力应变曲线的模拟（500℃）

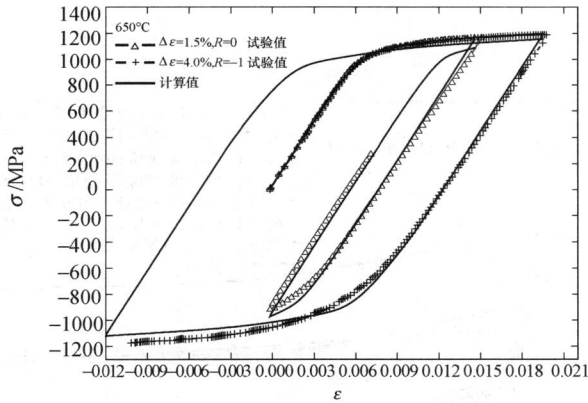

图 6-22　第一次加载—卸载应力应变曲线的模拟 650℃）

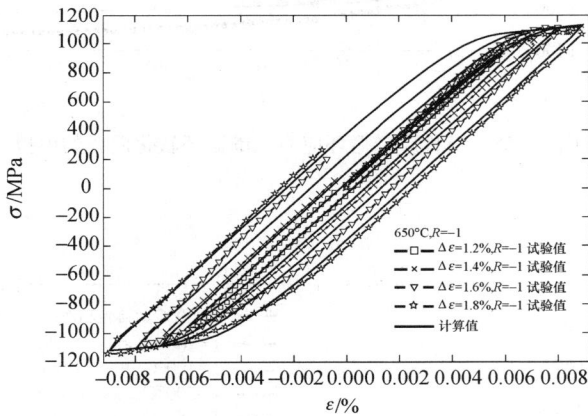

图 6-23　第一次加载—卸载应力应变曲线的模拟（$\Delta\varepsilon = 1.2\% \sim 1.8\%, R = -1,650℃$）

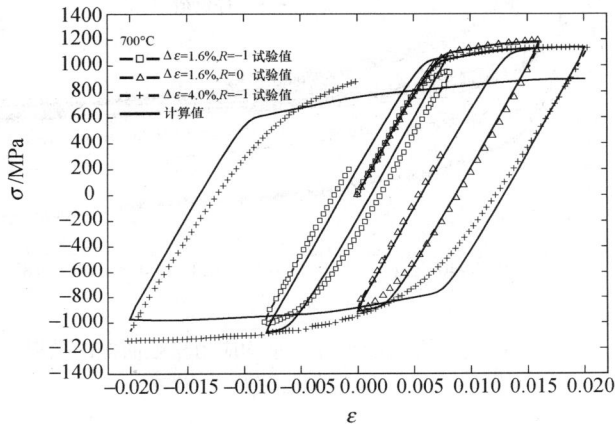

图 6-24　第一次加载—卸载应力应变曲线的模拟（700℃）

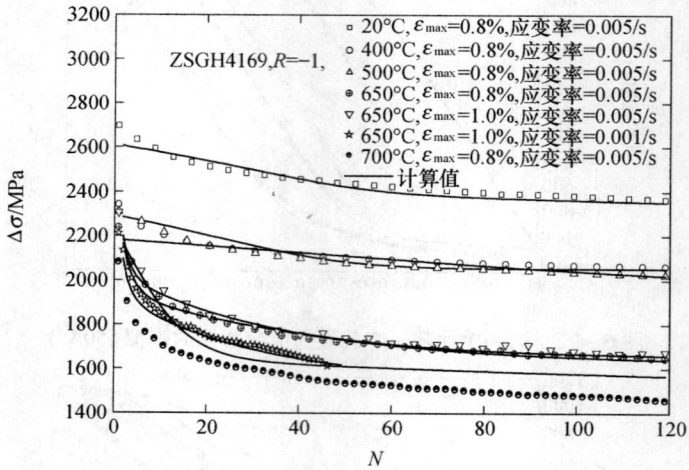

图 6－25　对称应变循环应力范围循环软化曲线的模拟

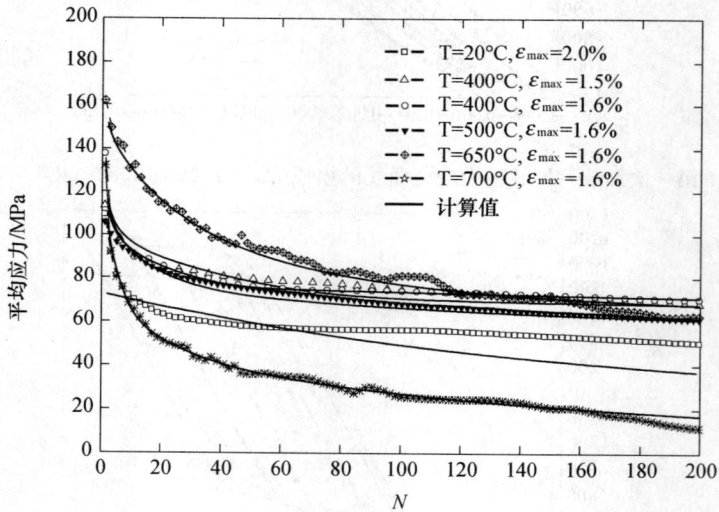

图 6－26　非对称应变循环下平均应力松弛曲线的模拟

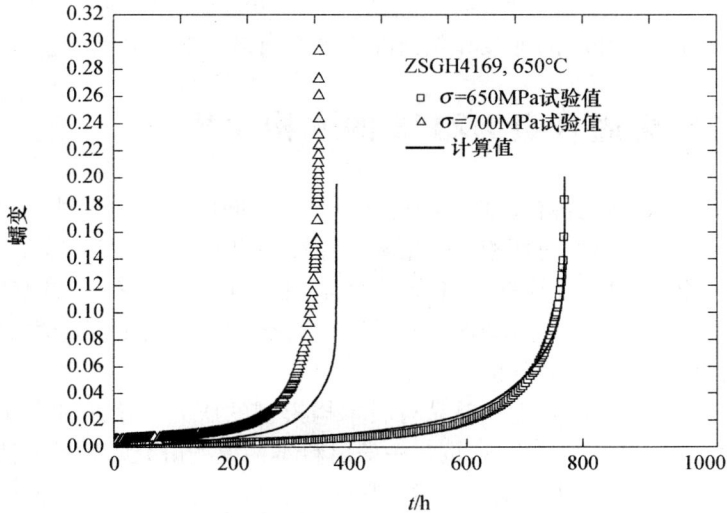

图 6 - 27　对不同应力水平下 ZSGH4169 蠕变曲线的模拟和预测（650℃）

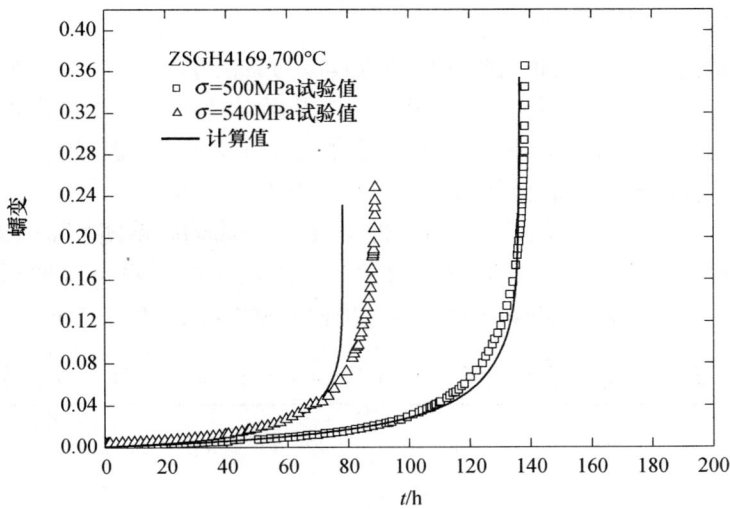

图 6 - 28　对不同应力水平下 ZSGH4169 蠕变曲线的模拟和预测（700℃）

当考虑蠕变损伤时,所建立的本构模型(包括相应的材料参数)能够较好地给出对于 650℃和 700℃,不同应力水平下蠕变变形的模拟,特别是对蠕变全阶段变形和损伤的预测,与实验结果吻合较好。

需要特别指出的是,所给出的耦合蠕变损伤的本构模型,还可以给出对于不同温度不同应力水平下蠕变持久曲线的预测,这相当于工程上常用的 Larson-

Miller 曲线或热强综合参数曲线,而且是对于不同蠕变应变,如 0.5%、1%、2%、5% 等,都可以依据相应的加载和判断准则来给出恰当的计算结果。

6.4 定向凝固合金 DZ125 的本构建模

一般认为,等轴晶材料(如 ZSGH4169)具有各向同性的力学性能,材料的变形本构行为与晶粒的方向性相关性很弱。而镍基定向凝固高温合金具有各向异性的力学性能,一般假设为横观各向同性,仅在一个方向(纵向)具有明显不同于其他两个方向的性能。这增加了描述定向合金力学行为的复杂性,也增加了定向结晶构件强度和寿命分析的难度。

目前国际上对定向合金和单晶材料本构模型的研究采用两种方法:一种是基于连续介质力学的唯象法,这也是一般材料本构模型研究常用的方法,它借助材料物理的研究成果,从宏观上描述材料的变形与应力或外载荷之间的关系,用一些内部状态变量来考虑材料的变形机理;另一种是基于晶体滑移理论的方法,它从细观上分析材料宏观表现的本质,并利用位错运动、热激活能和滑移系开动等概念来解释宏观变形的机理。

对于定向凝固合金,很难沿纵向确定具体的晶粒方向,大多数的研究还是采用唯象的方法来建立材料的本构方程。也有少数学者将定向凝固涡轮叶片看作沿纵向平行分布的若干单晶晶粒,采用晶体塑性理论描述叶片变形。唯象方法相对简单,容易理解并和有限元方法结合,便于工程实用。

本书的第 3 章已经给出了各向异性形式的 Chaboche 粘塑性统一本构模型的基本方程,利用参数识别的方法,根据各个温度下的材料试验数据,得到了 DZ125 定向结晶材料 Chaboche 粘塑性本构模型材料参数,列于表 6-4。

表 6-4 定向结晶合金 DZ125 的 Chaboche 本构模型材料参数

温度 \ 模型参数	20℃	650℃	760℃	850℃	980℃
$E_{11} = E_{22}, E_{33},$ $\mu_{12}, \mu_{23} = \mu_{13}$	169890,127800, 0.26,0.57	146470,106320 0.28,0.588	145910,100000 0.29,0.59	146970,96500 0.295,0.593	112020,81554 0.31,0.62
K, k_0, n	1552.28,622.38, 2.249	621.9,526.9, 2.404	1687.05,448.37, 2.441	6096.18, 104.68,2.321	6198.28,11.53, 2.179
a_1, a_2, Q	150.8,156.2, 48	147.2,135.8, 200	129.2,96.9, 160	114.1,91.0, 170	50.3,25.0,61

96

温度 模型参数	20℃	650℃	760℃	850℃	980℃
c_1,c_2,b	120.3,3581.7, 150	4839.9,4996, 60	6198.4,5162.7, 80	646.7,161.3, 275	58.1,50.8, 80
β_1,β_2,r_1,r_2	0.0,0.0, 1.0,1.0	0.0,0.0, 1.0,1.0	0.0,0.0, 1.0,1.0	1.1×10^{-4}, 1.3×10^{-4}, 2.0,2.0	1.3×10^{-4}, 2.3×10^{-4}, 1.1,1.1
m_1,m_2	8,8	2,2	4,4	2,2	1.5,1.5
$M_{11},M_{33},M_{12},$ M_{23},M_{44},M_{55}	0.882,2/3, −0.549,−1/3, 1.43,5.3	0.908,2/3, −0.575,−1/3, 1.48,2.3	0.954,2/3, −0.620,−1/3, 1.57,2.525	0.947,2/3, −0.614,−1/3, 1.56,2.6	0.637,2/3, −0.304,−1/3, 0.94,0.96
Φ_s,ω	0.8,2.718	0.8,1.0	0.8,1.972	1.0,2.0	0.926,1.925
B,p,q	—	—	—	1163.5,8.58, 9.0	725,4.68, 1.91

对不同方向单调拉伸应力应变曲线的模拟结果如图 6 - 29 和图 6 - 30 所示。可见，对纵向和横向单调拉伸的曲线来说，计算结果与试验数据吻合良好，材料在结束应力应变为线性的弹性阶段后，进入屈服阶段，Chaboche 模型很好得模拟了 DZ125 在这两个阶段的性质。

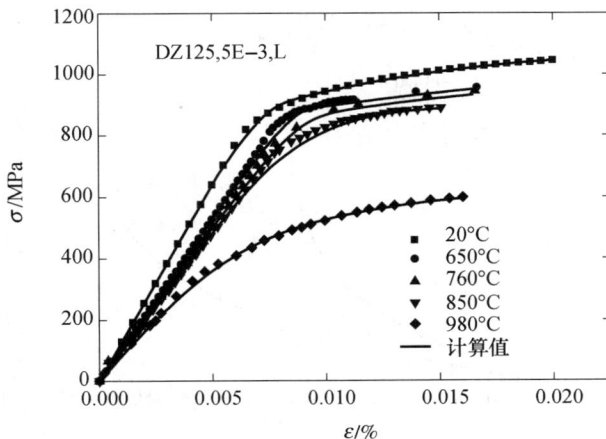

图 6 - 29　DZ125 合金纵向方向单调拉伸计算曲线与试验数据对比

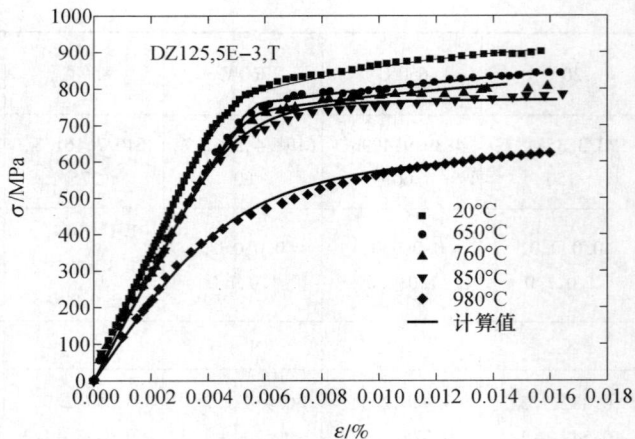

图 6 - 30   DZ125 合金横向方向的单调拉伸计算曲线与试验数据对比

在蠕变曲线模拟中,850℃的蠕变计算结果表现出与试验一致的变化规律,数值也较为符合,如图 6 - 31 所示。980℃的蠕变计算结果与试验数据完全吻合,体现出典型的非线性蠕变特点如图 6 - 32 所示。由于引入了损伤变量,随着时间的增长,损伤不断增大,从而加快了有效应力增大的速率,致使应变加速增长,从而可以很好地模拟蠕变的全阶段。从上述结果可以看到,经过方向修正并引入了损伤概念的 Chaboche 模型不仅能够描述 DZ125 在不同方向上的单调拉伸行为,也能够较好地模拟不同温度下的蠕变现象。

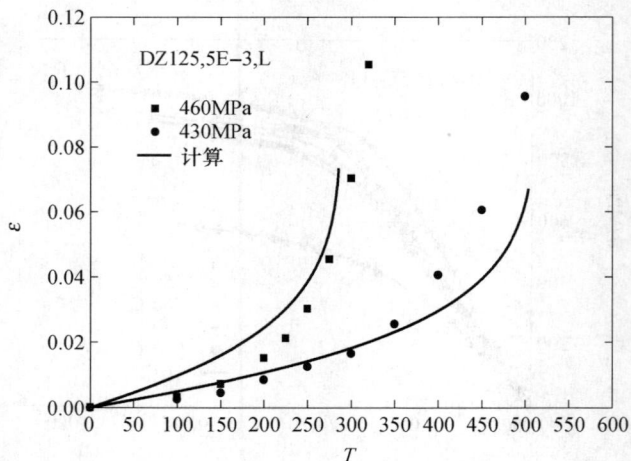

图 6 - 31   DZ125 合金 850℃的蠕变计算曲线与试验数据对比

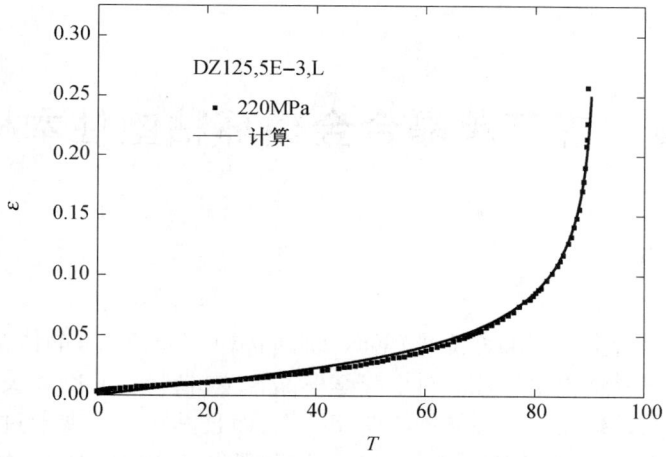

图 6 – 32　DZ125 合金 980℃ 的蠕变计算曲线与试验数据对比

第7章 镍基单晶合金循环粘塑性本构模型

7.1 引言

镍基单晶合金具有面心立方（Face Centered Cubic，FCC）晶体结构，因此具有典型的各向异性力学特性。对于镍基单晶合金材料，与时间无关的循环塑性和与时间相关的蠕变均呈现晶体取向相关性，而且其非弹性变形过程往往具有不均衡的特点，变形过程中可能伴有晶格转动现象。这种情况下，本构建模除了要考虑到与传统各向同性材料循环和蠕变变形相似的特征之外（如单调拉伸的率相关，循环硬化/软化，棘轮现象及平均应力松弛等），如何处理各向异性的表征问题也是工作的重点。合理的本构模型能够以有限晶体取向对应的试验结果为基础，预报任意晶体取向上的材料力学行为，包括屈服应力、单调拉伸、循环变形和蠕变响应等。

采用何种本构理论框架对各向异性高温镍基合金的变形行为进行描述，决定了本构模型基本思路和特点。本章以前面建立起的粘塑性本构模型为基础，结合单晶的晶体变形理论来建立镍基单晶合金的本构模型。

从晶体学的角度看，晶体材料的非弹性变形是晶体中滑移系上位错运动的结果，因此可以从晶体滑移理论出发，通过选择典型晶体结构在不同温度和载荷下参与变形过程的滑移系来解决材料力学行为的晶体取向相关性问题。由于滑移系的活动规律与温度水平、载荷条件及晶体取向密切相关，如何描述滑移系上的变形规律成为本构建模的核心工作。另一方面，为了获得滑移系上的材料参数，通过试验数据确定模型中涉及的材料参数也是必须解决的重要问题。

7.2 基于晶体滑移的循环粘塑性本构模型

7.2.1 面心立方晶体中的滑移系

镍基单晶合金中基本的非弹性变形机制是位错的运动。在外力作用下，晶体中的位错会沿着某个晶体平面上特定的方向滑移运动。这些可使位错沿其运动的特定晶体平面和方向，称为晶体滑移系。晶体材料科学的研究确定了两种基本的滑移系类型,分别为八面体滑移系和六面体滑移系,如图 7 – 1 和图 7 – 2 所示。八面体滑移系包括有 4 个 {111} 平面及其上对应的 12 个 <110> 滑移方向;六面体滑移系包括 3 个 {100} 平面及其上对应的 6 个 <110> 滑移方向,两组共计有 18 个滑移系。一般而言,变形还可能受八面体 4 个 {111} 平面上的 12 个 <112> 方向滑移的影响,可以称第一组八面体滑移系为八面体主滑移系,这一组则为八面体次滑移系。从晶体的结构来说,晶体变形可能涉及到全部的 30 个滑移系的活动,但八面体次滑移系的开动受一些条件的限制,只考虑前 18 个滑移系对变形的作用是单晶本构建模中的通用做法。

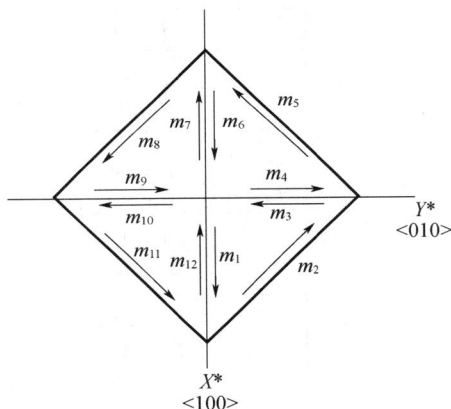

图 7 – 1　4 个八面体 {111} 平面上的 12 个 <110> 滑移方向

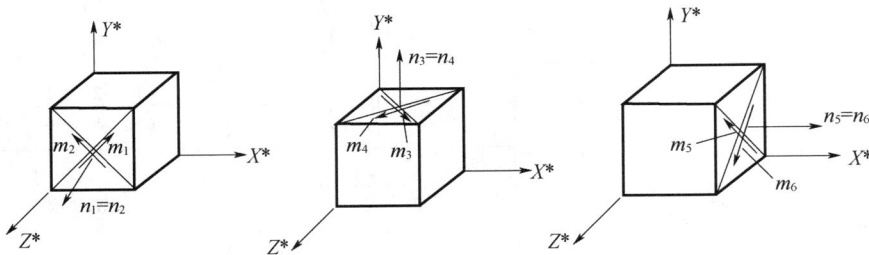

图 7 – 2　3 个六面体 {100} 平面上的 6 个 <110> 滑移方向

　　为了在滑移系上建立起描述单晶高温合金力学行为的本构模型,全局应力和应变都要向晶体坐标系描述的 12 个八面体滑移系和 6 个六面体滑移系上进行分解,然后,在滑移系上利用分切应力计算本滑移系上的位错活动导致的剪切应变。在面心立方晶体中,用 $\overline{m}_r^o$ 来标记第 r 个滑移所处的滑移面的法向单位矢量,$\overline{n}_r^o$ 表示该滑移方向的单位矢量,上标 o 表示为八面体滑移系。在第 r 个滑移中对每个单位矢量 $\overline{m}_r^o$ 和 $\overline{n}_r^o$ 都存在对应的垂直单位矢量 $\overline{z}_r^o$,由 $\overline{z}_r^o = \overline{m}_r^o \times \overline{n}_r^o$ 给出。

因此,矢量 $\overline{m^o_r}$, $\overline{n^o_r}$, $\overline{z^o_r}$ 表达了第 r 个八面体滑移系的方向和所处的滑移面。以同样的规则,将六面体滑移系的滑移面法向和滑移方向的单位向量表示成 $\overline{m^c_r}$ 和 $\overline{n^c_r}$。由于六面体滑移系滑移面垂直于晶轴,因此,只用两个单位矢量就可表达六面体滑移系。

八面体滑移系的 12 个单位向量由表 7 - 1 给出。

表 7 - 1　八面体滑移系族的滑移面和滑移方向

八面体滑移系族									
滑移系 r	$\overline{m^o_r}$			$\overline{n^o_r}$			$\overline{z^o_r}$ $(\overline{z^o_r}=\overline{m^o_r}\times\overline{n^o_r})$		
	i	j	k	i	j	k	i	j	k
1				$\frac{1}{\sqrt{2}}$	0	$\frac{-1}{\sqrt{2}}$	$\frac{1}{\sqrt{6}}$	$\frac{-2}{\sqrt{6}}$	$\frac{1}{\sqrt{6}}$
2	$\frac{1}{\sqrt{3}}$	$\frac{1}{\sqrt{3}}$	$\frac{1}{\sqrt{3}}$	$\frac{-1}{\sqrt{2}}$	$\frac{1}{\sqrt{2}}$	0	$\frac{1}{\sqrt{6}}$	$\frac{1}{\sqrt{6}}$	$\frac{-2}{\sqrt{6}}$
3				0	$\frac{-1}{\sqrt{2}}$	$\frac{1}{\sqrt{2}}$	$\frac{-2}{\sqrt{6}}$	$\frac{1}{\sqrt{6}}$	$\frac{1}{\sqrt{6}}$
4				0	$\frac{1}{\sqrt{2}}$	$\frac{-1}{\sqrt{2}}$	$\frac{2}{\sqrt{6}}$	$\frac{1}{\sqrt{6}}$	$\frac{1}{\sqrt{6}}$
5	$\frac{-1}{\sqrt{3}}$	$\frac{1}{\sqrt{3}}$	$\frac{1}{\sqrt{3}}$	$\frac{-1}{\sqrt{2}}$	$\frac{-1}{\sqrt{2}}$	0	$\frac{-1}{\sqrt{6}}$	$\frac{1}{\sqrt{6}}$	$\frac{-2}{\sqrt{6}}$
6				$\frac{1}{\sqrt{2}}$	0	$\frac{1}{\sqrt{2}}$	$\frac{-1}{\sqrt{6}}$	$\frac{-2}{\sqrt{6}}$	$\frac{1}{\sqrt{6}}$
7				$\frac{-1}{\sqrt{2}}$	0	$\frac{-1}{\sqrt{2}}$	$\frac{-1}{\sqrt{6}}$	$\frac{2}{\sqrt{6}}$	$\frac{1}{\sqrt{6}}$
8	$\frac{-1}{\sqrt{3}}$	$\frac{-1}{\sqrt{3}}$	$\frac{1}{\sqrt{3}}$	$\frac{1}{\sqrt{2}}$	$\frac{-1}{\sqrt{2}}$	0	$\frac{-1}{\sqrt{6}}$	$\frac{-1}{\sqrt{6}}$	$\frac{-2}{\sqrt{6}}$
9				0	$\frac{1}{\sqrt{2}}$	$\frac{1}{\sqrt{2}}$	$\frac{2}{\sqrt{6}}$	$\frac{-1}{\sqrt{6}}$	$\frac{1}{\sqrt{6}}$
10				0	$\frac{-1}{\sqrt{2}}$	$\frac{-1}{\sqrt{2}}$	$\frac{-2}{\sqrt{6}}$	$\frac{-1}{\sqrt{6}}$	$\frac{1}{\sqrt{6}}$
11	$\frac{1}{\sqrt{3}}$	$\frac{-1}{\sqrt{3}}$	$\frac{1}{\sqrt{3}}$	$\frac{1}{\sqrt{2}}$	$\frac{1}{\sqrt{2}}$	0	$\frac{1}{\sqrt{6}}$	$\frac{1}{\sqrt{6}}$	$\frac{-2}{\sqrt{6}}$
12				$\frac{-1}{\sqrt{2}}$	0	$\frac{1}{\sqrt{2}}$	$\frac{1}{\sqrt{6}}$	$\frac{2}{\sqrt{6}}$	$\frac{1}{\sqrt{6}}$

其中 $\boldsymbol{i},\boldsymbol{j},\boldsymbol{k}$ 是沿着晶体轴 X^*,Y^*,Z^* 方向的单位向量。

六面体滑移系的 6 个单位向量由表 7-2 给出。

表 7-2　六面体滑移系族的滑移面和滑移方向

六面体滑移系族						
滑移系 r	$\overline{m}_r^c$			$\overline{n}_r^c$		
	i	j	k	i	j	k
1	0	0	1	$\frac{1}{\sqrt{2}}$	$\frac{1}{\sqrt{2}}$	0
2				$\frac{-1}{\sqrt{2}}$	$\frac{1}{\sqrt{2}}$	0
3	0	1	0	$\frac{1}{\sqrt{2}}$	0	$\frac{1}{\sqrt{2}}$
4				$\frac{-1}{\sqrt{2}}$	0	$\frac{1}{\sqrt{2}}$
5	1	0	0	0	$\frac{1}{\sqrt{2}}$	$\frac{1}{\sqrt{2}}$
6				0	$\frac{-1}{\sqrt{2}}$	$\frac{1}{\sqrt{2}}$

7.2.2　基本方程

滑移系上循环塑性本构模型的方程形式因剪切应变率和内变量演化方程不同而有多种形式。本章中的内变量演化方程是基于文献[63]所给出的基本方程,这时滑移系上的本构方程具有 Walker 各向同性粘塑性本构模型相似的形式。该模型考虑了滑移系之间的相互作用,但反映相互作用程度的潜化系数的确定是一大难点。

在八面体 12 个滑移系上,描述非弹性剪切应变率和分切应力之间的关系为

$$\dot{\gamma}_o^s = \frac{(\tau_o^s - w_o^s)\,|\,\tau_o^s - w_o^s\,|^{\,n_o-1}}{K_o^s} \qquad (s = 1,2,3,\cdots,12) \qquad (7-1)$$

这里,上标 s 表示某 s 滑移系,下标 o 表示八面体滑移系。n_o 是材料常数。式中:$\tau_o^s = \pi_{mn}^s + a_{mm}\pi_{mm}^s + a_{nn}\pi_{nn}^s + a_{zz}\pi_{zz}^s + 2a_{mz}\pi_{mz}^s + 2a_{nz}\pi_{nz}^s$,是一种等效分切应力。$\pi_{ij}^s(i,j = m,n,z)$ 是根据 Schmid 法则得到的分切应力,其中 a_{ij} 为非 Schmid 效应影响系数,表示其他分切应力对该八面体滑移方向上非弹性剪切应变率的影响。式中的主要项是 Schmid 类型项应力分量 π_{mn}^s,a_{pq} 的精确值没有办法得到,但可以得到它们的数量级,使用它们的近似值。

同样,在六面体 6 个滑移系上,非弹性应变率和分切应力之间关系为

$$\dot{\gamma}_c^s = \frac{(\tau_c^s - w_c^s) \mid \tau_c^s - w_c^s \mid^{n_c-1}}{K_c^s} \qquad (s = 1,2,\cdots,6) \qquad (7-2)$$

式中:$\tau_c^s = \tau_{mn}^s$;n_c 是材料常数。

式(7-1)、式(7-2)中的背应力演化方程分别为

$$\begin{cases} \dot{w}_o^s = \rho_1 \dot{\gamma}_o^s - \rho_2 \mid \dot{\gamma}_o^s \mid w_o^s - \rho_3 \mid w_o^s \mid^{m_o-1} w_o^s & (s = 1,2,3,\cdots,12) \quad (7-3) \\ \dot{w}_c^s = \rho_6 \dot{\gamma}_c^s - \rho_7 \mid \dot{\gamma}_c^s \mid w_c^s - \rho_8 \mid w_c^s \mid^{m_c-1} w_c^s & (s = 1,2,\cdots,6) \quad (7-4) \end{cases}$$

方程的第一项是线性硬化项,有方向性,第二项为动态恢复项,可模拟观察到的包辛格效应,最后一项是静态恢复项,也叫热恢复项,可用于描述蠕变。$\rho_1 \sim \rho_3, \rho_6 \sim \rho_8, m_o, m_c$ 为材料常数。

流动方程式(7-1)中拉应力取成下面的演化形式:

$$\dot{K}_o^s = \sum_{k=1}^{12} h_o^{sk} \mid \dot{\gamma}_o^k \mid - h_1 (K_o^s - K_o^{s_0})^\nu \qquad (7-5)$$

$$h_o^{sk} = \beta_1 [q + (1-q)\delta^{sk}] \qquad (7-6)$$

当 $\gamma_o^s = 0$ 时,K_o^s 取初始值 $K_o^{s_0}$,式中 h_o^{sk} 称为硬化系数,它决定了滑移系 k 中的滑移剪切量对滑移系 s 所造成的硬化。h_1, ν, β_1 和 q 为材料常数。

在第 s 个八面体滑移系上的拉应力的初始值 $K_o^{s_0}$ 由下面关系式确定:

$$K_o^{s_0} = K_{1o} + \rho_4 \pi_{nz}^s + \rho_5 \mid \Psi_s \mid \qquad (s = 1,2,3,\cdots,12) \qquad (7-7)$$

式中:K_{1o}, ρ_4, ρ_5 是材料常数。

八面体滑移分量 Ψ_s 由下列关系式获得:

$$\Psi_1 = \overline{m}_1^o \cdot \overline{o} \cdot \overline{j} \qquad \Psi_2 = \overline{m}_2^o \cdot \overline{o} \cdot \overline{k} \qquad \Psi_3 = \overline{m}_3^o \cdot \overline{o} \cdot \overline{i} \qquad \Psi_4 = \overline{m}_4^o \cdot \overline{o} \cdot \overline{i}$$

$$\Psi_5 = \overline{m}_5^o \cdot \overline{o} \cdot \overline{k} \qquad \Psi_6 = \overline{m}_6^o \cdot \overline{o} \cdot \overline{j} \qquad \Psi_7 = \overline{m}_7^o \cdot \overline{o} \cdot \overline{j} \qquad \Psi_8 = \overline{m}_8^o \cdot \overline{o} \cdot \overline{k}$$

$$\Psi_9 = \overline{m}_9^o \cdot \overline{o} \cdot \overline{i} \qquad \Psi_{1o} = \overline{m}_{1o}^o \cdot \overline{o} \cdot \overline{i} \qquad \Psi_{11} = \overline{m}_{11}^o \cdot \overline{o} \cdot \overline{k} \qquad \Psi_{12} = \overline{m}_{12}^o \cdot \overline{o} \cdot \overline{j}$$

六面体滑移系中拉应力取成下面的演化形式:

$$\dot{K}_c^s = \sum_{k=1}^{6} h_c^{sk} \mid \dot{\gamma}_c^k \mid - h_2 (K_c^s - K_c^{s_0})^u \qquad (7-8)$$

$$h_c^{sk} = \beta_2 [p + (1-p)\delta^{sk}] \qquad (7-9)$$

在第 s 个六面体滑移系上的拉应力的初始值为

$$K_c^{s_0} = K_{1c} \qquad (s = 1,2,\cdots,6) \qquad (7-10)$$

同样,h_2, u, β_2 和 p 为材料常数。

7.2.3 坐标变换

一般来说材料的晶体取向与描述结构的坐标系是不一致的,为了区分,将晶体材料所依附的坐标系称为材料坐标系,将结构所依附的坐标系称为总体坐标

系。由于粘塑性本构方程是建立在各个滑移系上,所以必须建立整体坐标系到材料坐标系的应力、应变以及刚度矩阵的转换关系才能对总体坐标系下的结构进行应力应变计算。材料坐标系和总体坐标系之间的关系如图 7-3 所示。

在三维应力状态下,材料坐标系的确定至少需要两个主轴方向,第三个主轴方向可由这两个方向叉乘得到。对镍基单晶合金,取定向凝固的方向为一个材料主轴,称之为材料主方向,其余二个主轴方向称为材料次方向。确定材料坐标系和总体坐标系后,用 $\{\alpha_{x'x} \quad \beta_{x'y} \quad \gamma_{x'z}\}^{\mathrm{T}}$,$\{\alpha_{y'x} \quad \beta_{y'y} \quad \gamma_{y'z}\}^{\mathrm{T}}$ 和 $\{\alpha_{z'x} \quad \beta_{z'y} \quad \gamma_{z'z}\}^{\mathrm{T}}$ 分别表示材料坐标系 x', y', z' 在总体坐标系 x, y, z 下的方向余弦,坐标变换写成矩阵为

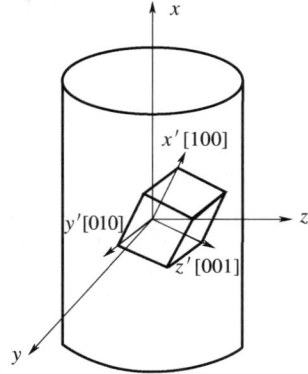

图 7-3 总体坐标系 (x, y, z) 和材料坐标系 (x', y', z') 之间的关系

$$\boldsymbol{\lambda} = \begin{bmatrix} \alpha_{x'x} & \beta_{x'y} & \gamma_{x'z} \\ \alpha_{x'y} & \beta_{y'y} & \gamma_{y'z} \\ \alpha_{x'z} & \beta_{z'y} & \gamma_{z'z} \end{bmatrix} \qquad (7-11)$$

该变换矩阵具有正交性,即 $\boldsymbol{\lambda}^{-1} = \boldsymbol{\lambda}^{\mathrm{T}}$,将材料坐标系下的应力分量、应变分量和刚度矩阵分别记为 $\boldsymbol{\sigma}', \boldsymbol{\varepsilon}', \boldsymbol{D}'$,其变换公式为

$$\begin{cases} \boldsymbol{\sigma}' = \boldsymbol{\lambda}^{\mathrm{T}} \boldsymbol{\sigma} \boldsymbol{\lambda} \\ \boldsymbol{\sigma} = \boldsymbol{\lambda} \boldsymbol{\sigma}' \boldsymbol{\lambda}^{\mathrm{T}} \\ \boldsymbol{\varepsilon}' = \boldsymbol{\lambda}^{\mathrm{T}} \boldsymbol{\varepsilon} \boldsymbol{\lambda} \\ \boldsymbol{\varepsilon} = \boldsymbol{\lambda} \boldsymbol{\varepsilon}' \boldsymbol{\lambda}^{\mathrm{T}} \end{cases} \qquad (7-12)$$

已知总体坐标系 $Oxyz$ 下的应力分量 σ_x、σ_y、σ_z、σ_{xy}、σ_{yz} 和 σ_{zx},则材料坐标系 $Ox'y'z'$ 下的应力分量为

$$\begin{cases} \sigma_{x'} = \sigma_x \alpha_{x'x}^2 + \sigma_y \beta_{x'y}^2 + \sigma_z \gamma_{x'z}^2 + 2(\sigma_{xy}\alpha_{x'x}\beta_{x'y} + \sigma_{xz}\alpha_{x'x}\gamma_{x'z} + \sigma_{yz}\beta_{x'y}\gamma_{x'z}) \\ \sigma_{y'} = \sigma_x \alpha_{y'x}^2 + \sigma_y \beta_{y'y}^2 + \sigma_z \gamma_{y'z}^2 + 2(\sigma_{xy}\alpha_{y'x}\beta_{y'y} + \sigma_{xz}\alpha_{y'x}\gamma_{y'z} + \sigma_{yz}\beta_{y'y}\gamma_{y'z}) \\ \sigma_{z'} = \sigma_x \alpha_{z'x}^2 + \sigma_y \beta_{z'y}^2 + \sigma_z \gamma_{z'z}^2 + 2(\sigma_{xy}\alpha_{z'x}\beta_{z'y} + \sigma_{xz}\alpha_{z'x}\gamma_{z'z} + \sigma_{yz}\beta_{z'y}\gamma_{z'z}) \\ \sigma_{x'y'} = \sigma_x \alpha_{x'x}\alpha_{y'x} + \sigma_y \beta_{x'y}\beta_{y'y} + \sigma_z \gamma_{x'z}\gamma_{y'z} + \sigma_{xy}(\alpha_{x'x}\beta_{y'y} + \alpha_{y'x}\beta_{x'y}) + \\ \qquad \sigma_{xz}(\alpha_{x'x}\gamma_{y'z} + \alpha_{y'x}\gamma_{x'z}) + \sigma_{yz}(\beta_{x'y}\gamma_{y'z} + \beta_{y'y}\gamma_{x'z}) \\ \sigma_{x'z'} = \sigma_x \alpha_{x'x}\alpha_{z'x} + \sigma_y \beta_{x'y}\beta_{z'y} + \sigma_z \gamma_{x'z}\gamma_{z'z} + \sigma_{xy}(\alpha_{x'x}\beta_{z'y} + \alpha_{z'x}\beta_{x'y}) + \\ \qquad \sigma_{xz}(\alpha_{x'x}\gamma_{z'z} + \alpha_{z'x}\gamma_{x'z}) + \sigma_{yz}(\beta_{x'y}\gamma_{z'z} + \beta_{z'y}\gamma_{x'z}) \\ \sigma_{y'z'} = \sigma_x \alpha_{y'x}\alpha_{z'x} + \sigma_y \beta_{y'y}\beta_{z'y} + \sigma_z \gamma_{y'z}\gamma_{z'z} + \sigma_{xy}(\alpha_{y'x}\beta_{z'y} + \alpha_{z'x}\beta_{y'y}) + \\ \qquad \sigma_{xz}(\alpha_{y'x}\gamma_{z'z} + \alpha_{z'x}\gamma_{y'z}) + \sigma_{yz}(\beta_{y'y}\gamma_{z'z} + \beta_{z'y}\gamma_{y'z}) \end{cases}$$

$$(7-13)$$

将应力应变写成矢量形式,则不同坐标系之间的转换公式可简化为

$$
\left.\begin{array}{l}
\boldsymbol{\sigma}' = \boldsymbol{Q}\boldsymbol{\sigma} \\
\boldsymbol{\sigma} = \boldsymbol{Q}^{-1}\boldsymbol{\sigma}' \\
\boldsymbol{\varepsilon}' = \boldsymbol{Q}\boldsymbol{\varepsilon} \\
\boldsymbol{\varepsilon} = \boldsymbol{Q}^{-1}\boldsymbol{\varepsilon}'
\end{array}\right\} \tag{7-14}
$$

$$
\boldsymbol{Q} =
\begin{bmatrix}
\alpha_{x'x}^2 & \beta_{x'y}^2 & \gamma_{x'z}^2 & 2\alpha_{x'x}\beta_{x'y} & 2\alpha_{x'x}\gamma_{x'z} & 2\beta_{x'y}\gamma_{x'z} \\
\alpha_{y'x}^2 & \beta_{y'y}^2 & \gamma_{y'z}^2 & 2\alpha_{y'x}\beta_{y'y} & 2\alpha_{y'x}\gamma_{y'z} & 2\beta_{y'y}\gamma_{y'z} \\
\alpha_{z'x}^2 & \beta_{z'y}^2 & \gamma_{z'z}^2 & 2\alpha_{z'x}\beta_{z'y} & 2\alpha_{z'x}\gamma_{z'z} & 2\beta_{z'y}\gamma_{z'z} \\
\alpha_{x'x}\alpha_{y'x} & \beta_{x'y}\beta_{y'y} & \gamma_{x'z}\gamma_{y'z} & (\alpha_{x'x}\beta_{y'y}+\alpha_{y'x}\beta_{x'y}) & (\alpha_{x'x}\gamma_{y'z}+\alpha_{y'x}\gamma_{x'z}) & (\beta_{x'y}\gamma_{y'z}+\beta_{y'y}\gamma_{x'z}) \\
\alpha_{x'x}\alpha_{z'x} & \beta_{x'y}\beta_{z'y} & \gamma_{x'z}\gamma_{z'z} & (\alpha_{x'x}\beta_{z'y}+\alpha_{z'x}\beta_{x'y}) & (\alpha_{x'x}\gamma_{z'z}+\alpha_{z'x}\gamma_{x'z}) & (\beta_{x'y}\gamma_{z'z}+\beta_{z'y}\gamma_{x'z}) \\
\alpha_{y'x}\alpha_{z'x} & \beta_{y'y}\beta_{z'y} & \gamma_{y'z}\gamma_{z'z} & (\alpha_{y'x}\beta_{z'y}+\alpha_{z'x}\beta_{y'y}) & (\alpha_{y'x}\gamma_{z'z}+\alpha_{z'x}\gamma_{y'z}) & (\beta_{y'y}\gamma_{z'z}+\beta_{z'y}\gamma_{y'z})
\end{bmatrix}
$$

由于

$$
\boldsymbol{\sigma} = \boldsymbol{Q}^{-1}\boldsymbol{D}'\boldsymbol{Q}\boldsymbol{\varepsilon} \tag{7-15}
$$

所以,材料坐标系与总体坐标系的刚度矩阵之间的转换关系为

$$
\boldsymbol{D} = \boldsymbol{Q}^{-1}\boldsymbol{D}'\boldsymbol{Q} \tag{7-16}
$$

至此,得到在计算中需要的所有坐标变换矩阵以及总体坐标系与材料坐标系上应力、应变以及材料的刚度矩阵之间的转换关系。

7.3 本构模型的有限元实现

7.3.1 计算流程

由于非弹性变形来自滑移系上的位错运动,晶体的宏观非弹性应变率是所有激活的滑移系上的非弹性剪切应变率之和。

整体而言,计算宏观非弹性应变需要 3 个步骤,涉及模型在宏观和微观两个尺度上的体现。首先将晶体坐标系下宏观应力 $\bar{\boldsymbol{\sigma}}$ 向各个滑移系上分解,得到作用在各滑移系上的分解剪切应力(简称分切应力,对应的是滑移系上分解剪切应变率,简称分切应变率,其本质是非弹性的);而后通过 7.2.2 给出的本构方程,获得各个滑移系上的分切应变率 $\dot{\gamma}^s$(也即粘塑性或非线性分切应变率);最后对所有滑移系上的分切应变率 $\dot{\gamma}^s$ 求和,得到晶体坐标系下总的宏观粘塑性应变率 $\dot{\boldsymbol{\varepsilon}}^{\mathrm{in}}$。

第一步,按 Schmid 法则,得到滑移系上的分切应力。对八面体滑移系,在第 s 个滑移系方向上有分切应力:

106

$$\pi_{mm}^s = \overline{m}_s^o \cdot \overline{\sigma} \cdot \overline{m}_s^o \quad \pi_{nn}^s = \overline{n}_s^o \cdot \overline{\sigma} \cdot \overline{n}_s^o \quad \pi_{zz}^s = \overline{z}_s^o \cdot \overline{\sigma} \cdot \overline{z}_s^o$$

$$\pi_{zm}^s = \pi_{mz}^s = \overline{m}_s^o \cdot \overline{\sigma} \cdot \overline{z}_s^o \quad \pi_{zn}^s = \overline{\pi}_{nz}^s = \overline{n}_s^o \cdot \overline{\sigma} \cdot \overline{z}_s^o$$

$$\pi_{mn}^s = \overline{m}_s^o \cdot \overline{\sigma} \cdot \overline{n}_s^o \qquad (s = 1,2,\cdots,12) \qquad (7-17)$$

同理,对立方体滑移系,第 s 个滑移系上的分切应力为:

$$\tau_c^s = \tau_{mn}^s = \overline{m}_s^c \cdot \overline{\sigma} \cdot \overline{n}_s^c \qquad (s = 1,2,\cdots,6) \qquad (7-18)$$

第二步,在不同的滑移系上,按照内变量的演化方程计算背应力率($\dot{K}_o^s$ 和 $\dot{K}_c^s$)、拉应力率($\dot{w}_o^s$ 和 $\dot{w}_c^s$),并利用流动方程计算分切应变率($\dot{\gamma}_o^s$ 和 $\dot{\gamma}_c^s$)。

第三步,对每个滑移系上的粘塑性分切应变率 $\dot{\gamma}^s$ 求和,得到晶体坐标系下总的宏观粘塑性应变率 $\dot{\varepsilon}_{ij}^{*\,\mathrm{in}}$:

$$\dot{\varepsilon}_{ij}^{*\,\mathrm{in}} = \sum_{s=1}^{12} a_{ij}^s \dot{\gamma}_o^s + \sum_{s=1}^{6} b_{ij}^s \dot{\gamma}_c^s \qquad (7-19)$$

式中

$$a_{ij}^s = 1/2 [\,(\overline{i} \cdot \overline{n}_s^o)(\overline{m}_s^o \cdot \overline{j}) + (\overline{i} \cdot \overline{m}_s^o)(\overline{n}_s^o \cdot \overline{j})\,];$$
$$b_{ij}^s = 1/2 [\,(\overline{i} \cdot \overline{n}_s^c)(\overline{m}_s^c \cdot \overline{j}) + (\overline{i} \cdot \overline{m}_s^o)(\overline{n}_s^o \cdot \overline{j})\,]$$

如果材料晶体坐标系与构件的主坐标系不一致,则需要材料坐标系和总体坐标系进行转换,如 7.2.3 节所述,这种情况下本构方程的计算流程见图 7-4。

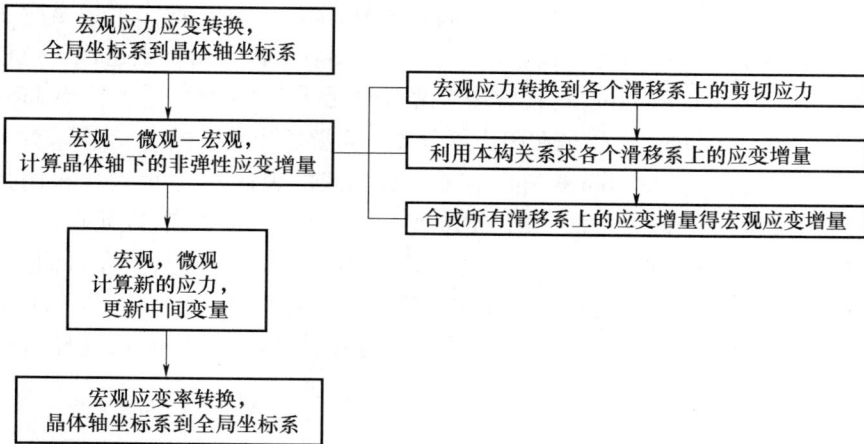

图 7-4 本构模型的计算流程

7.3.2 本构方程积分法及与有限元结合

本构方程是率形式的,因此需要进行积分。一般,兼顾效率和稳定性,通常采用欧拉方法,其形式为:

$$Y_{t+\Delta t}\theta + Y_t(1 - 2\theta) - Y_{t-\Delta t}(1 - \theta) = hf(Y_t, t) \qquad (7-20)$$

式中:Y 是系统的近似解向量,$\theta \in [0, 1]$。

$\theta = 0$ 意味着显式法,$\theta = 1$ 是完全隐式法,$0 < \theta < 1$ 是半隐式半显式法。

完全显式的欧拉方法由向前欧拉差分得到,即

$$\dot{y}(t) = \frac{y(t + \Delta t) - y(t)}{\Delta t} \qquad (7-21)$$

可以得到

$$y(t + \Delta t) = y(t) + \dot{y}(t)\Delta t \qquad (7-22)$$

与有限元结合,编写用户子程序(如 ABAQUS 的 UMAT,MARC 的 HYPELA)时,有限元主程序传入当前 t 时刻的所有变量,如应力;应变及背应力和拉应力等,采用上述的欧拉积分方法,可获得 $t + \Delta t$ 时刻的变量。

非线性有限元平衡方程的求解可采用不同的方法,例如,采用 Newton-Raphson 方法求解非线性有限元平衡方程,即

$$\sum \left(\int \boldsymbol{B}^{\mathrm{T}} \boldsymbol{J} \boldsymbol{B} \mathrm{d}V \right) \boldsymbol{C}^l = \boldsymbol{P}(t + \Delta t) - \sum \int \boldsymbol{B}^{\mathrm{T}} [\boldsymbol{\sigma}(t) + \Delta\boldsymbol{\sigma}(\Delta \boldsymbol{u}^k)] \mathrm{d}V$$

$$\qquad (7-23)$$

$$\Delta \boldsymbol{u}^{k+1} = \Delta \boldsymbol{u}^k + \boldsymbol{C}^l \qquad (7-24)$$

式中 $\boldsymbol{B}$ 是位移增量与应变增量的转换矩阵,$\Delta\boldsymbol{\varepsilon} = \boldsymbol{B}\Delta\boldsymbol{u}$。应力增量是应变增量的函数,因此此也是位移增量的函数。方程(7-24)给出了第 k 次迭代对位移的修正。当用 Newton-Raphson 迭代方法求解有限元平衡方程时,需要给出 Jacobin 矩阵 $\boldsymbol{J} = (\partial \Delta\boldsymbol{\sigma} / \partial \Delta\boldsymbol{\varepsilon})_t$,也就是在用户子程序中需要给出更新的 $\boldsymbol{D}$ 矩阵。对率形式的本构方程,一般 Jacobin 矩阵不容易写成显式的表达式,这时可以采用弹性矩阵代替,相当于有限元方法中的“常刚度”法。求解过程中,有限元程序传入 t 时刻的应变以及应变增量,用户子程序求解应力增量并更新应力,即得到 $t + \Delta t$ 时刻的应力值,此应力值返回有限元主程序进行平衡迭代,直至收敛。如果 Jacobin 矩阵可以写成显式的表达式,就可以得到需要更新的 $\boldsymbol{D}$ 矩阵,这样可以加快收敛速度。

7.4 材料本构参数的确定

式(7-1)至式(7-10),构成了基于滑移系的单晶合金本构方程,共有 22 个材料参数。如何根据本构方程的物理意义,给合有限的试验,获得材料参数,是本构方程能工程应用的前提。

本构模型考虑了滑移系之间的相互作用,但反映相互作用程度的潜化系

数确定是一大难点。由于方程(7-1)中 τ_o^s 的主要项是 Schmid 应力分量 π_{mn}^s，其余为非 Schmid 项，因此，可先不考虑这些项，放在其他材料参数确定之后再考虑。

本构模型中，硬化系数 h_o^{sk} 和 h_c^{sk} 的确定也是一项困难的工作，硬化系数是变形历史、温度和变形速度的函数，其分量也很多，我们先把含有硬化系数的内变量拉应力设为常数，在其他材料参数确定之后再确定与此相关的材料参数。

经过简化之后，模型两组类似的方程中一共有 12 个材料参数，其中八面体滑移系 6 个：n_o、K_o、ρ_1、ρ_2、ρ_3、m_o，六面体滑移系 6 个：n_c、K_c、ρ_6、ρ_7、ρ_8、m_c。由于单晶具有规则的微观结构，在特定的加载方向上滑移系的分切应力具有特殊的值，这些特殊的情况为材料参数的获取提供了方便。当暂不考虑六面体滑移系时，可以对[001]方向上的实验数据拟合得很好，但对[111]和[011]方向上的数据拟合得较差。这是因为[001]取向的试棒单轴应力在立方体滑移系上不产生分切应力，只在八面体滑移系上产生非零的分切应力，而[111]取向的拉伸棒在八面体和六面体中都产生非零的分切应力。当考虑六面体滑移系的项后，[111]和[011]方向的实验数据都拟合得很好。因此材料参数的确定在[001]和[111]两个方向分步进行，先取得八面体滑移系上的材料参数，再得到六面体滑移系上的材料参数。

7.4.1 [001]方向加载简化的本构方程

假设晶体坐标系与整体坐标系重合，载荷应力沿[001]为 σ_3，如图7-5所示。为了在 18 个可能的滑移方向上获得分切应力 τ^s，利用 Schmid 法则将应力 σ_3 分解。结果发现，只在 8 个八面体滑移系上存在非零的分切应力，八面体的其余 4 个滑移系和六面体的所有 6 个滑移系上的分切应力为零，并且，这 8 个八面体滑移系上的分切应力大小相等，它们的值为

$$\tau_o = \frac{1}{\sqrt{6}}\sigma_3 \qquad (7-25)$$

从方程(7-1)和方程(7-2)，可以看出每个滑移系上的分切应变率与该方向上的分切应力成比例。于是 8 个八面体滑移系上的非弹性剪切应变率也相等。通过对所有 8 个八面体滑移系上的非弹性剪切应变率合成，得到晶体坐标系下总的非弹性应变率。[001]方向单调加载时的流动方程为

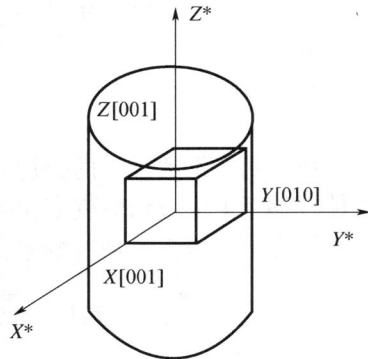

图7-5 沿[001]方向加载时坐标方向

109

$$\dot{\varepsilon}_3^{in} = \frac{8}{\sqrt{6}} \frac{(1/\sqrt{6}\sigma_3 - w_o) \mid 1/\sqrt{6}\sigma_3 - w_o \mid^{n_o-1}}{K_o^{n_o}} \tag{7-26}$$

$$\dot{\varepsilon}_1^{in} = \dot{\varepsilon}_2^{in} = -\frac{1}{2}\dot{\varepsilon}_3^{in}, \dot{\varepsilon}_4^{in} = \dot{\varepsilon}_5^{in} = \dot{\varepsilon}_6^{in} = 0 \tag{7-27}$$

$$\dot{w}_o = \rho_1 \frac{\sqrt{6}}{8}\dot{\varepsilon}_3^{in} - \rho_2 w_o \frac{\sqrt{6}}{8} \mid \dot{\varepsilon}_3^{in} \mid - \rho_3 \mid w_o \mid^{m_o-1} w_o \tag{7-28}$$

7.4.2 [111]方向加载简化的本构方程

同理,对于如图 7 - 6 所示的[111]方向上的单向载荷 σ_3,首先将施加的应力转换到材料坐标系,转换得到的应力为

$$\sigma_1^* = \sigma_2^* = \sigma_3^* = \sigma_4^* = \sigma_5^*$$
$$= \sigma_6^* = \frac{1}{3}\sigma_3 \tag{7-29}$$

利用 Schmid 法则,发现有 6 个八面体滑移系和 3 个六面体滑移系存在非零的分切应力。6 个八面体滑移系上的分切应力的大小相等,3 个六面体滑移系上的分切应力大小也相等。这些应力为

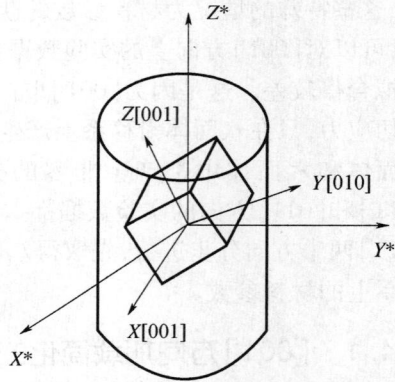

图 7 - 6　沿[111]方向加载时坐标方向

$$\begin{cases} \tau^1 = \tau^2 = \tau^3 = \tau^4 = \tau^8 = \tau^{12} = 0 \\ \tau^5 = \tau^9 = \tau^{10} = -\tau_o, \tau^6 = \tau^7 = \tau^{11} = \tau_o \\ \tau^{14} = \tau^{16} = \tau^{18} = 0, \tau^{13} = \tau^{15} = \tau^{17} = \tau_c \end{cases}$$

并且有

$$\tau_o = \frac{\sqrt{6}}{9}\sigma_3, \tau_c = \frac{\sqrt{2}}{3}\sigma_3 \tag{7-30}$$

由于每个滑移系上的分切应变率与该滑移系上的分切应力成比例,所以,八面体滑移系上的分切应变率相等,六面体上的分切应变率也相等。对八面体和六面体上的非弹性剪切应变率合成,就得到总的非弹性应变率。

$$(\dot{\varepsilon}_{ij}^{*in}) = \sum_{s=1}^{18} (m_{ij}^s \dot{\gamma}^s) = \sum_{s=1}^{12} (m_{ij}^s \dot{\gamma}_o^s) + \sum_{s=13}^{18} (m_{ij}^s \dot{\gamma}_c^s) = (\dot{\varepsilon}_{ijo}^{*in}) + (\dot{\varepsilon}_{ijc}^{*in})$$

$$\tag{7-31}$$

整体坐标系下总的非弹性应变率通过应变转换得到,于是

$$\dot{\varepsilon}_{ij}^{in} = \dot{\varepsilon}_{ijo}^{in} + \dot{\varepsilon}_{ijc}^{in} \tag{7-32}$$

110

在[111]方向加载,八面体滑移系和六面体滑移系对总的非弹性应变率都有贡献。八面体滑移系上非弹性应变率方程为

$$(\dot{\varepsilon}_3^{\text{in}})_o = \frac{2\sqrt{6}}{3} \frac{(\sqrt{6}/9\sigma_3 - w_o) \mid \sqrt{6}/9\sigma_3 - w_o \mid^{n_o-1}}{K_o^{n_o}} \qquad (7-33)$$

$$(\dot{\varepsilon}_1^{\text{in}})_o = (\dot{\varepsilon}_2^{\text{in}})_o = -\frac{1}{2}(\dot{\varepsilon}_3^{\text{in}})_o, (\dot{\varepsilon}_4^{\text{in}})_o = (\dot{\varepsilon}_5^{\text{in}})_o = (\dot{\varepsilon}_6^{\text{in}})_o = 0 \qquad (7-34)$$

$$\dot{w}_o = \rho_1 \frac{\sqrt{6}}{4}(\dot{\varepsilon}_1^{\text{in}})_o - \rho_2 w_o \frac{\sqrt{6}}{4} \mid (\dot{\varepsilon}_3^{\text{in}})_o \mid - \rho_3 \mid w_o \mid^{m_o-1} w_o \qquad (7-35)$$

六面体滑移系上非弹性应变率方程为

$$(\dot{\varepsilon}_3^{\text{in}})_c = \sqrt{2} \frac{(\sqrt{2}/3\sigma_3 - w_c) \mid \sqrt{2}/3\sigma_3 - w_c \mid^{n_c-1}}{K_c^{n_c}} \qquad (7-36)$$

$$(\dot{\varepsilon}_1^{\text{in}})_c = (\dot{\varepsilon}_2^{\text{in}})_c = -\frac{1}{2}(\dot{\varepsilon}_3^{\text{in}})_c, (\dot{\varepsilon}_4^{\text{in}})_c = (\dot{\varepsilon}_5^{\text{in}})_c = (\dot{\varepsilon}_6^{\text{in}})_c = 0 \qquad (7-37)$$

$$\dot{w}_c = \rho_6 \frac{\sqrt{2}}{2}(\dot{\varepsilon}_3^{\text{in}})_c - \rho_7 w_c \frac{\sqrt{2}}{2} \mid (\dot{\varepsilon}_3^{\text{in}})_c \mid - \rho_8 \mid w_c \mid^{m_c-1} w_c \qquad (7-38)$$

沿加载方向[111]总的非弹性应变率为

$$\dot{\varepsilon}_3^{\text{in}} = (\dot{\varepsilon}_3^{\text{in}})_o + (\dot{\varepsilon}_3^{\text{in}})_c \qquad (7-39)$$

7.4.3 材料参数获取及优化

利用在[001]和[111]晶体取向试验得到了应力应变曲线,结合上节给出的这两个加载方向,分别在八面体和六面体滑移系上简化的本构方程,进行试验曲线拟合,并优化,可以获取材料参数。由于在[001]晶体取向加载,只有八面体滑移起作用,因此,很容易得到八面体滑移系的材料参数。在确定了八面体滑移系上的材料参数后,利用[111]方向的试验曲线,可获得六面体滑移系上的材料参数。

材料常数优化的具体过程是,首先得到弹性常数 $E_{[001]}$、$\nu_{[001]}$ 和 $G_{[001]}$。接着利用[001]方向的试验数据得到八面体滑移系的材料常数,这一点通过优化参数 $n_o, K_o, \rho_1, \rho_2, \rho_3, m_o$,使残差平方 $R_{[001]}^2$ 最小实现。残差平方为

$$R_{[001]}^2 = \sum_{i=1}^N \left[\frac{g_{e[001]}(y_i) - g_{c[001]}(y_i, n_o, K_o, \rho_1, \rho_2, \rho_3, m_o)}{g_{e[001]}(y_i)} \right]^2 \quad (7-40)$$

其中 $g_{e[001]}(y_i)$ 是实验曲线在 y_i 处的应变值;$g_{c[001]}(y_i, n_o, K_o, \rho_1, \rho_2, \rho_3, m_o)$ 是根据参数 $n_o, K_o, \rho_1, \rho_2, \rho_3, m_o$ 计算出在相同点的值,N 是取点的个数。

最后利用[111]方向的试验数据得到六面体滑移系的材料常数,同样,通过固定 $n_o, K_o, \rho_1, \rho_2, \rho_3, m_o$,优化参数 $n_c, K_c, \rho_6, \rho_7, \rho_8, m_c$,使残差平方 $R_{[111]}^2$ 最小。

残差平方为

$$R_{[111]}^2 = \sum_{i=1}^{M} \left[\frac{g_{e[111]}(y_i) - g_{c[111]}(y_i, n_c, K_c, \rho_6, \rho_7, \rho_8, m_c)}{g_{e[111]}(y_i)} \right]^2 \quad (7-41)$$

其中 $g_{e[111]}(y_i)$ 是实验曲线在 y_i 处的应变值；$g_{c[111]}(y_i, n_c, K_c, \rho_6, \rho_7, \rho_8, m_c)$ 是根据参数 $n_o, K_o, \rho_1, \rho_2, \rho_3, m_o$ 和 $n_c, K_c, \rho_6, \rho_7, \rho_8, m_c$ 计算出的值，M 是取点的个数。

7.5　镍基单晶合金各向异性循环塑性模拟

为了说明前面建立的粘塑性本构模型和发展的算法对镍基单晶合金各向异性循环塑性模拟的能力及有效性，作为算例，本节对国外第一代镍基单晶合金 PWA1480 和国内第二代镍基单晶合金 DD6 的各向异性循环应力应变进行了计算。

PWA1480 循环塑性曲线利用了公开文献的结果，DD6 为我们研究团队所获得的。经过优化得到 PWA1480 的弹性常数为：室温时 $E = 122593\text{MPa}$，$\mu = 0.394$，$G = 129849\text{MPa}$；871℃时 $E = 91204\text{MPa}$，$\mu = 0.4092$，$G = 100073\text{MPa}$，其他材料本构参数列于表 7-3 和表 7-4。

表 7-3　PWA1480 室温本构模型材料参数

	n_o	K_o/MPa	ρ_1/MPa	ρ_2	$\rho_3/(\text{MPa}^{(1-m)}/\text{s})$	m_o
八面体	5.49	827.59	2.676×10^6	9326	2.1025×10^{-8}	3
	n_c	K_c/MPa	ρ_6/MPa	ρ_7	$\rho_8/(\text{MPa}^{(1-n)}/\text{s})$	m_c
六面体	6.99	800	6.897×10^5	3952	2.1025×10^{-8}	3

表 7-4　PWA1480 871℃本构模型材料参数

	n_0	K_o/MPa	ρ_1/MPa	ρ_2	$\rho_3/(\text{MPa}^{(1-m)}/\text{s})$	m_o
八面体	3.76	1944.83	4.317×10^5	1450.8	2.1025×10^{-8}	3
	n_c	K_c/MPa	ρ_6/MPa	ρ_7	$\rho_8/(\text{MPa}^{(1-n)}/\text{s})$	m_c
六面体	7.32	579.31	2.841×10^5	1000	2.1025×10^{-8}	3

经过优化得到 DD6 的弹性常数为：760℃时 $E = 122593\text{MPa}$，$\mu = 0.394$，$G = 129849\text{MPa}$；980℃时 $E = 92500\text{MPa}$，$\mu = 0.33$，$G = 94000\text{MPa}$，其他材料参数列于表 7-5 和表 7-6。

表 7 - 5 DD6 单晶 760℃ 本构模型材料参数

八面体	n_o	K_o/MPa	ρ_1/MPa	ρ_2	$\rho_3/(\text{MPa}^{(1-m)}/\text{s})$	m_o
	4.9	1586.2	1.0345×10^6	8450.4	5.347×10^{-7}	3.2
六面体	n_c	K_c/MPa	ρ_6/MPa	ρ_7	$\rho_8/(\text{MPa}^{(1-n)}/\text{s})$	m_c
	2.6	1103.4	5.517×10^5	1486	4.277×10^{-12}	1.1

表 7 - 6 DD6 单晶 980℃ 本构模型材料参数

八面体	n_o	K_o/MPa	ρ_1/MPa	ρ_2	$\rho_3/(\text{MPa}^{(1-m)}/\text{s})$	m_o
	2.7	1862.07	1.586×10^6	7689	7.707×10^{-11}	1.5
六面体	n_c	K_c/MPa	ρ_6/MPa	ρ_7	$\rho_8/(\text{MPa}^{(1-n)}/\text{s})$	m_c
	2.97	2068.97	3.552×10^5	265.3	1.6364×10^{-3}	4.89

7.5.1 镍基单晶合金 PWA1480 的循环应力应变计算

对镍基单晶合金 PWA1480 在室温下的单调拉伸应力应变曲线和 871℃ 下的应变控制的稳定循环应力应变曲线进行了计算模拟。

室温下 PWA1480 单调拉伸是在应变控制条件下加载,应变率为 $0.1\%/\text{s}$,[001]、[011] 和 [111] 三个晶体取向的模拟结果如图 7 - 7 所示。

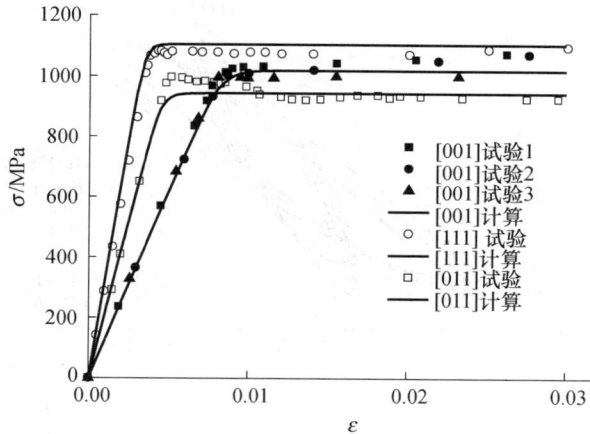

图 7 - 7 镍基单晶合金 PW1480 室温单调
拉伸应力应变曲线的模拟结果($\dot{\varepsilon} = 0.1\%/\text{s}$)

应变控制对称循环加载稳定迟滞环的试验结果如图 7 - 8 所示。其中，[001] 方向上的 3 个应变率分别是 0.0025%/s、0.01%/s 和 0.1%/s，[111] 方向 3 个应变率分别为 0.001%/s、0.01%/s、0.1%/s 和 0.5%/s。采用本构模型进行模拟的结果如图 7 - 9 所示。图 7 - 10 ~ 图 7 - 13 给出了不同晶体取向和应变率条件下计算的结果与试验曲线的对比。

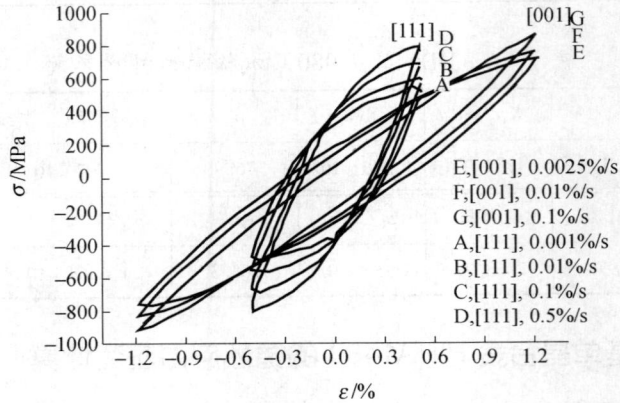

图 7 - 8　镍基单晶合金 PW1480 在 871℃ [001] 和 [111] 取向不同应变率时循环
稳定迟滞环的试验曲线

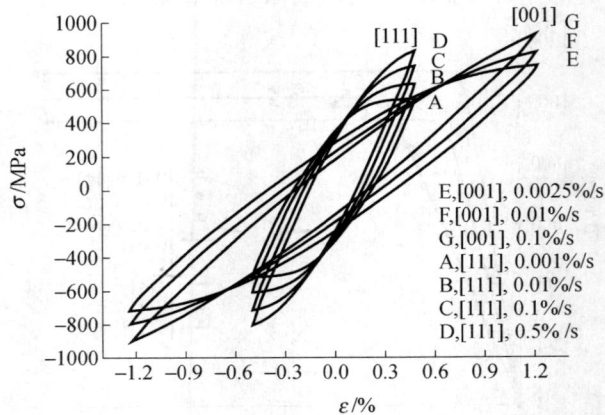

图 7 - 9　镍基单晶合金 PW1480 在 871℃ [001] 和 [111]
取向不同应变率时循环稳定迟滞环的模拟结果

114

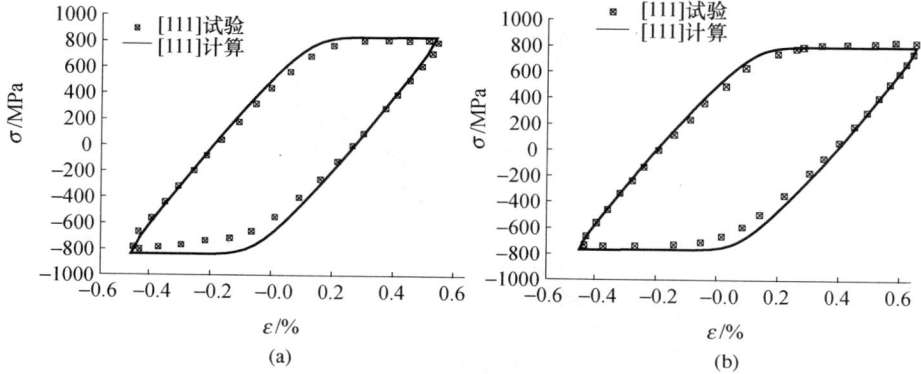

图 7 - 10 　镍基单晶合金 PW1480[111]取向 871℃ (a)$\dot{\varepsilon}=0.5\%/s$ 和(b)$\dot{\varepsilon}=0.1\%/s$ 循环

稳定迟滞环试验与模拟结果的比较

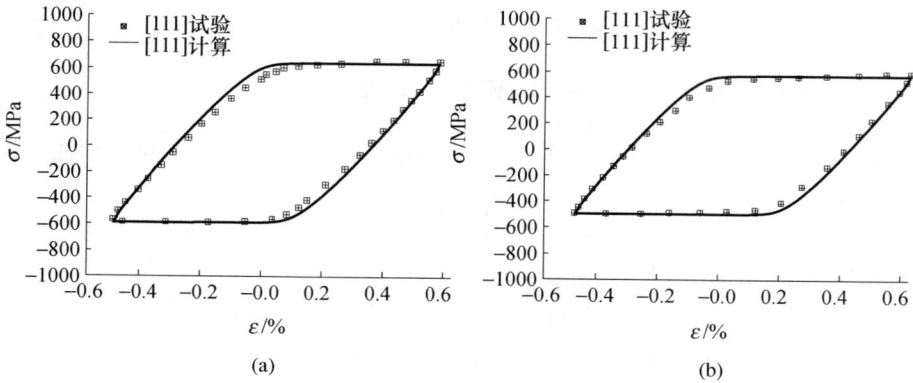

图 7 - 11 　镍基单晶合金 PW1480[111]取向 871℃ (a)$\dot{\varepsilon}=0.01\%$ 和(b)$\dot{\varepsilon}=0.001\%/s$

循环稳定迟滞环试验与模拟结果比较

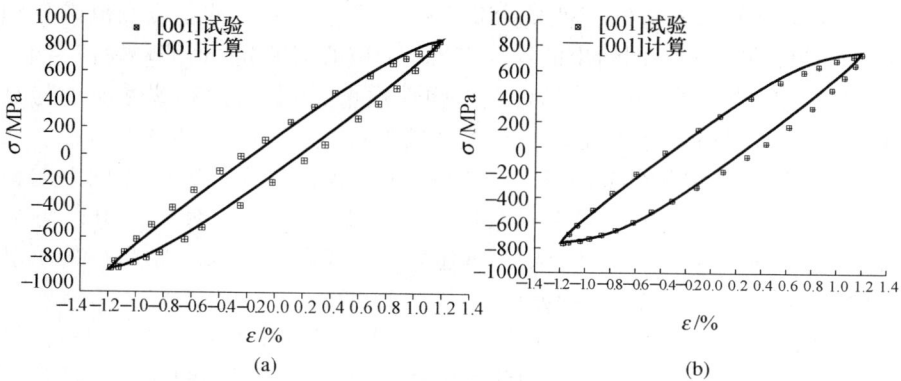

图 7 - 12 　镍基单晶合金 PW1480[001]取向(a)$\dot{\varepsilon}=0.01\%/s$ 和(b)$\dot{\varepsilon}=0.0025\%/s$

循环稳定迟滞环试验与模拟结果比较

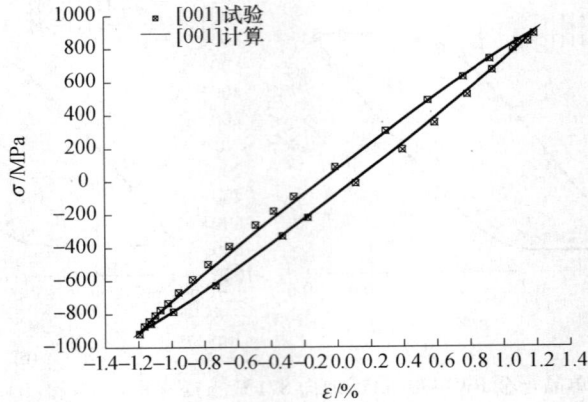

图 7 – 13　镍基单晶合金 PW1480[001]取向 871℃$\dot{\varepsilon}$ = 0. 1%
循环稳定迟滞环试验与模拟结果比较

7.5.2　镍基单晶合金 DD6 循环塑性模拟

对镍基单晶合金 DD6 在 760℃和 980℃下的不同晶体取向的循环塑性模拟
结果见图 7 – 14 至图 7 – 24。

对应变控制对称循环加载第一个循环和循环稳定迟滞环进行了模拟,同时
也模拟了应力控制不对称循环的情况。

对 DD6 在[001]、[011]和[111]三个取向试样的第 1 个循环应力应变曲线模
拟的结果如图 7 – 14 和图 7 – 15 所示;温度为 760℃和 980℃,应变率 0. 1%/s,应
变比 R = – 1,总应变范围 $\Delta\varepsilon$ = 3. 0% 。

760℃,[001]、[011]和[111]3 个晶体取向应变控制对称循环下的循环塑
性的模拟结果见图 7 – 16;应变率为 0. 5%/s, 3 个方向上的总应变范围分别是
2. 0% 、1. 4% 和 0. 9%;图给出的为第 21 个循环(循环稳定)迟滞环模拟结果。

从试验结果可见,DD6 单晶合金的弹性模量、屈服应力和塑性流动与晶体
取向及温度密切相关,所建立的本构模型能够描述合金的上述变形特征。从图
中可以看出,DD6 单晶合金[111]方向上的弹性模量最大,[011]方向上的弹性
模量次之,[001]方向上的弹性模量最小。[111]方向屈服最快,[011]方向次
之,[001]方向上的屈服极限最高。所建立的基于晶体滑移 + 粘塑性的单晶本
构模型能够描述上述现象和特征。

此外,对[001]、[011]和[111]3 个方向进行了应变控制带拉伸保载的循环
塑性变形模拟;应变比 R = – 1,加载波形是 1 – 60 – 1,即加载时间 1s,波峰保持
时间 60s,卸载时间 1s,波谷保持时间 0s。该类型循环加载为疲劳—蠕变交互作

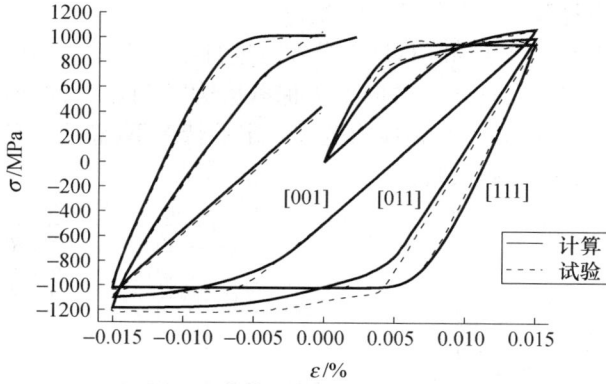

图 7 – 14　镍基单晶合金 DD6 760℃不同取向第一个循环
迟滞环试验与模拟结果比较

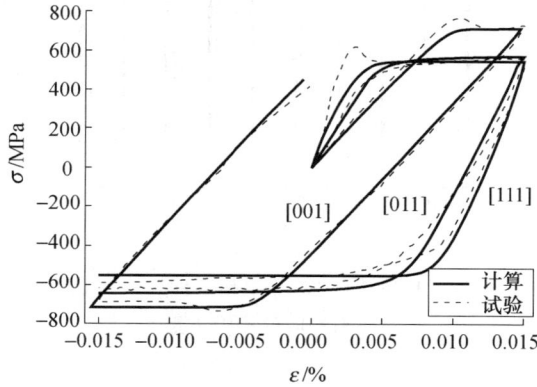

图 7 – 15　镍基单晶合金 DD6 980℃不同取向第一个循环迟滞环试验与模拟结果比较

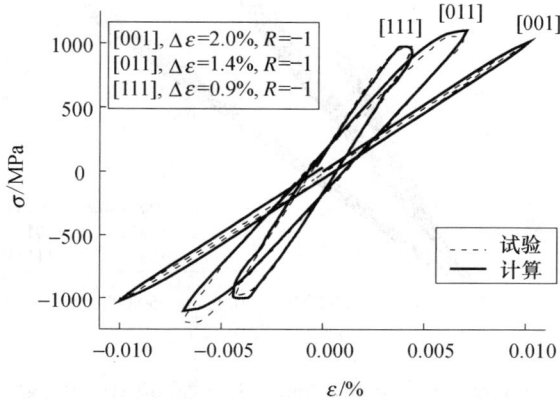

图 7 – 16　镍基单晶合金 DD6 760℃3 个晶体取向不同应变范围对称加载
循环稳定迟滞环试验与模拟结果比较

用。其应力响应计算结果如图 7-17 所示。

同样,对[001]、[011]和[111]3 个方向进行了应力控制的循环塑性变形模拟。图 7-18 给出的是这 3 个方向上无保载应力控制非对称循环($R=0$)时计算得到的迟滞环。可以看出,在应力范围一定的情况下,总应变范围随循环数的增大有所增加,表现了棘轮现象。

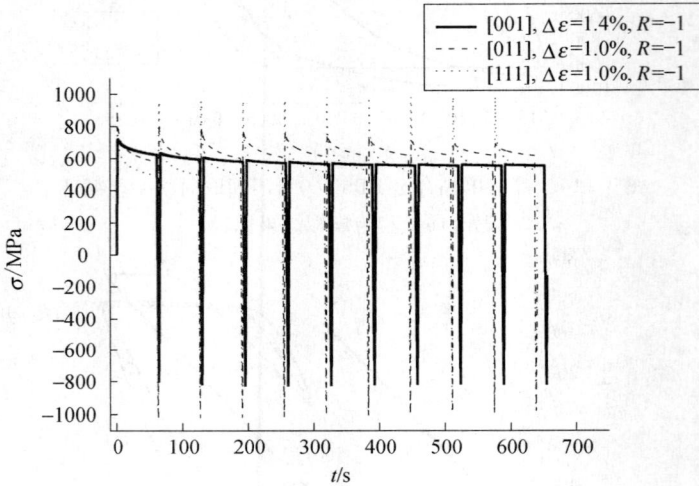

图 7-17   镍基单晶合金 DD6 760℃ 3 个晶体取向($R=-1$、加载波形 1-60-1)
应力响应的模拟结果

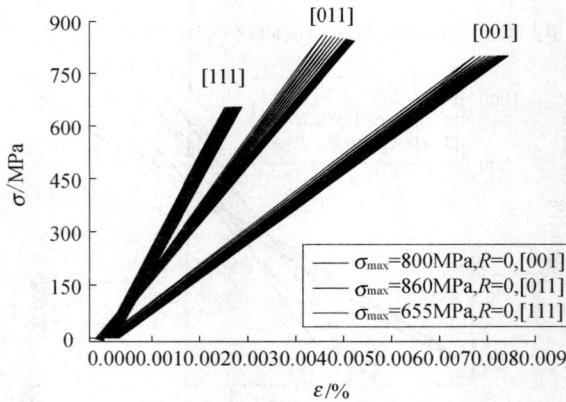

图 7-18   镍基单晶合金 DD6 760℃ 3 个晶体取向应力控制($R=0$)
循环迟滞环模拟结果

图 7 - 19 ~ 图 7 - 24,分别给出了[001]、[011]和[111]3 个晶体取向,应变控制循环时,拉伸载荷保持 60s 和拉伸压缩同时保持 30s 时循环塑性模拟的结果。表明了本构模型对含循环塑性和蠕变同时进行建模的能力,也表明了对各向异性变形建模的能力。

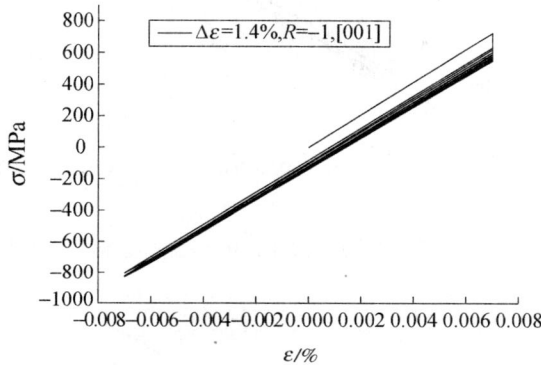

图 7 - 19　DD6 760℃[001]方向 60/0 循环迟滞环模拟结果

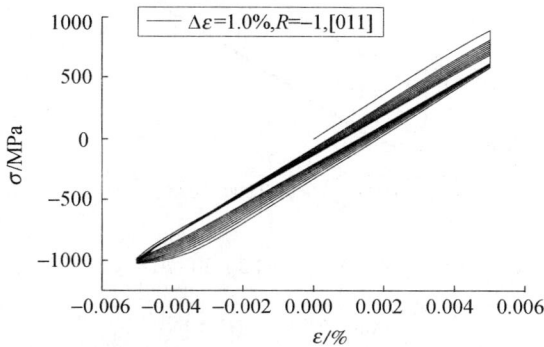

图 7 - 20　DD6 760℃[011]方向 60/0 循环迟滞环预测结果

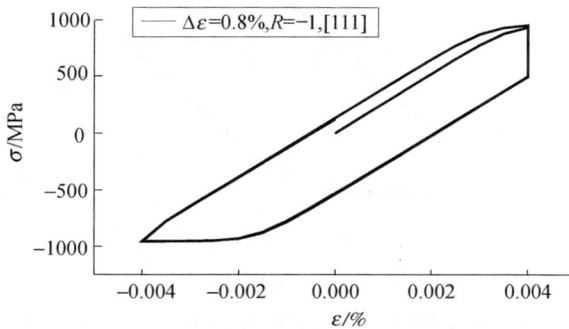

图 7 - 21　DD6 760℃[111]方向 60/0 循环迟滞环预测结果

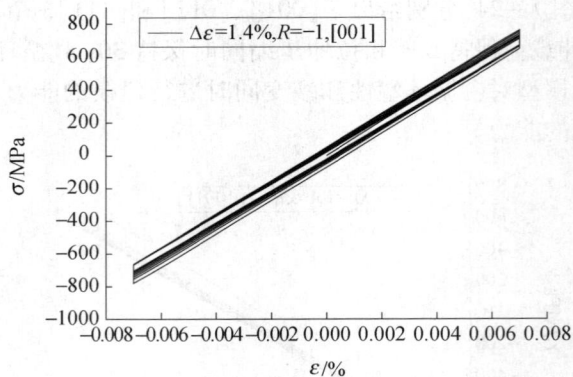

图 7－22　DD6 760℃［001］方向 30/30 循环迟滞环模拟结果

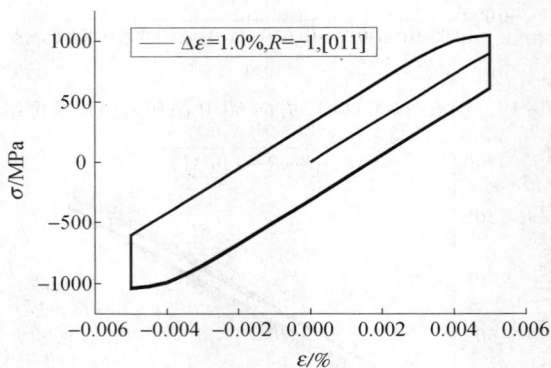

图 7－23　DD6 760℃［011］方向 30/30 循环迟滞环模拟结果

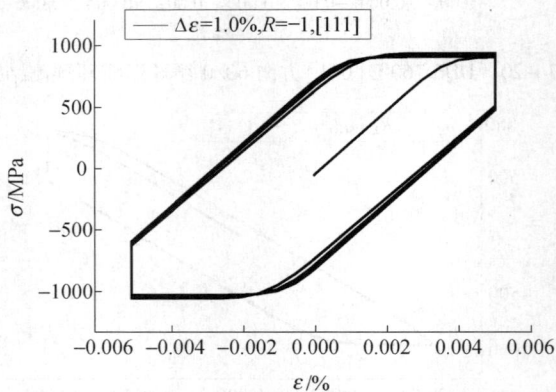

图 7－24　DD6 760℃［111］方向 30/30 循环迟滞环模拟结果

第8章 基于滑移和机制的镍基单晶合金蠕变本构模型

8.1 引言

本章将根据镍基单晶合金在高温下的蠕变机理,结合滑移理论,建立镍基单晶合金的蠕变本构模型。

镍基单晶合金蠕变同样存在着各向异性,与晶体取向密切相关,同时温度和载荷大小也影响着蠕变。其蠕变本构建模要求材料模型能够反映出各种因素对材料蠕变行为造成的影响。国内外许多研究机构和研究人员从不同的角度,针对镍基单晶高温合金材料的高温蠕变行为提出了本构模型。为了较为全面说明单晶合金各向异性蠕变的建模,8.2节总结分析了目前典型的方法和建模框架。

本章构建的镍基单晶蠕变模型,是基于蠕变微观机理的,把各种微观机制的作用统一处理成等效的位错活动,以位错密度的演化来描述各种情况下的蠕变特征,而蠕变速率随着载荷条件发生的各种不同变化则体现在模型的参数中。模型中将镍基单晶合金微结构理想化处理成均匀面心立方晶体;并根据这类晶体变形时位错滑移的理论,将各种蠕变行为抽象为这一理想化晶体上的位错活动模型。

8.2 镍基单晶合金蠕变本构模型的发展

随着对镍基单晶合金蠕变行为的广泛研究,用于描述其蠕变及持久性能的本构模型和断裂方程也在不断发展和深化。但是,以下提到的各种材料模型虽然其出发点各不相同,但其目的都在于描述温度/应力/晶体取向等条件对蠕变的影响,特别是从微观组织演化的角度,提出可用于描述材料宏观变形行为的模型。

从蠕变本构模型建立的尺度及其参量的角度考虑,现有的镍基单晶合金本构模型可粗划分成三大类,即宏观唯象模型、微观模型和介于两者之间结合了部分微观机制的宏观—滑移系模型。

8.2.1 宏观唯象蠕变本构模型

这一类型的本构模型是传统金属材料的蠕变或统一粘塑性本构模型在单晶材料中的直接应用,基本上都采用各向异性材料本构模型的形式。

一个典型的方法是直接采用经典 Norton 律蠕变方程描述镍基单晶合金的蠕变特性,这是最为简单方便的方法。但考虑到材料的力学行为与晶体取向,温度及应力条件复杂的相关性,这种方法得到的本构模型在蠕变建模上能力有限,仅适用于有限的温度载荷条件。其向各向异性蠕变建模的扩展,主要在不同的方向上定义不同的等效应力,引入张量形式,实现了蠕变行为的方向相关性建模。这类模型中考虑到了微观结构因素,采用宏观二阶各向异性张量的方向函数来处理宏观场变量所受到的影响并兼顾材料性质随晶体方向的变化。

G. Fleury 等人[137]建立了有效应力的概念,在外加应力中去除材料内部位错密度相关和 γ' 相两种来源的背应力张量,并将 γ' 相的体积演化作为修正参数,参照 Norton 律形式建立起三维各向异性的蠕变本构模型。为表示方向的影响,对不同晶体取向的情况定义了不同的等效应力。而对中高温下的蠕变变形,通过定义应力偏量的方式引入方向的影响,同样用各向异性的三维变形模型来描述材料发生筏化时变形的应力应变关系[138]。

D. Mukherji 等人[139]从微观机制出发,用应变相关的应力函数代替 Norton 律中的应力,得到了蠕变应变速率随变形程度变化的结果。

R. Mahnken[140]对各向异性材料的四阶弹性张量求特征值,用获得的特征值描述六种不同的变形模式,而在每一种变形模式与其对应的等效应力之间采用 Norton 律关系来描述蠕变行为,并用 A-F 型内变量演化规律描述蠕变第一阶段发生的强化过程。方向的影响反映在几种不同变形模式上等效应力的变化以及由此导致的变形差异。

另一种思路是将粘塑性统一本构模型应用到镍基单晶合金材料蠕变分析中。M. Yaguchi 等人[141]进行了大量的单晶合金单向拉伸、循环和蠕变试验,并应用 Chaboche 型粘塑性本构模型进行单向拉伸、循环和蠕变曲线建模,并在原有的粘塑性统一本构模型中引入根据试验结果定义的损伤量和损伤演化规律描述单晶合金蠕变和疲劳损伤对变形的影响。

A. Bertram 等人[145]在统一本构模型中修正了应力和应变,利用材料性能在各个方向上的差异建立一系列附加的材料常数张量引入到常规本构方程中,来得到具有方向特性的本构模型。

上述的模型均可归入唯象模型的范畴,其几乎不反映微观上发生的变形机制。虽然,在许多文献中都有引入微观参量的过程,但这种应用的本质类似宏观内变量而非微观变形机制的实际描述。

对于影响镍基单晶合金力学性能的各种因素,宏观本构模型最需要解决的问题是如何建模方向的影响。前面提到的各种宏观本构模型中大部分包含有各向异性的二阶张量,以强调单晶材料的性质随方向的变化,可以看作是一种各向异性材料模型。

由于这类模型有长期应用的经验积累和相对成熟的参数获取方法,可以给出与试验数据大致吻合的计算结果,并可以考虑多轴载荷的情况,因此还在工程上广泛使用。

同时,正是由于方向性以二阶张量的形式实现,其方向的敏感程度也取决于张量的定义。当材料的晶体取向偏离了试验方向的范围时,其各向异性建模的精度就会受到影响。

8.2.2 宏观—滑移系蠕变模型

考虑方向性影响的另一种思路是从单晶晶体变形的机制出发,通过模拟单晶晶体中不同方向上变形发生的微观过程来反映各个方向上力学性能的差异。这种模型最早来自对金属单晶的研究,其基本思想是利用 Schmid 定律和晶体滑移变形的运动学理论,将应力和非弹性应变/应变速率转化成为滑移系上的分切应力和剪切变形/剪切变形速率,在滑移系上模拟非弹性变形过程并累加得到宏观非弹性变形。考虑到变形与滑移系的开动及运动规律密切相关,这种方法非常适合描述与方向相关的现象。

当这种模型应用到镍基单晶合金材料上时,一个隐含的基本假设是将单晶合金处理成一种面心立方晶体材料,认为材料的非弹性变形来自晶体材料中特定滑移系上发生的位错运动,以此在一定程度上通过模拟微观变形机制来获得宏观蠕变行为。因此,模型中采用的材料变形机制虽然主要来自对材料变形的微观研究,但也可能使用一些与实际微观过程无关但符合单晶材料宏观特点的假设机制[141]。

从晶体变形理论的观点看,同一类型的滑移系在微观观察中不可区分,因此在这一类型的模型里对通常同一类型的滑移系采用相同的分切应力和剪切应变的关系,即用相同的本构模型进行描述。

1. 单相晶体的滑移变形理论

按照位错理论,材料中的非弹性变形来自滑移系上位错的运动。通过应力 Schmid 分解和建立在滑移系剪切变形基础上的宏观非弹性变形计算,可以建立起一系列滑移系上的剪切应变与宏观变形和宏观变形速率间的关系,称为晶体滑移几何学或晶体滑移变形模型。

晶体滑移变形理论中,将材料的变形划分成弹性和非弹性两部分。考虑到晶体滑移系的特定方向,这里的变形都采用连续介质力学中的变形定义,即同时包含晶体的拉伸和转动变形。晶体的非弹性变形来自特定滑移系上的位错运动,而位错滑移只引起晶格运动,并不改变晶轴的方向。这种运动在宏观上导致晶体在滑移方向上的伸长或缩短。

由于边界约束的存在,理论分析指出,特定方向上的非弹性变形与边界条件的共同作用可能会引起晶轴方向的刚性转动,这一结论也被大多数研究者认为解释了大部分金属单晶材料变形过程中晶轴的转动现象,正与单晶蠕变试验中观察到的晶体取向变化相对应。作为这种转动的结果,在进行宏观应力向滑移系分解时有必要考虑晶轴坐标系与结构坐标系之间的相互关系。

在上述滑移变形理论的基础上,宏观—滑移系理论的基本思路是利用Schmid因子将宏观应力分解到各个滑移系上得到分切应力,通过本构关系获得对应的剪切应变或剪切应变速率,而后累加滑移系上的剪切应变和应变率来获得宏观变形和变形率。这一类型的各种模型采用各自的本构理论并与滑移系组合,而滑移系上的变量与宏观变量之间都采用基本相同的晶体滑移变形理论。

2. 对应宏观本构关系的滑移系蠕变模型

与前面的模型体系相似,一种简单直接的思路是利用宏观本构模型描述滑移系上的分切应力和剪应变之间的关系。

将宏观蠕变的 Norton 律直接应用到滑移系上,可以建立起滑移系上剪切应变与分切应力、时间之间的关系。考虑到蠕变过程中可能伴随有应力的变化,精度更好的是剪切应变速率与分切应力和时间之间的关系;在这类模型中还可加入描述空穴和筏化—解筏造成的材质弱化的损伤参量而得到的耦合损伤的模型,用表示微观组织演化的损伤参量作为控制蠕变变形速率的因素。

相似地,可直接使用宏观 Chaboche 型粘塑性统一本构模型的形式模拟滑移系上分切应力—剪切应变率之间的关系,得到了单晶材料的滑移系本构模型,用于模拟了材料单向拉伸、循环响应和蠕变等特征。

另一种思路来自早期 Taylor、Orowan 等人关于位错运动的研究工作给出的位错密度与应变速率之间的关系,在此基础上可以建立起宏观一维形式的基于位错密度演化规律的变形方程。如果在滑移系模型中采用这种形式的本构关系,其反映的也转化成各个滑移系上分切应力对可动位错密度演化的作用,并可以用来模拟等效均匀晶体材料的宏观蠕变过程。

R. N. Ghosh[146],L – M Pan 等[156,157]通过描述位错密度与变形速率间关系的 Orowan 方程和 Taylor 给出的位错增殖模型,建立起滑移系上的蠕变模型和以位错密度为变量的损伤演化规律。这一模型考虑了八面体滑移系和立方体滑移系的作用,在描述高温下仅包含第三阶段蠕变的现象时得到了不同应力水平和不同方向上都与试验结果相符合的结果。虽然他们选择滑移系变形机制的结论由于材料的发展和新的试验观察结果而不再适用,但这种通过位错密度引入微观变形机制影响的方法得到了进一步的发展。文献[158]中就采用相似的模型来预测常载荷和变载荷条件下的蠕变行为。

N. Matan[160]等人在上述模型的基础上引入了大变形理论中的强化机制,认为可动位错密度的减少与位错数量的增加成比例,由此得到了较低的高温下带有硬化过程的滑移系模型来模拟此范围温度时蠕变速率先增加再减小直至稳定的过程。模型中滑移系的开动由温度决定,认为这时的变形来自{111}<112>类型的长程滑移,而中高温时则统一采用八面体滑移系处理蠕变变形。

3. 晶体塑性硬化理论模型

晶体塑性硬化模型采用流动应力的演化规则来模拟材料变形时发生的内部过程,最初发展这种模型是用于描述金属晶体材料中复杂的加工硬化规律,与前述的滑移系模型不同的是这一类滑移系模型没有与之对照的宏观本构模型。

MacLachlan 等人[142-144,147]将晶体塑性硬化模型推广用于镍基单晶合金的蠕变分析。他们的模型中除了晶体塑性硬化理论常用的硬化方程之外,引入并修正了 Kachanov 和 Rabotnov 给出的损伤方程,建立了一个由应变率定义的损伤累积速率以考虑载荷和晶体方向的影响,晶体塑性理论中常用的名义应力也用损伤修正过的有效应力代替。晶体塑性硬化理论中对不同滑移系之间的相互作用通常以硬化矩阵来实现,该模型中也继承了这种做法。

宏观—滑移系类型的本构模型在唯象模型中引入了微观变形过程的影响,并以滑移系的形式在宏观参量和晶体结构上的微观参量之间实现相互转换。

在宏观—滑移系类型的蠕变和循环本构模型中,方向的影响反映在不同滑移系上分切应力的数值变化上,可以方便地实现材料性能在不同方向上的差异。由于这一类模型中可以描述位错各种运动模式造成的变形效果及其在不同滑移系上造成的差别,只要能从试验数据中提取到合理的参数就可以较准确地描述各个方向上材料力学性能的差异。

另一方面来说,模型中所选取的变形机制与微观上发生的真实过程仍有差别,某些情况下只是以滑移系的形式来反映观察到的宏观现象,从这个角度可以认为这种模型仍然是反映宏观现象而非微观过程的宏观模型。

8.2.3 基于微结构的本构模型

基于材料的微观几何结构建立模型来模拟宏观力学行为的方法其思路来自复合材料的力学行为本构建模,通常的做法是假设材料在微观上具有周期性分布的特征,选取一个或数个典型胞元或代表性体积单元建立分析模型,用解析或计算力学的方法得到胞元的力学特性并通过周期条件和均匀化获得材料的宏观力学性能。

这种模型对材料中不同的组份(相)可使用不同的本构关系,以此接近实际情况。而前面提到的两类模型对镍基单晶合金材料都采用同一套材料参数,并不区分微观组织中的两个主要相。微观计算模型用材料单胞或典型体积单元研究单晶的力学行为,实质上是将具有微观二相组织的单晶合金视为拥有两种组成相的颗粒增强复合材料进行研究。

相比之下,这一类模型与材料变形机制的结合最为紧密,可以引入前两类理论无法描述的因素,如微观形态的演化、不同载荷方向下沉积方向(非晶体方向)对蠕变响应的影响及微观上不均匀的应力分布细节。由于涉及到大量的微观机制,要区分两相的材料参数并要求合理设置微观尺度上的两相界面条件,微观模型成为镍基单晶合金几类本构模型中最为复杂的一类,也是还在发展的模型。

1. 微观解析计算模型

J. Svoboda, P. Lukáš等人[148]的工作选择沉淀相和基体相组成单胞,假设材料变形的微观机制,即位错通过交滑移或攀越方式通过沉淀相的运动或位错/位错对对沉淀相的切割,来建立模型。在两种变形过程中,引入了多种因素的影响,包括基体通道里的位错滑移、增殖和恢复,沉淀相与位错的相互作用以及沉淀相所发生的筏化。模型中采用的变量主要为八面体滑移系上的位错密度和基体通道的尺寸,利用位错密度与滑移系上剪切变形速率间的关系,给出在特定方向加载时单晶合金中基体相与沉淀相上来自位错运动的应变速率,从而得到材料的宏观蠕变变形规律。

B. Fedelich 也采用基于位错理论的微观模型[149],假设沉淀相是均匀分布的六面体,并且位错在垂直于基体通道和沉淀相的滑移平面方向上均匀分布。他考虑到的主要变形机制有四种,包括位错在 γ 基体通道中的滑移与塞积、长程位错对基体和沉淀相颗粒的切割、位错环沿 γ/γ' 界面的攀移和基体通道中的立方式滑移。模型以位错机制考虑变形,从能量准则出发计算刃位错和螺旋位错在几种机制中的运动速度和密度增殖规律来得到外载荷在胞元中造成的材料流动,由此建立起应力和变形之间的关系。

上述模型的特点是在单胞模型中利用微观上的位错运动规律来模拟变形过程,微观组织的几何形态影响被处理成几何常数或参量加入到模型中。与下面提到的模型相比,解析型的微观模型一般没有均匀化过程,直接从微观位错理论给出宏观的应力与变形关系。

2. 细观力学模型

另一种在胞元上建模镍基单晶合金力学性能的思路是结合材料微观组织的细观力学模型。目前这一类模型普遍采用的方法是：基于宏观连续介质力学理论，结合具有材料微观组织的几何模型，并引入所关心的微观机制来模拟微观过程，最后通过均匀化方法建立模型。模型中对单相材料往往选择类似于宏观应力—应变本构模型的方程形式，如前面提到的宏观本构模型和宏观—滑移系本构模型。

采用这种方法较早的是 D. Nouailhas 等人建立的镍基单晶合金有限元单胞模型，其通过施加周期性条件来模拟单胞的重复排列[150,151]。在有限元单胞模型中，假设沉淀相保持弹性状态，非弹性变形仅发生在基体中，在基体中使用各向异性粘弹性本构模型描述其非弹性变形行为。模型中可计入晶格错配和外载荷产生的内应力，并对立方体沉淀相和筏化后层片状沉淀相的几种单胞在外载荷作用下的应力分配情况进行了对比，定性地反映了沉淀相的体积含量、三个方向上的尺寸以及沉淀相与基体通道相对尺寸对整体力学性能的影响。计算结果显示粗大的沉淀相具有较强的变形强化作用，也可计算沉淀相体积含量固定时拉伸载荷与扭转载荷下基体通道中的应力分配和整体力学性能。

另一类型的细观力学模型建立的思路来自多晶体研究，其将材料的周期性单胞划分成若干个彼此独立的区域，利用多晶体理论提供的均匀化理论和连续条件处理区域之间的关系。L. P. Evers[152] 等人建立了两个晶粒之间存在界面交互作用时的修正连续条件，而在晶粒内部则采用晶体塑性模型来计算非弹性变形。T. Tinga 等人[153] 将这种方法用到单晶材料的沉淀相和基体相上建立细观力学模型，使沉淀相保持弹性而对基体相采用晶体塑性模型；计算得到的单晶材料变形曲线成功地反映出在镍基单晶合金单向拉伸试验中初始屈服之后发生的应力下降现象。

微观模型是三类本构模型中与微观变形机制结合最为紧密的一种，可以反映两相材料的性质差异，较精确地处理微观结构造成的不均匀应力分布情况以及发生在两相之中不同的变形过程。正因如此，微观模型可以模拟镍基单晶合金各方面的特有性能而不需要对单相材料的本构模型进行特殊处理。

这一类模型的主要问题在于需要大量的计算，这一特点使得其应用到结构受到计算能力的限制。另一方面，微观模型也要解决与目前工程分析常规方法的结合问题，如与有限元法的结合。在建立微观模型时，还需要选择确定合适的材料参量，使之即能反映材料特性又能使模型具有较高的计算效率。

8.3　蠕变变形机制

为建立基于微观变形机制的蠕变本构模型,本节将根据已有关于蠕变微观机制及试验的研究结果,综述说明镍基单晶高温蠕变微观机制和变形形为。

8.3.1　位错的切割、攀移与绕越机制

宏观上,可以以材料的变形软化/硬化规律随温度的变化来解释温度对蠕变的影响。而对变形后的试样进行微观观察和研究,也可以看到不同的蠕变行为对应着位错运动机理的变化。

如果认为位错是单晶蠕变的原因,位错的密度直接与蠕变变形速率相关。考虑到微观变形过程中随着应变累积而发生的可动位错增殖过程,应变软化可以用可动位错密度的增加解释。相应地,硬化则来自多种因素造成的可动位错密度下降,主要是位错滑移中遇到的各种障碍,例如沉淀相硬化、林位错、位错网络以及 Lomer – Cottrell 锁等。在这些障碍中,与基体共格的沉淀硬化相不会增加而且可以被具有足够能量的位错切割过,但林位错等障碍会随着变形的过程不断加强,使得主要滑移系上可动位错的运动速度降低,实际可动的位错在位错总数中的相对含量也会下降。从滑移系的角度看,硬化过程可能来自发生变形的滑移系自身如位错塞积和位错网络,也可能来自其他滑移系如滑移平面上的林位错。

对于镍基单晶合金典型的 γ'/γ 两相结构,位错的运动在很大程度上主导着材料的蠕变变形行为。由于 γ' 沉淀相与 γ 基体相具有共格结构,在基体通道中滑移的位错达到 γ'/γ 两相界面上时有三种不同的方式来通过障碍,分别为攀移、绕越和切割。攀移是指位错线沿 γ'/γ 两相界面运动到原有的滑移平面之外,使得位错可以在与原滑移平面平行的新的滑移平面上继续原滑移方向的运动。位错线的整体攀移要求很高的能量,实际的攀移过程往往是分段实现的。而绕越是指位错不脱离原有的滑移平面并沿着 γ' 相与 γ 相的界面在 γ 相通道内延伸,在 γ' 相颗粒周围留下包围 γ' 相的完整位错环,位错本身继续向原方向运动。前两种位错运行方式可以通过任何一种障碍物,而切割则仅限于与基体具有共格晶体结构的障碍,即在这一过程里,位错将以切割的方式滑移通过 γ' 相。对于 LI_2 类型的共格硬化相,由于晶格中原子分布的规律,只有 $\{111\}<112>$ 类型的滑移系可以产生切割过程[155]。在镍基单晶合金中,切割过程会在 γ' 相与 γ 相交界处留下反相畴界(APB),微观观察中可以以之作为发生长程切割的判断依据。由于激活这三种变形机制所要求的能量水平有所不同,从而导致了实际

变形机制的差别。在外加应力水平很高使得位错具有较高能量的情况下,活动位错可以以直接切割的方式通过障碍物。研究表明,除了温度以外,障碍物的尺寸、排列方式以及其成分(障碍物的元素构成)等因素都影响到开动切割过程的能量阈值[155,162]。攀移和绕越造成的变形集中在基体通道中,相对而言攀移过程的所需要的条件则更易满足[162]。

通常在温度较低时,蠕变变形的第一阶段中材料发生迅速的应变软化。在最初的阶段之后,随着硬化过程的进行,材料的蠕变速率下降直至硬化过程与软化过程达到平衡状态,使第二阶段的蠕变曲线呈现出近似稳态的形状。在第三阶段,此时材料中发生损伤,变形明显加速,直至材料最终破坏。正如前面提到的,对于共格硬化相,晶体可以通过{111}<112>类型的滑移系上的位错对沉淀相进行切割来实现。微观观察显示,在温度较低应力较高的条件下,确实可观察到{111}<$\bar{1}$12>滑移系上的位错进行长程滑移并对沉淀相和基体进行切割。在单相 FCC 晶体中,变形主要来自材料中{111}<110>和{100}<110>两种类型的滑移系[155,165],而在两相的单晶材料中存在一些组合过程使得同一滑移平面上不同滑移方向的位错对组合切割进入 γ'相,如文献[141,143]中列举的

$$\frac{a}{2}<011>+\frac{a}{2}<101>\rightarrow\frac{a}{3}<112>+\frac{a}{6}<112>$$

这样在形成的两个不完整<112>位错之间存在着 APB,APB 的能量影响会导致两个位错在 γ'相中彼此接近,而在 γ 相中则相互远离。显微观察中可以看到共同运动的<112>位错和夹在两条位错之间的 APB,如图 8 - 1 中切入 γ'相的位错以及两条位错之间的 APB 带。而图中 ABC 三组不同的方向表明材料中有多个滑移系在同时作用。

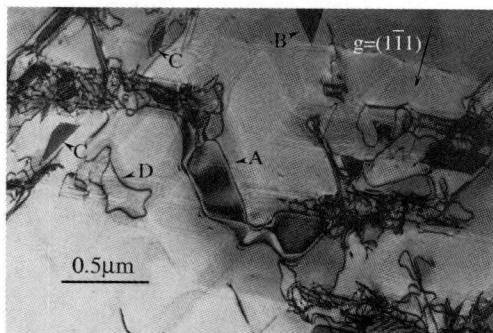

图 8 - 1 CMSX - 4 材料在 750℃ 750MPa[001]方向应变
达到 1.4% 的试件 TEM 图像[143]

正如前面提到的,单晶材料具有随方向变化的力学性能。图 8-2 是 760℃下 [001]、[011] 和 [$\bar{1}11$] 三个方向上 DD3 材料的蠕变试验结果,可以看到三个方向上蠕变曲线的明显差异。

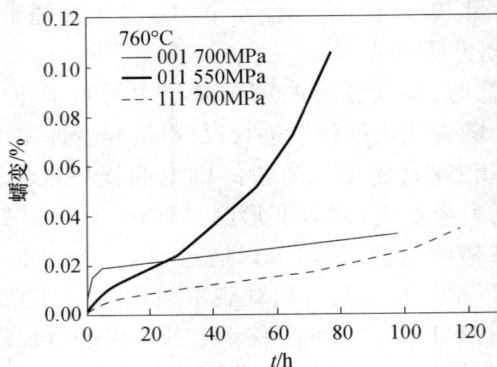

图 8-2 DD3 在 760℃常载荷蠕变试验曲线[163]

这种温度较低的情况下,单晶高温合金材料表现出门槛应力的特点,即应力水平低于一定数值时不发生明显的蠕变变形,图 8-3 给出了同一方向不同应力水平的典型结果。考虑到这一温度下的蠕变变形来自切割 γ' 相的位错运动,而这种切割过程要求位错具有足够高的能量以通过两相之间的界面,则这种位错运动条件在宏观上的表现正与蠕变试验中的门槛应力数值相对应。材料理论指出,除了温度以外,障碍物的尺寸、排列方式以及其成分等因素都影响到开动切割过程的能量阈值[160]。图 8-4 是 800℃时同方向的 CMSX-4 蠕变试验的结果。可见在 600MPa 左右的应力条件下也发生了蠕变变形,并未有明显的门槛

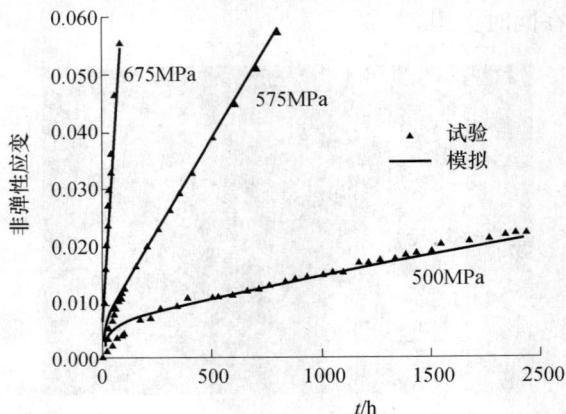

图 8-3 CMSX-4 在 750℃[001]方向的蠕变曲线[160]

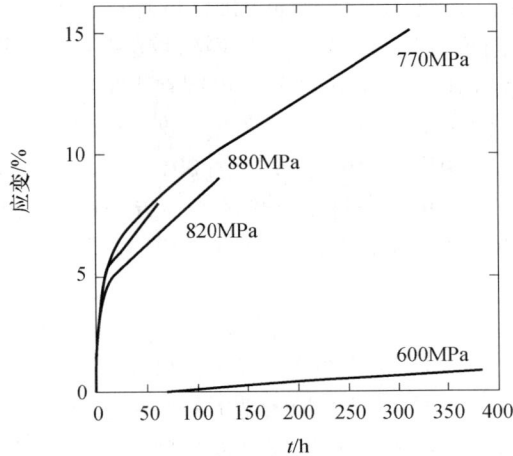

图 8 - 4　镍基单晶高温合金 CMSX - 4 在 800℃ [$\bar{1}$11] 方向的蠕变曲线[160]

应力。可能 [$\bar{1}$11] 方向 {111} <112> 型滑移的分切应力较低,不足以开动长程切割机制,这种变形应来自材料中的 {100} <110> 型滑移。

这种差别不仅仅来自各个滑移系上分切应力的数值随载荷方向的变化,还可能与变形模式有关。沙玉辉等人[162]指出,在 [001]、[011] 和 [$\bar{1}$11] 三个方向上材料切割变形的门槛值因基体通道在不同方向上的投影差别而改变,在方向上开动切割的门槛应力远高于另两个方向,[$\bar{1}$11] 方向试件的变形模式为位错在基体相中的攀移与围绕 γ' 相的 Orowan 绕越。

需要指出,在 [$\bar{1}$11] 方向上,曾经有研究者认为材料中发生了 {100} <110> 类型的位错滑移,而进一步的观察则显示基体通道中的变形仍然来自 {111} <110> 型滑移系[143]。通过设计一种双剪试件以保证 {100} <110> 型滑移上分切应力最大,来针对这一方向进行不同温度的蠕变试验,也并未在微观上观察到这一类型的位错活动[143]。在宏观上观察到的变形特征与 {100} <110> 型滑移相似,原因是镍基单晶的微观组织具有立方体形式的周期结构,基体通道具有的立方几何特征导致宏观变形的效果类似立方系滑移的结果[143]。在本章后面的部分还将使用 {100} <110> 型滑移解释材料中发生的变形行为,但须注意这并非是对实际物理机制的理解,而是一种宏观假设条件。

除了 [001]、[011] 和 [$\bar{1}$11] 三个方向上的材料性能差异之外,较低的高温条件下在 [001] 附近方向,材料的性能也有明显的变化。偏离 [001] 方向的试件随着蠕变变形的进行,拉伸轴在其晶体坐标系中的方向也随之改变,试件的整个变形都呈现出不均匀的特点。在这种温度和应力条件下,主导材料变形的是

{111}<112>型滑移,试件的晶体取向变化也与此一致[142]。

在[001]方向附近,单晶高温合金蠕变特性受到方向的强烈影响。由于铸造工艺的特点,通常得到的试件方向可以控制在[001]方向附近的一个区域。试验显示,除了晶体偏离[001]方向的角度之外,其轴线在[001]-[011]-[$\bar{1}$11]投影三角中与[001]-[011]边界及[001]-[$\bar{1}$11]边界的关系也会影响蠕变变形的速率[143,160]。中温条件下试件的拉伸方向越接近[001]-[011]边界,其蠕变性能越好,这种影响的程度甚至可能超过了拉伸方向和[001]之间夹角的影响。

图8-5中显示了CMSX-4材料在[001]方向附近时蠕变试验时观察到的不同方向上的结果。对比以这几个方向为拉伸方向时滑移系上的分切应力数值,L试件的主分切应力(分切应力最大值)大于K试件的,其变形的速率在最初阶段也与K几乎相同,但硬化发生较早而导致了稳态阶段蠕变速率低于K。另一方面,主分切应力低于K和L的M和N发生硬化也比较早。这说明主分切应力的大小并非蠕变的唯一决定因素。值得注意的是,[001]-[011]边界是{111}<112>型滑移的双滑移边界,而[001]-[$\bar{1}$11]边界则为单滑移边界,晶体理论指出双滑移会导致严重的交互硬化。观察滑移系上的各种条件,可以看到与这几条蠕变曲线相互关系一致的是分切应力第二大的数值与最大值的比值,而这一数值在一定程度上反映了变型中的双滑移程度,或者说次主滑移系对主滑移系的交互硬化的程度。因此,虽然试件在K方向上的主分切应力小于L

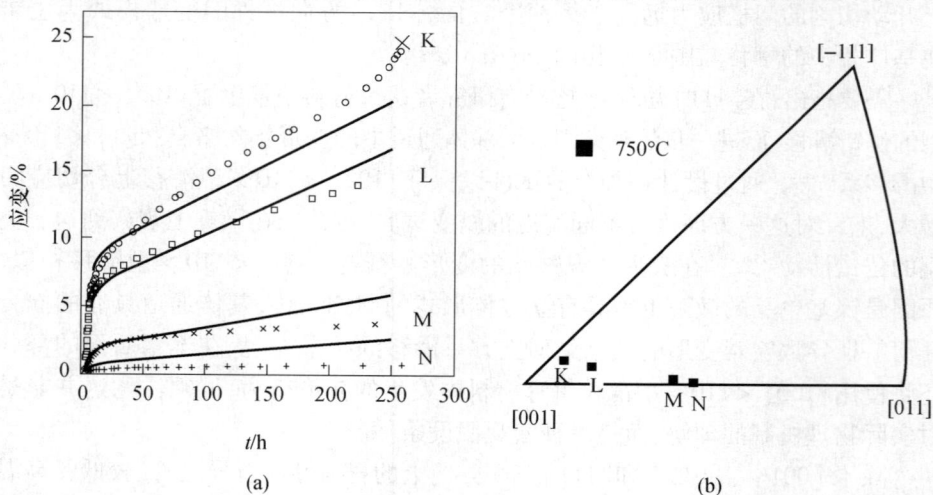

图8-5 镍基单晶高温合金CMSX-4在750℃ 750MPa的蠕变试验结果[160]

(a)蠕变的ε-t曲线;(b)试件方向在极射三角形中的投影。

方向上的,但由于 K 方向上次主滑移系不如 L 方向活跃,较长时间的单滑移导致了 K 方向试件的快速变形。镍基单晶合金敏感的方向特性反映了在切割变形过程中滑移系之间交互强化的重要作用。在预测中温高应力条件下单晶材料的蠕变行为时,主滑移系的 Schmid 因子和该方向上双滑移的程度都是需要考虑的重要因素。

随着温度的升高,材料中随变形累积发生的硬化过程减弱,观察到的蠕变曲线在大部分阶段处于加速蠕变状态,目前,试验观察到的大于 950℃ 的蠕变基本是这样的。这一温度下较低的应力就可以造成明显的蠕变变形。同时,由于温度的水平还不足以破坏单晶高温合金微观组织的稳定性,所以,尚无单晶高温合金材料的微观组织变化。

由于蠕变速率不断增加,可以认为整个蠕变变形过程中以应变软化过程为主,微观观察显示位错几乎全部分布于基体通道内,说明材料中并未发生切割过程,主导非弹性变形行为的位错来自 $\{111\} <110>$ 类型的滑移系。图 8-6 是 DD3 材料在 950℃ 下 $[001]$、$[011]$ 和 $[\overline{1}11]$ 三个方向上的蠕变曲线。

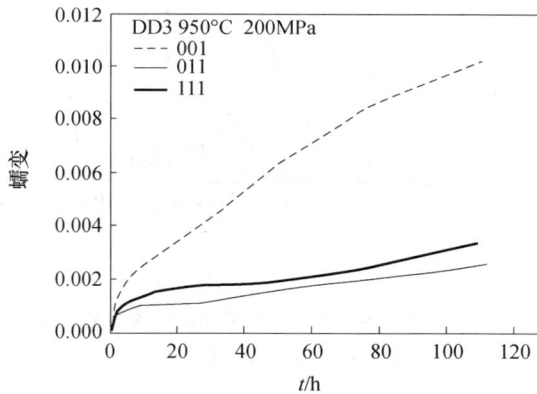

图 8-6　DD3 在 950℃ 下常载荷蠕变试验曲线[163]

同时,晶体的方向性仍然对材料的蠕变性能有所影响。在图 8-7 中可以看到,$[001]$ 和 $[\overline{1}11]$ 两个方向上同一应力水平的蠕变曲线仍然有较明显的差别。在这样的高温下,加速蠕变使得变形过程中几乎没有观察到明显的强化过程,说明对攀移变形而言,滑移系上发生的强化作用较弱。相对前面温度较低而应力水平很高的情况,方向的影响较弱,而应力大小对蠕变行为的作用相对更强。

8.3.2　高温下与筏化相关的蠕变机理

当温度继续升高到超过 1000℃,由于温度的作用,这种情况下单晶高温合

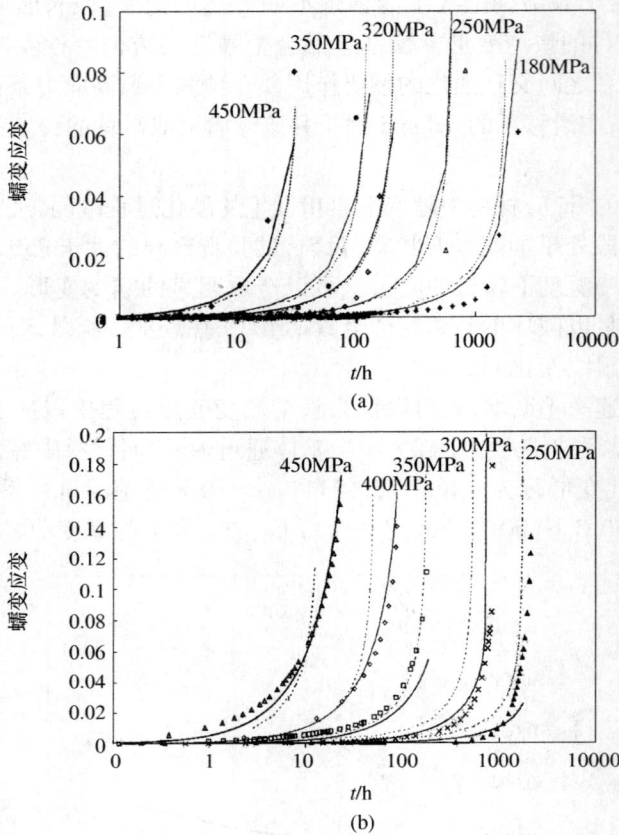

图 8-7 镍基高温合金 CMSX-4 在 950℃不同应力水平作用下的蠕变曲线[143]

(a) [001] 向；(b) [$\bar{1}$11] 向。

金的微观组织不一定能继续保持其稳定性,有大量的研究工作关注于材料中的沉淀相在何种条件下会发生沿特定方向的生长,从而导致了微观组织称为"筏化"的变化。目前公认的结论是对于具有负错配的镍基单晶合金材料,[001]向上的拉伸载荷会导致形成垂直于载荷方向的层片状 γ′相,而 [011] 方向拉伸载荷会造成平行于载荷方向的针状 γ′相,[$\bar{1}$11] 方向的拉伸载荷不造成筏化。这种差别表明驱动筏化的动力可能来自立方体 γ′相周围受外力方向影响的因素,通常认为是 γ′/γ 相界面处的界面能差异。目前常用的镍基单晶材料都是负错配材料。

图 8-8 是单晶合金 DD6 在蠕变不同阶段横截面和轴向的微观结构,可以看到稳态位错结构的形成过程。大部分蠕变变形过程中,γ 相基体通道中堆塞

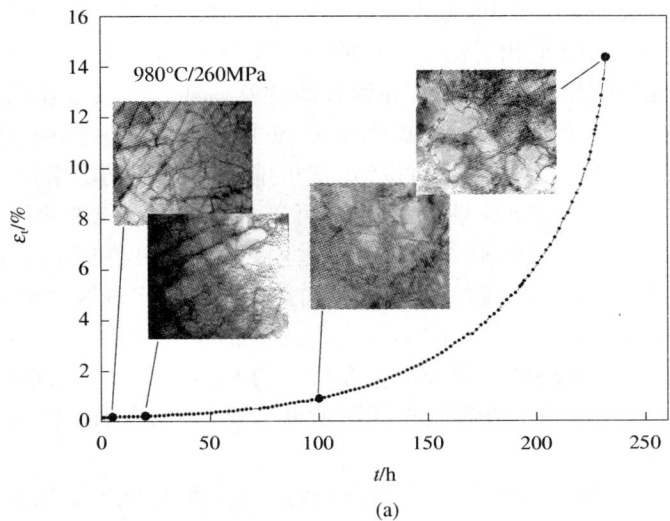

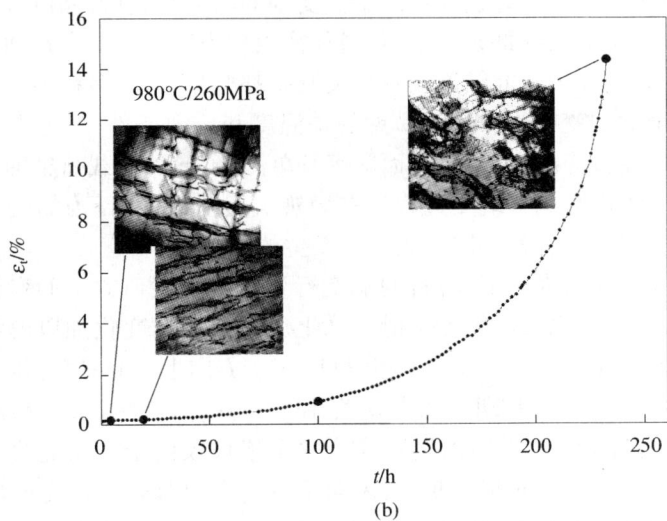

图 8-8　DD6 蠕变过程中的位错组织 TEM 观察[164]

(a) 横截面；(b) 轴向。

的位错网络结构形成了稳定的位错胞，γ′相颗粒中则很少有位错，显然蠕变变形集中在基体相。这种情况下，基体相的变形来自 {111} <110> 型滑移系上的位错，这一点与单相 FCC 金属材料研究的结论相一致。但是在接近蠕变断裂时，单晶材料呈现明显的筏化现象。

通过对处于蠕变不同阶段的试件进行微观观察，有文献指出筏化在蠕变的早期就已经充分完成。关于筏化对蠕变性能的影响,主要有两种不同的看法。第一种观点认为粗大的γ′相弱化了材料的抗蠕变能力,尤其是层片状的筏化组织在材料中可能扮演滑移带的作用,导致较弱的基体相连接成整体从而为裂纹和空穴萌生提供了场所。另一种观点则认为,γ′相的尺寸增加有利于提高材料的蠕变性能,障碍物的尺寸增加后对位错运动的阻碍作用也随之增强,筏化组织有利于高温力学性能改善。观察蠕变过程,可以看到在稳态蠕变阶段之后是迅速的变形直至破坏,这可能反映了筏化这一过程对高温蠕变性能的复杂影响:在蠕变的早期,筏化结构增加了位错运动的阻力从而抑制了宏观蠕变速率的增加,但也会因此造成位错在特定位置的不断累积,而这一过程将导致基体相中的裂纹和空穴萌生并造成最终的快速破坏。在蠕变的不同阶段,筏化的影响也是不同的,对材料来说,既有利于在蠕变早期阶段抵抗蠕变,也便于最终阶段基体发生破坏性的变形。

总之,与普通金属材料相比,镍基单晶高温合金的蠕变变形受到多种因素的影响,材料中发生的微观物理过程取决于其受到的温度和载荷,晶体取向也起着重要作用,因此在不同的外部条件下,材料往往表现出迥异的蠕变特性。

综上可见,国内外的研究结论以及相关试验都充分表明,多种因素都会影响到镍基单晶合金的蠕变行为。显而易见的是温度和应力条件,对绝大部分金属材料都是决定蠕变行为的主要因素,而就镍基单晶合金来说,载荷施加的方向以及材料的微观组织也影响其蠕变过程。在微观层面上,蠕变行为的变化反映了位错演化运动的规律随着各种因素改变而发生的变化。

在任何温度和应力水平下,材料的蠕变行为都随着载荷方向而变化。正如前面所指出的,这种变化可以用各个滑移系上应力分布的变化加以解释。在材料的三个对称方向即[001]、[011]和[$\bar{1}11$]三个方向上,同一应力水平下的蠕变变形曲线始终有明显的差别。在主要关注的[001]方向附近,材料的蠕变变形规律表现出强烈的方向相关性,同一应力水平下仅仅由于方向的改变就可以导致同一时刻相差若干倍的蠕变变形,表明了方向在单晶合金蠕变问题中的重要程度。目前的铸造工艺中以叶片叶高方向与[001]方向的夹角作为主要的控制量,但材料实验表明了工艺控制的夹角范围内材料的性能仍然有较大的变化。

温度升高会导致晶格中原子的动能增加,从而不同程度地降低位错运动的门槛,同时作用在结构上的外载荷也会影响位错线的能量,温度和应力的共同作用决定了材料发生蠕变变形的微观机制。在温度较低应力也较低的情况下,材料中位错的运动仅限于基体通道中,速率较低,而当应力水平超过切割沉淀相的门槛值时,位错即具有足够的能量切割通过γ′相颗粒。这种长程滑移的位错运动方式造成的微观变形过程使得宏观上的蠕变有加速—减速—稳态—最后加速多个阶段。随着温度的升高但还不足以影响微观组织的稳定性时，低应力下攀移和绕越使得变形速率加快，因此，低应力作用下也可以发生明显的蠕变变形。当温度超过了微观组织能稳定存在的程度，应力作用在沉淀相各方向表面上造成的界面能差异可能会驱动沉淀相发生定向的生长演化，造成蠕变早期的筏化现象。这种筏化组织在蠕变的不同阶段有不同的影响，它提高了蠕变早期的抗变形能力，也加速了第三阶段最终的破坏。

8.4 晶体滑移变形理论

8.4.1 晶体滑移变形的几何理论[165]

基于滑移系理论建立的单晶蠕变本构模型，其应力应变的定义是来自于晶体变形几何学，这一基础理论体系从变形梯度出发来描述材料的变形以及转动过程。

利用 Lee 分解，可以把总变形梯度 $\boldsymbol{F}$ 分解为

$$\boldsymbol{F} = \boldsymbol{F}^e \boldsymbol{F}^p \qquad (8-1)$$

式中，$\boldsymbol{F}^e$ 表示晶体中晶格的畸变与转动引起的变形梯度，通常对应的是弹性变形；$\boldsymbol{F}^p$ 表示晶体中由于位移运动对应的变形梯度，代表着塑性变形。利用式（8-1），也可以对速度梯度进行分解，当前时刻的速度梯度张量为

$$\boldsymbol{L} = \dot{\boldsymbol{F}} \boldsymbol{F}^{-1} = \dot{\boldsymbol{F}}^e (\dot{\boldsymbol{F}}^e)^{-1} + \boldsymbol{F}^e \dot{\boldsymbol{F}}^p (\boldsymbol{F}^p)^{-1} (\boldsymbol{F}^e)^{-1} = \boldsymbol{L}^e + \boldsymbol{L}^p \qquad (8-2)$$

$$\boldsymbol{L}^e = \dot{\boldsymbol{F}}^e (\boldsymbol{F}^e)^{-1} \qquad (8-3)$$

$$\boldsymbol{L}^p = \boldsymbol{F}^e \dot{\boldsymbol{F}}^p (\boldsymbol{F}^p)^{-1} (\boldsymbol{F}^e)^{-1} \qquad (8-4)$$

同样，这里的 $\boldsymbol{L}^e$ 和 $\boldsymbol{L}^p$ 分别为速度梯度的弹性部分和非弹性部分。

材料的弹性应变可以从弹性变形梯度中获得。首先对 $\boldsymbol{F}^e$ 进行极分解，即

$$\boldsymbol{F}^e = \boldsymbol{R}^e \boldsymbol{U}^e \qquad (8-5)$$

式中：$\boldsymbol{R}^e$ 为转动张量，$\boldsymbol{U}^e$ 为右伸长张量，它们分别代表弹性变形的转动部分和纯拉伸部分。

由此可以获得 Hencky 应变，其定义为

$$\boldsymbol{E}^e = \ln \boldsymbol{U}^e \qquad (8-6)$$

这个应变即随体坐标系中的对数应变张量。显然，它与 Cauchy 应力张量间的关系即弹性本构关系。在材料坐标系上的弹性本构即胡克定律，可以简单地表示为

$$\boldsymbol{\sigma}_M = \frac{1}{J} \overset{<4>}{\boldsymbol{C}} : \boldsymbol{E}_M^e \tag{8-7}$$

式中:下标 M 表示晶轴坐标系; $\overset{<4>}{\boldsymbol{C}}$ 为晶轴坐标系上的四阶刚度张量,而 $J = \det(\boldsymbol{F})$。

将晶体中的第 α 个滑移用其滑移方向的单位矢量和滑移面法向单位矢量表示,分别记为 $\boldsymbol{m}^{(\alpha)}$ 和 $\boldsymbol{n}^{(\alpha)}$,晶体的畸变会影响到材料的滑移系,在弹性变形 $\boldsymbol{F}^e$ 作用下,滑移系的两个标志向量因此变成[144,166]

$$\boldsymbol{m}^{*(\alpha)} = \boldsymbol{F}^e \boldsymbol{m}^{(\alpha)} \tag{8-8}$$

$$\boldsymbol{n}^{*(\alpha)} = (\boldsymbol{F}^e)^{-T} \boldsymbol{n}^{(\alpha)} \tag{8-9}$$

Schmid 给出了宏观应力和滑移系上的分切应力之间的关系,在第 α 个滑移系上的分切应力 $\tau^{(\alpha)}$ 为

$$\tau^{(\alpha)} = \boldsymbol{\sigma} : \boldsymbol{P}^{*(\alpha)} \tag{8-10}$$

式中: $\boldsymbol{P}^{*(\alpha)}$ 为 Schmid 取向因子,其表达式为

$$\boldsymbol{P}^{*(\alpha)} = \frac{1}{2} (\boldsymbol{m}^{*(\alpha)} \otimes \boldsymbol{n}^{*(\alpha)} + \boldsymbol{n}^{*(\alpha)} \otimes \boldsymbol{m}^{*(\alpha)}) \tag{8-11}$$

在滑移系上建立起分切应力 $\tau^{(\alpha)}$ 与剪切变形率 $\dot{\gamma}^{(\alpha)}$ 之间的关系,就可以得到应力作用下的塑性变形。当滑移系上产生了剪切变形,将各个滑移系上的剪切变形累加就可以获得宏观的非弹性变形,非弹性变形梯度为

$$\boldsymbol{F}^p = \boldsymbol{I} + \sum_{\alpha=1}^{n} \gamma^{(\alpha)} \boldsymbol{m}^{(\alpha)} \otimes \boldsymbol{n}^{(\alpha)} \tag{8-12}$$

这里的 $\boldsymbol{I}$ 为单位张量。对方程(8-12)求导得

$$\dot{\boldsymbol{F}}^p (\boldsymbol{F}^p)^{-1} = \sum_{\alpha=1}^{n} \dot{\gamma}^{(\alpha)} \boldsymbol{m}^{(\alpha)} \otimes \boldsymbol{n}^{(\alpha)} \tag{8-13}$$

考虑到载荷作用下发生的晶格畸变,则方程(8-13)改写为

$$\boldsymbol{L}^p = \boldsymbol{F}^e \dot{\boldsymbol{F}}^p (\boldsymbol{F}^p)^{-1} (\boldsymbol{F}^e)^{-1} = \sum_{\alpha=1}^{n} \dot{\gamma}^{(\alpha)} \boldsymbol{m}^{*(\alpha)} \otimes \boldsymbol{n}^{*(\alpha)} \tag{8-14}$$

对速度梯度进行积分,就可以获得当前时刻的材料变形状态。

8.4.2 镍基单晶高温合金的滑移系

镍基单晶合金属于面心立方(FCC)晶体,具有 30 个滑移系,其定义参见 7.2.1 节,这 30 个滑移系可以划分成三组,分别为八面体主滑移系、八面体副滑移系和立方滑移系。其滑移面和滑移方向的定义见表 7-1 和表 7-2。由此得到的 Schmid 取向因子见表 8-1。

表 8-1 滑移系的取向因子

八面体主滑移系		八面体副滑移系		立方滑移系	
$P^{(1)}$	$\dfrac{1}{2\sqrt{6}}\begin{bmatrix} 2 & 1 & 0 \\ 1 & 0 & -1 \\ 0 & -1 & 2 \end{bmatrix}$	$P^{(13)}$	$\dfrac{1}{2\sqrt{18}}\begin{bmatrix} -2 & 1 & -2 \\ 1 & 4 & 1 \\ -2 & 1 & -2 \end{bmatrix}$	$P^{(25)}$	$\dfrac{1}{2\sqrt{2}}\begin{bmatrix} 0 & 1 & 1 \\ 1 & 0 & 0 \\ 1 & 0 & 0 \end{bmatrix}$
$P^{(2)}$	$\dfrac{1}{2\sqrt{6}}\begin{bmatrix} 0 & -1 & 1 \\ -1 & -2 & 0 \\ 1 & 0 & 2 \end{bmatrix}$	$P^{(14)}$	$\dfrac{1}{2\sqrt{18}}\begin{bmatrix} 4 & 1 & 1 \\ 1 & -2 & -2 \\ 1 & -2 & -2 \end{bmatrix}$	$P^{(26)}$	$\dfrac{1}{2\sqrt{2}}\begin{bmatrix} 0 & 1 & -1 \\ 1 & 0 & 0 \\ -1 & 0 & 0 \end{bmatrix}$
$P^{(3)}$	$\dfrac{1}{2\sqrt{6}}\begin{bmatrix} 2 & 0 & 1 \\ 0 & -2 & -1 \\ 1 & -1 & 0 \end{bmatrix}$	$P^{(15)}$	$\dfrac{1}{2\sqrt{18}}\begin{bmatrix} -2 & -2 & 1 \\ -2 & -2 & 1 \\ 1 & 1 & 4 \end{bmatrix}$	$P^{(27)}$	$\dfrac{1}{2\sqrt{2}}\begin{bmatrix} 0 & 1 & 0 \\ 1 & 0 & 1 \\ 0 & 1 & 0 \end{bmatrix}$
$P^{(4)}$	$\dfrac{1}{2\sqrt{6}}\begin{bmatrix} -2 & 1 & 0 \\ 1 & 0 & -1 \\ 0 & -1 & 2 \end{bmatrix}$	$P^{(16)}$	$\dfrac{1}{2\sqrt{18}}\begin{bmatrix} -2 & -1 & -2 \\ -1 & 4 & -1 \\ -2 & -1 & -2 \end{bmatrix}$	$P^{(28)}$	$\dfrac{1}{2\sqrt{2}}\begin{bmatrix} 0 & 1 & 0 \\ 1 & 0 & -1 \\ 0 & -1 & 0 \end{bmatrix}$
$P^{(5)}$	$\dfrac{1}{2\sqrt{6}}\begin{bmatrix} -2 & 0 & -1 \\ 0 & 2 & -1 \\ -1 & -1 & 0 \end{bmatrix}$	$P^{(17)}$	$\dfrac{1}{2\sqrt{18}}\begin{bmatrix} -2 & 2 & 1 \\ 2 & -2 & -1 \\ 1 & -1 & 4 \end{bmatrix}$	$P^{(29)}$	$\dfrac{1}{2\sqrt{2}}\begin{bmatrix} 0 & 0 & 1 \\ 0 & 0 & 1 \\ 1 & 1 & 0 \end{bmatrix}$
$P^{(6)}$	$\dfrac{1}{2\sqrt{6}}\begin{bmatrix} 0 & -1 & -1 \\ -1 & 2 & 0 \\ -1 & 0 & -2 \end{bmatrix}$	$P^{(18)}$	$\dfrac{1}{2\sqrt{18}}\begin{bmatrix} 4 & 1 & -1 \\ -1 & -2 & 2 \\ 1 & 2 & -2 \end{bmatrix}$	$P^{(30)}$	$\dfrac{1}{2\sqrt{2}}\begin{bmatrix} 0 & 0 & -1 \\ 0 & 0 & 1 \\ -1 & 1 & 0 \end{bmatrix}$
$P^{(7)}$	$\dfrac{1}{2\sqrt{6}}\begin{bmatrix} 2 & 0 & -1 \\ 0 & -2 & -1 \\ -1 & -1 & 0 \end{bmatrix}$	$P^{(19)}$	$\dfrac{1}{2\sqrt{18}}\begin{bmatrix} -2 & 2 & -1 \\ 2 & -2 & 1 \\ -1 & 1 & 4 \end{bmatrix}$		
$P^{(8)}$	$\dfrac{1}{2\sqrt{6}}\begin{bmatrix} 0 & -1 & 1 \\ -1 & 2 & 0 \\ 1 & 0 & -2 \end{bmatrix}$	$P^{(20)}$	$\dfrac{1}{2\sqrt{18}}\begin{bmatrix} 4 & -1 & -1 \\ -1 & -2 & -2 \\ -1 & -2 & -2 \end{bmatrix}$		
$P^{(9)}$	$\dfrac{1}{2\sqrt{6}}\begin{bmatrix} 2 & -1 & 0 \\ -1 & 0 & -1 \\ 0 & -1 & -2 \end{bmatrix}$	$P^{(21)}$	$\dfrac{1}{2\sqrt{18}}\begin{bmatrix} -2 & -1 & 2 \\ -1 & 4 & 1 \\ 2 & 1 & -2 \end{bmatrix}$		
$P^{(10)}$	$\dfrac{1}{2\sqrt{6}}\begin{bmatrix} 0 & -1 & -1 \\ -1 & -2 & 0 \\ -1 & 0 & 2 \end{bmatrix}$	$P^{(22)}$	$\dfrac{1}{2\sqrt{18}}\begin{bmatrix} 4 & 1 & -1 \\ 1 & -2 & 2 \\ -1 & 2 & -2 \end{bmatrix}$		

（续）

八面体主滑移系		八面体副滑移系		立方滑移系
$P^{(11)}$	$\dfrac{1}{2\sqrt{6}}\begin{bmatrix} -2 & -1 & 0 \\ -1 & 0 & -1 \\ 0 & -1 & 2 \end{bmatrix}$	$P^{(23)}$	$\dfrac{1}{2\sqrt{18}}\begin{bmatrix} -2 & 1 & 2 \\ 1 & 4 & -1 \\ 2 & -1 & -2 \end{bmatrix}$	
$P^{(12)}$	$\dfrac{1}{2\sqrt{6}}\begin{bmatrix} -2 & 0 & 1 \\ 0 & 2 & -1 \\ 1 & -1 & 0 \end{bmatrix}$	$P^{(24)}$	$\dfrac{1}{2\sqrt{18}}\begin{bmatrix} -2 & -2 & -1 \\ -2 & -2 & -1 \\ -1 & -1 & 4 \end{bmatrix}$	

8.5 镍基单晶高温合金的蠕变模型

8.5.1 蠕变本构模型需要解决的问题

从前面对镍基单晶合金蠕变特性和蠕变机制的分析可知,蠕变本构模型应能建模单晶一些特有的力学行为,也即模型需要解决以下几个主要问题。

（1）模型必须能够反映材料具有方向性的力学行为。在晶体材料固有的对称方向上,材料的蠕变性能有差异。而材料蠕变性能在常用的[001]方向附近也反映出方向相关性。对于目前所使用的铸造工艺和检验标准,后一种方向差别对结构的影响可能比前一种更重要。无论是文献还是试验,都表明在[001]方向除了常规检验的角度以外,还有其他的角度在强烈地影响着试件的蠕变性能,导致的蠕变变形可能相差数十倍之多。可见,好的模型必须能够准确地建模单晶高温合金材料复杂的方向特性。

将应力向滑移系上进行分解,可以较好地反映前一种方向性。而对后一种方向差异,前面提到过试验结果显示与主滑移系的 Schmid 因子大小无直接关系,而对具体数值分析的结果表明次主滑移系和主滑移系的分切应力之比与此蠕变性能相关,这种现象可能暗示了主导变形的各个滑移系之间交互强化对蠕变行为的剧烈影响。通常的晶体塑性模型对这种行为使用硬化矩阵和门槛应力演化规则来描述这种强烈的交互硬化,而在下面的模型中则用各个滑移系的应力的函数来近似描述这种交互作用的效果。

（2）由于镍基单晶合金的蠕变变形机制随着温度和应力水平而改变,要求模型可以较好地适用于各种载荷和环境条件。为此,这里采用位错密度作为建模的出发点,这一物理量在不同的运动方式中都是主要的参量而且与变形速率直接相关,其演化规则也可以有明确的物理含义和试验基础,对模型而言无需随着变形机制的改变而调整基本概念。

140

（3）考虑到高压涡轮叶片复杂的离心载荷、温度分布以及热应力,合理的模型应适用于尽可能大的温度范围和应力范围。出于这一考虑,需要提出的模型对不同的温度和应力水平提出相同形式的方程,以期适用于涡轮叶片上可能出现的全部温度和应力水平。温度和应力条件的差别通过统一形式的关系加入到模型中,便于对具有复杂几何形状、载荷和温度条件的高温部件进行结构分析。

（4）由于模型中涉及到大量的材料参数,也需要考虑到参数获取的方便与否。建立的模型应具有一个简化的一维宏观方程,对这一方程可以使用常规数学方法从试验数据中提取到相应的宏观材料参数。而在对称方向上,宏观与滑移系上的物理量有较简单的对应关系,从而可以较方便地优化调整参数。

8.5.2　状态变量的选择及其演化规律

以下认为材料的蠕变变形完全来自晶体中的位错运动,通过微观物理过程造成的可动位错密度的增加和减少来描述材料蠕变中发生的硬化和软化过程,从位错密度的演化规律出发建立起镍基单晶合金的蠕变模型。

众所周知,Orowan 方程给出了非弹性应变速率 $\dot{\varepsilon}^{\text{in}}$ 与位错密度 ρ 的一维关系为[160,165]

$$\dot{\varepsilon}^{\text{in}} = \rho b v \qquad (8-15)$$

式中: b 是位错的 Burgers 矢量; v 为位错的运动速度。

已知随着非弹性应变的累积材料中会发生位错密度增加的过程,Talylor 给出了位错形成速率 $\dot{\rho}$ 与位错密度 ρ 和位错运动速度 v 的关系为[166]

$$\dot{\rho} = k\rho v \qquad (8-16)$$

式中: k 为常数。

结合方程（8-15）与方程（8-16）,可以得到

$$\dot{\rho} = \frac{k}{b}\dot{\varepsilon} \qquad (8-17)$$

最终可以得到以位错密度 ρ 为基础的应变规律

$$\dot{\varepsilon}^{\text{in}} = \dot{\varepsilon}_i + \varphi\varepsilon^{\text{in}} \qquad (8-18)$$

式中: ε_i 为参考应变速率,代表来自初始位错密度的变形速率; $\varphi = \dfrac{\dot{\varepsilon}_i k}{b\rho_i}$ 为蠕变应变速率与累计应变之间的系数。

方程（8-18）描述了材料中的应变软化,其变形特征见图 8-9。

显然上面并未考虑位错受到的阻碍作用,即应变硬化。随着材料中的位错密度增加,位错之间的交互作用也会增强,这一过程将导致可动位错在位错总量之中的比例下降。Gilman 认为可动位错密度的减少与位错密度的增加成正

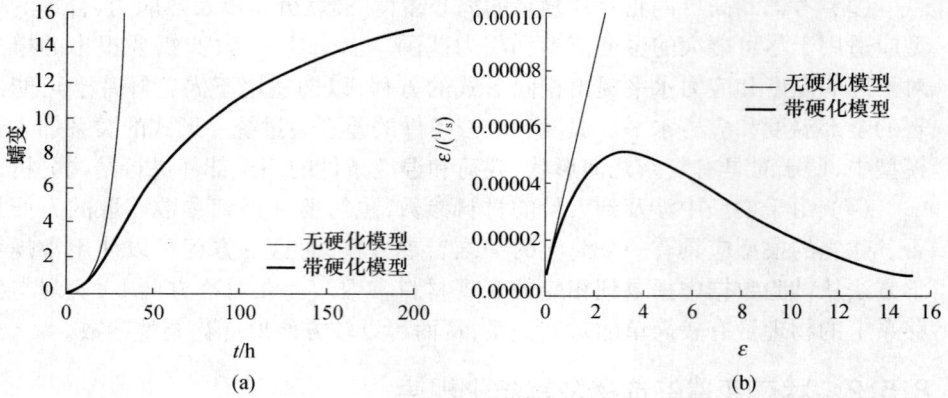

图 8-9　方程(8-18)(应变软化)和方程(8-22)(应变硬化模型)的变形特征对比

(a) $\varepsilon - t$ 曲线；(b) $\dot{\varepsilon} - \varepsilon$ 曲线。

比[110]，因此，可得到兼有应变软化和强化规律的位错密度模型。

$$\rho_m = (\rho_0 + M\varepsilon^{\text{in}})\exp(-\phi\varepsilon^{\text{in}}) \qquad (8-19)$$

式中：ρ_0、M 和 ϕ 为常数，并与温度和应力水平有如下关系[160]，

$$\begin{cases} \rho_0 = a_1\exp\left(b_1\sigma - \dfrac{Q_1}{RT}\right) \\ M = a_2\exp\left(b_2\sigma - \dfrac{Q_2}{RT}\right) \\ \phi = a_3\exp\left(b_3\sigma - \dfrac{Q_3}{RT}\right) \end{cases} \qquad (8-20)$$

而在温度不变的情况下，上述关系可以简化为

$$\begin{cases} \rho_0 = a'_1\exp(b_1\sigma) \\ M = a'_2\exp(b_2\sigma) \\ \phi = a'_3\exp(b_3\sigma) \end{cases} \qquad (8-21)$$

从方程(8-19)可知，应变速率的变化规律为

$$\dot{\varepsilon}^{\text{in}} = (\dot{\Gamma} + \Omega\varepsilon^{\text{in}})\exp(-\phi\varepsilon^{\text{in}}) \qquad (8-22)$$

这一方程在变形过程中引入了硬化效应，给出的变形特征如图8-9所示。

将上述的一维变形规律改写为滑移系上的剪切变形规律，可以得滑移系上具有自硬化效应的剪切变形模型[160]

$$\dot{\gamma}^{(\alpha)} = (\dot{\Gamma} + \Omega\gamma^{(\alpha)})\exp(-\phi\gamma^{(\alpha)}) \qquad (8-23)$$

式中：$\dot{\Gamma}$，Ω 和 ϕ 与温度和应力水平符合以下的关系：

142

$$p(\dot{\varGamma}_0, \Omega, \varphi) = A\exp\left(B\tau - \frac{Q}{RT}\right) \tag{8-24}$$

8.5.3　本构模型中微观变形机制的引入

根据 8.3 节对蠕变变形的机理分析,可知在不同的温度和应力条件下变形来自不同的滑移系,在模型中需要通过选择相应的滑移系来控制变形的模式。温度较低的情况下存在着门槛应力,在应力水平超过门槛值时变形来自 {111} <112> 型滑移系,而应力水平不足以驱动位错切割沉淀相时变形来自 {111} <110> 型滑移系,而在温度较高的情况下不需要很高的应力就可以产生变形,而这种情况下主导变形的是 {111} <112> 型滑移系上的位错攀移/绕越过程。

基于蠕变试验的试件观察结果,模型中包括 {111} <110> 和 {111} <112> 两种类型的滑移系。由于 $[\bar{1}11]$ 方向上的整体宏观变形呈现出 {100} <110> 型滑移的形式,在模型中也使用了 {100} <110> 型滑移系来反映集中在立方形态的基体通道中 {111} <110> 滑移系引起的变形。

在滑移系的选择上,以发生长程切割的门槛应力 τ_c 作为选择的条件。如果应力水平超过位错切割沉淀相的条件,则在模型中选择对应着 {111} <112> 类型的滑移系,认为所有分切应力超过门槛条件的滑移系上的位错对变形都有贡献。而当所有 {111} <112> 类型滑移系未满足门槛条件时,则变形来自攀移和绕越过程,在模型中选择 {111} <110> 和 {100} <110> 型滑移系。由于高温下的攀移和绕越容易发生,这种情况下可以认为全部 {111} <110> 和 {100} <110> 型滑移系都参与了变形过程。

滑移系上的临界应力 τ_c 对应着切割 γ' 相所需要的应力水平。文献[141]中认为这个应力对应着 γ/γ' 界面上形成反相畴界(APB)所需要的能量,对应的剪切应力为 $\tau_{APB} = \frac{E_{APB}^{\{111\}}}{|a\{110\}|}$,形成反相畴界(APB)的能量 $E_{APB}^{\{111\}} = 184\,\mathrm{mJ/m^2}$,取基体相通道的宽度 $a = 0.359\,\mathrm{nm}$,可以得到 $\tau_{APB} = 362\,\mathrm{MPa}$[162]。考虑到材料的微观组织具有一定程度的分散性,我们建立的模型取 τ_c 为 347.5MPa。由于临界应力的存在,只有其分切应力水平超过临界应力 τ_c 的 {111} <112> 型滑移系上才存在位错的运动。

对于长程切割过程,模型(8-23)仅仅反映了滑移系上变形累积对自身的硬化效果。在实际的金属晶体变形过程中,除了自硬化,滑移系之间的相互作用对变形的强化也有作用,来自其他滑移系的影响会大大降低当前滑移系上可动位错的数量即所谓的潜硬化。若忽略未开动的滑移系造成的效果,假设所有的滑移系中只有被激活的滑移系才会对彼此发生影响,则考虑潜硬化影响需要修

正模型(8-23)。我们在式(8-23)硬化项中增加了一个来自此影响的项,见下式[164]:

$$\dot{\gamma}^{(\alpha)} = (\dot{\Gamma} + \Omega\gamma^{(\alpha)})\exp(-\varphi\gamma^{(\alpha)} - \psi) \qquad (8-25)$$

式中:ψ 表示来自其他滑移系的强化效果,其具体形式为

$$\psi = k\sum_{\beta=1}^{l}\left|\frac{\tau^{\beta}}{0.1 + \tau_{max} - \tau^{\beta}}\right| \qquad (8-26)$$

式中:τ_{max} 表示当前的主分切应力值;参数 0.1 表示在双滑移的两个应力水平具有相等数值时交互作用最强的状态,k 为系数。

正如前面提到的,变形仅仅来自活动的滑移系,所以对{111}<112>型滑移系,方程(8-25)仅对所有分切应力水平超过临界应力 τ_c 的滑移系求和。

在应力不足以开动长程切割过程时,同样可以运用方程(8-26)描述{111}<110>型滑移系之间的相互作用。与一些晶体塑性模型中的作法相似,这里认为{111}<110>型滑移系与{111}<112>型滑移系之间无相互作用,则交互强化仅限于同类型的滑移系之间。

考虑到在蠕变过程中材料的硬化会最终导致相对稳定的应变速率,说明材料中的可动位错密度会趋于一个稳定值,因此在方程(8-25)中加入这一可动位错密度的稳态数值,最终得到的模型为

$$\dot{\gamma}^{(\alpha)} = (\dot{\Gamma} + \Omega\gamma^{(\alpha)})[\exp(-\varphi\gamma^{(\alpha)} - \psi) + \lambda] \qquad (8-27)$$

这一模型中同时反映了蠕变变形中发生的多种过程:应变软化、硬化,滑移系之间的交互作用以及最终的加速蠕变过程。

至此,我们基于蠕变机制,在滑形系上建立了可描述各种温度和应力条件下不同蠕变变形特征的本构模型,即式(8-27)。通过参数的数值调整,可以给出如图8-10中所示的蠕变曲线,表明模型可以用于描述不同温度和应力下材料经历的蠕变行为。

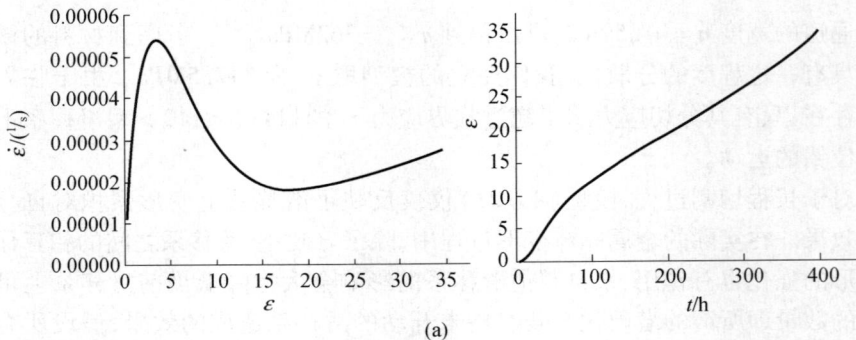

(a)

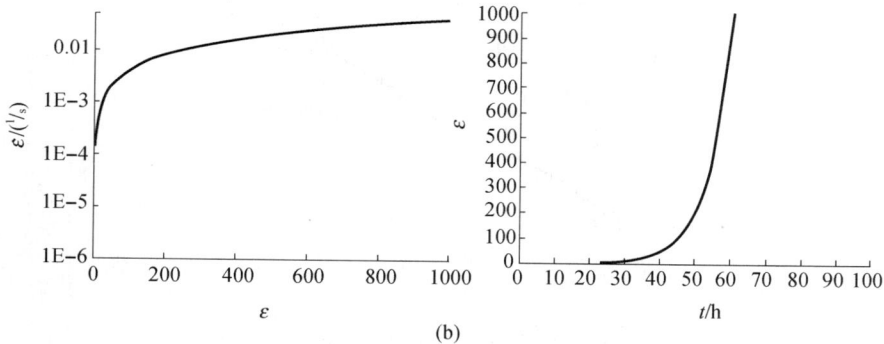

图 8-10　方程(8-27)在不同参数下给出的蠕变 $\dot{\varepsilon}-t$ 和 $\varepsilon-t$ 曲线
(a)加速—减速—稳态—最后加速；(b)全程加速。

8.6　模型材料参数的获取方法

本构模型参数的得到,是使模型可应用的前提。基于式(8-27)给出的模型以及8.4节给出的应力应变,并不能直接从宏观试验曲线上获得。因此,对这类本构模型参数的获取方法,通常是根据试样的晶体取向,把模型在此方向从三维简化到一维,并利用优化的方法,通过参数的调整与优化,使得模型计算得到的曲线可以与试验曲线很好地拟合,由此确定材料参数。

8.6.1　宏观曲线的拟合

由于在宏观条件下不能区分自硬化与交互硬化,去掉式(8-27)中的交互硬化项,得到相似的一维宏观模型为

$$\dot{\varepsilon} = (\dot{\varepsilon}_0 + M\varepsilon)(\exp(-\Phi\varepsilon) + \lambda) \qquad (8-28)$$

通过编程,在确定了初始材料参数后,可以很方便地计算得到某种试验曲线,典型地如单调拉伸曲线、循环变形曲线和蠕变。通过此计算的曲线与试验曲线的差,可以应用一些成熟的优化方法,如 Levenbeng-Marquardt 方法,使得这个差值最小,从而获得最优的材料参数。

表8-2给出了按上面思路,从 CMSX-4 镍基单晶在几个典型温度和载荷条件下的蠕变曲线,优化获得的材料参数,相应的拟合对比曲线见图8-11。

表 8-2　CMSX-4 的宏观模型参数

	$\dot{\varepsilon}_0$	M	Φ	λ
750℃/750MPa	1.55×10^{-7}	3.94×10^{-4}	5.04×10^{1}	1.90×10^{-3}
950℃/185MPa	7.31×10^{-11}	9.6×10^{-7}	-1.2×10^{0}	6.71×10^{-17}
1150℃/100MPa	1.12×10^{-10}	1.02×10^{-5}	-5.13×10^{1}	6.71×10^{-17}

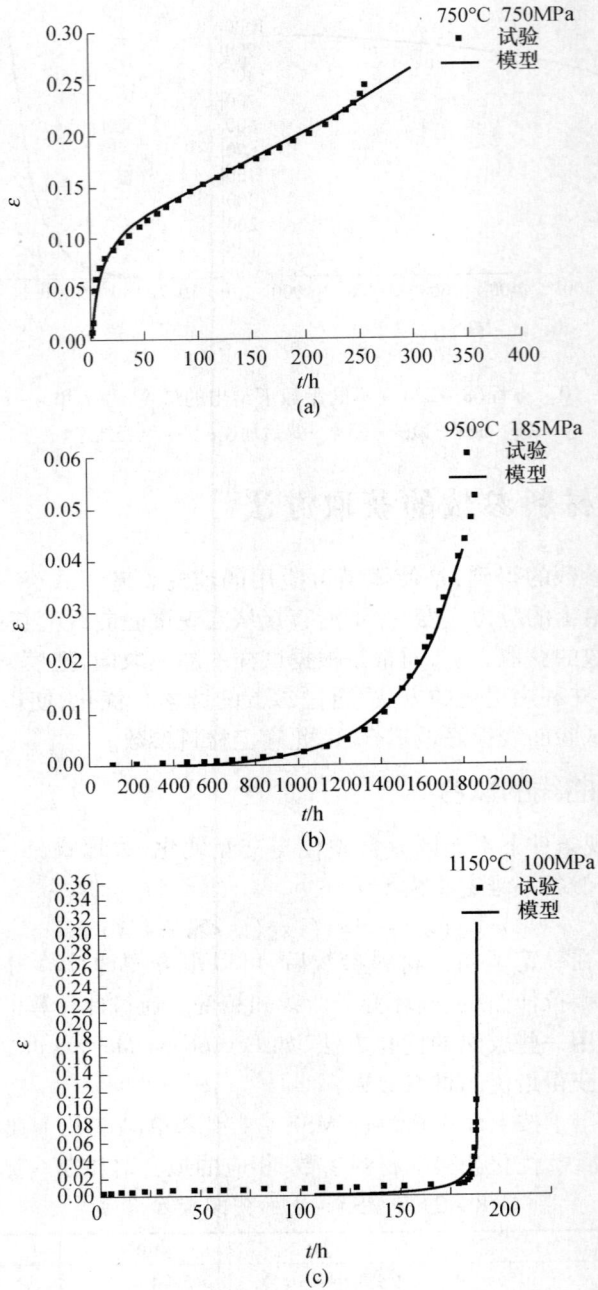

图 8 - 11　从 CMSX - 4 材料蠕变数据中提取到的宏观参量及其计算结果

（a）750℃、750MPa；（b）950℃、185MPa；（c）1150℃、100MPa。

8.6.2 滑移系上材料参数获取

由于滑移系上的剪切应变和分切应力与宏观应变和宏观应力存在着固定关系,可以通过这种关系来获得宏观材料参数在滑移系上的相应数值。

方程(8-28)在滑移系上的对应形式可以记为一个与方程(8-27)相似的方程

$$\dot{\gamma} = (\dot{\Gamma}_0 + \Omega\gamma)(\exp(-\phi\gamma) + \lambda) \qquad (8-29)$$

已知:

$$p(\dot{\Gamma}_0, \Omega, \varphi) = A\exp\left(B\tau - \frac{Q}{RT}\right)$$

则方程中的参数 $\dot{\varepsilon}$, M 和 Φ 同样也会存在着相似的关系,即

$$p(\dot{\varepsilon}_0, M, \Phi) = A'\exp\left(B'\tau - \frac{Q'}{RT}\right) \qquad (8-30)$$

而宏观应变速率与滑移系上的剪切变形速率之间存在的关系为

$$\dot{\varepsilon} = \sum_{\alpha=1}^{N} \dot{\gamma}^{(\alpha)} \boldsymbol{P}^{*(\alpha)} \qquad (8-31)$$

在特定的方向上,确定的 $\boldsymbol{P}^{*(\alpha)}$ 使得宏观拉伸应变与滑移系上的剪切应变之间存在着简单的比例关系,如表8-3所列。

表8-3　宏观拉伸应变与滑移系上剪切应变之间的比例系数关系

宏观拉伸方向	滑移系上的剪切应变比例系数		
	$\{111\}<\bar{1}10>$	$\{111\}<\bar{1}12>$	$\{001\}<110>$
$<001>$	$8/\sqrt{6}$	$8/3\sqrt{2}$	0
$<011>$	$4/\sqrt{6}$	$4/3\sqrt{2}$	$\sqrt{2}$
$<111>$	$4/\sqrt{6}$	$4/3\sqrt{2}$	$\sqrt{2}$

为了获得需要的滑移系上的材料参数,对于应力不高的情况,以 $<001>$ 方向和 $<111>$ 方向的蠕变数据分别代表 $\{111\}<\bar{1}01>$ 和 $\{001\}<110>$ 滑移系的材料参数,可以直接使用上面的方程计算滑移系上的剪切应变。另一方面,$\boldsymbol{P}^{*(\alpha)}$ 也表示了分切应力与宏观单向应力之间的关系,如表8-4所列。

表8-4　宏观拉伸应力与滑移系上分切应力之间的比例系数关系

宏观拉伸方向	滑移系上的分切应力比例系数		
	$\{111\}<\bar{1}10>$	$\{111\}<\bar{1}12>$	$\{001\}<110>$
$<001>$	$1/\sqrt{6}$	$\sqrt{2}/3$	0
$<011>$	$1/\sqrt{6}$	$\sqrt{2}/3$	$1/2\sqrt{2}$
$<111>$	$\sqrt{2}/3\sqrt{3}$	$2\sqrt{2}/9$	$\sqrt{2}/3$

按照方程(8-28)与方程(8-29)之间的对应关系,保证两者始终相等则表示对应项具有相同的数值,例如

$$\dot{\varepsilon}_0 = A'_1 \exp\left(B'_1\sigma - \frac{Q'_1}{RT}\right) \tag{8-32}$$

$$\dot{\Gamma}_0 = A_1 \exp\left(B'_1\tau - \frac{Q'_1}{RT}\right) \tag{8-33}$$

则由方程(8-28)与方程(8-29),假设 k 为宏观应变与剪切应变之间的系数,g 为宏观应力与分切应力之间的系数,可以得到

$$\dot{\varepsilon} = (\dot{\varepsilon}_0 + M\varepsilon)(\exp(-\Phi\varepsilon) + \lambda) =$$
$$k(\dot{\Gamma}_0 + \Omega\gamma)(\exp(-\phi\gamma) + \lambda) =$$
$$k(\dot{\Gamma}_0 + \Omega\varepsilon/k)(\exp(-\phi\varepsilon/k) + \lambda) \tag{8-34}$$

而

$$A'_1 = kA_1 \tag{8-35}$$

$$gB'_1 = B_1 \tag{8-36}$$

$$Q'_1 = Q_1 \tag{8-37}$$

如此,可以得到各组参数之间的关系:

$$A_1 = A'_1/k \qquad B_1 = gB'_1 \qquad Q_1 = Q'_1 \tag{8-38}$$

$$A_2 = A'_2/k \qquad B_2 = gB'_2 \qquad Q_2 = Q'_2 \tag{8-39}$$

$$A_3 = A'_3 \qquad B_3 = gB'_3 \qquad Q_3 = Q'_3 \tag{8-40}$$

因此,利用在 <001> 方向的蠕变曲线可得到两组八面体滑移系的参数,而在 <111> 方向上的蠕变曲线可得到立方滑移系的参数。以这种方法获得的滑移系上的参数为基础,进而经过优化可以得到最终的材料参数。模型中的交互强化参数并不体现在宏观模型中,只能通过滑移系本构的反复计算与调整来得到。

8.7 镍基单晶合金高温蠕变模拟

本节根据两个镍基合金 CMSX-4 和 DD3 在公开文献中发表的蠕变试验曲线,利用8.5节发展的蠕变本构模型和8.6节给出的材料参数获取方法,说明对不同温度、应力及取向下,模型对蠕变变形行为的建模能力。

8.7.1 CMSX-4 材料蠕变模拟

图8-12 中给出了 CMSX-4 材料在 750℃ 下,相同应力但不同取向时蠕变试验结果与计算结果的对比。在这一温度条件下材料表现出强烈的近 <001> 向方向相关性,模型给出了与实际情况相符合的结果。

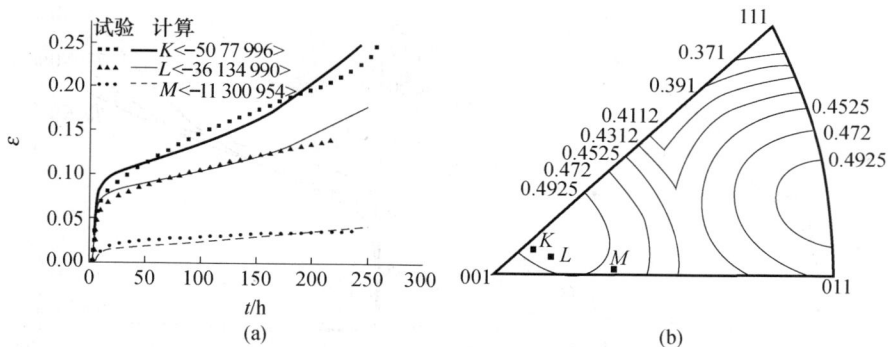

图 8 - 12　镍基单晶高温合金 CMSX - 4 在 750℃、750MPa 下
的蠕变试验结果与模型计算结果的对比
（a）蠕变 $\varepsilon - t$ 曲线；（b）试件晶体取向。

改变模型中的应力水平可以获得另一系列的结果,见图 8 - 13。与传统认识有所差别的是,图 8 - 13 中的试验结果反映出在一定范围内应力水平的提高并没有导致蠕变速率的迅速提升,而模型预测的结果也显示了相似的现象。从应力对材料参数的影响可以推知,方向不变的情况下应力水平的提高同时增加了可动位错的密度和滑移系之间的强化效应。这种效应使得较高的载荷作用时,蠕变第一阶段的变形速率提高,而随后的强化也更强烈,最后的综合结果导致蠕变曲线整体变化不大。

由于认为在中高温条件下的变形主要来自 {111} <110> 和 {100} <110> 类型的滑移系,位错运动的主要方式是位错在基体相中的滑移以及 γ'/γ 两相界面上的攀移,非弹性变形仅限于基体通道的范围内;此时材料的蠕变主要由分切应力最大的主滑移系决定。在 [001] 方向附近主滑移系是 {111} <110> 型滑移系,而在 [111] 方向上则转变为 {100} <110> 型滑移系。

图 8 - 14 中给出了 950℃ 时不同取向和应力水平的试验结果及计算结果。这组试验曲线的一个显著特点是在整个蠕变寿命内,蠕变率都是增加的,即处于蠕变第三阶段。计算时使用的材料参数来自 [001] 方向和 [111] 方向的试验结果,而从图 8 - 14 可见,模型可以很好地预测 [001],[011],[111] 以及 [123] 四个方向上的材料变形规律,说明模型对 {111} <110> 型和 {100} <110> 型的滑移系的处理是合理的。

在高温条件下,材料的微观组织会发生变化,也即会发生筏化现象。这种变化造成的沉淀相形态改变对所有滑移系都有相同的影响,所以仍然可以对各个滑移系使用同一套本构方程和材料参数。图 8 - 15 是 1150℃ 下 [001] 方向计算

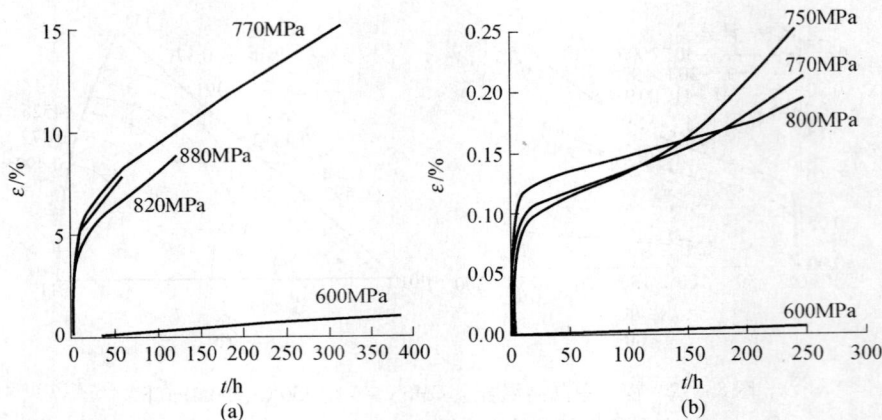

图 8 – 13 镍基单晶高温合金 CMSX – 4 在 750℃下同一晶体取向
的蠕变试验结果与模型预测结果的 ε – t 曲线

（a）试验结果；（b）模型计算结果。

曲线与实际试验曲线的对比，可见模型同样可以很好地描述这一温度下的材料行为。

总之，以 [001] 和 [111] 两个方向上的蠕变数据为基础就可以提取到与滑移系上参数有对应关系的宏观材料参数，因而 {111} <110> 和 {100} <110> 型滑移系的微观材料参量可以直接地获得。对于 {111} <112> 型滑移系，由于其交互强化强烈，还需要进一步的调整与优化。

8.7.2 DD3 材料蠕变模拟

同样，利用前述方法，对 DD3 材料在 950℃下 [001] 和 [111] 两个方向上不同应力水平的蠕变试验曲线进行了建模。提取的相关材料参数见表 8 – 5，得到的 950℃下 DD3 材料在三个典型晶体取向 [001]，[011]，[111] 以及 [123] 方向上的计算结果见图 8 – 16。同样表明我们建立的模型对国产镍基单晶合金高温蠕变的建模能力。

表 8 – 5 DD3 在 950℃时滑移系上的材料参数

滑移系	参数	$\dot{\Gamma}$	Ω	φ	λ
1 – 12	A'	2.22×10^{-19}	1.18×10^{-6}	0.0	0.0
	B/MPa^{-1}	2.14×10^{-1}	2.33×10^{-2}	0.0	0.0
25 – 30	A'	5.62×10^{-15}	1.42×10^{-5}	0.0	0.0
	B/MPa^{-1}	1.07×10^{-1}	1.03×10^{-4}	0.0	0.0

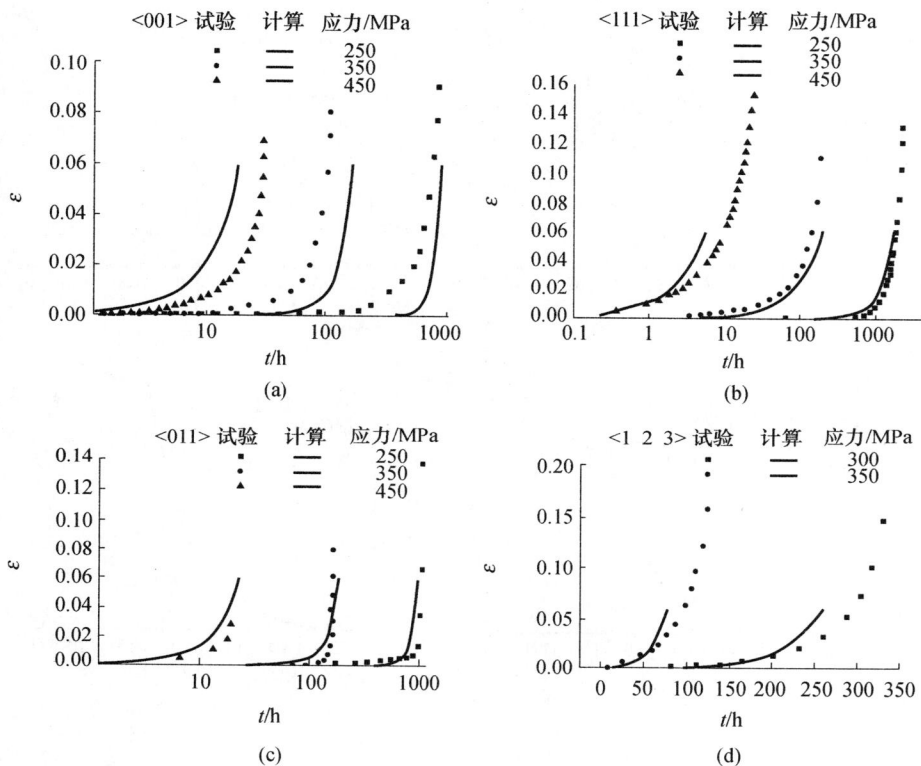

图 8-14　镍基高温合金 CMSX-4 在 950℃不同应力水平作用下试验与计算蠕变曲线对比
(a) [001]；(b) [111]；(c) [011]；(d) [123]。

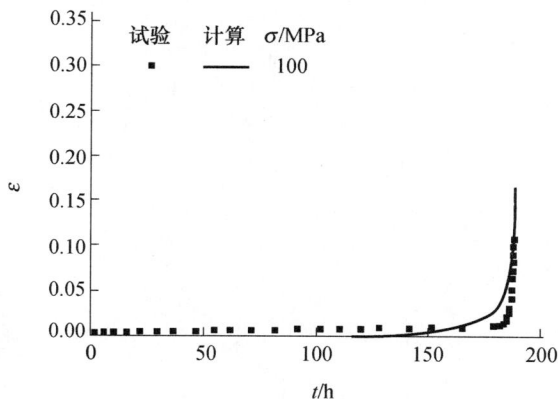

图 8-15　镍基高温合金 CMSX-4 在 1150℃的蠕变曲线

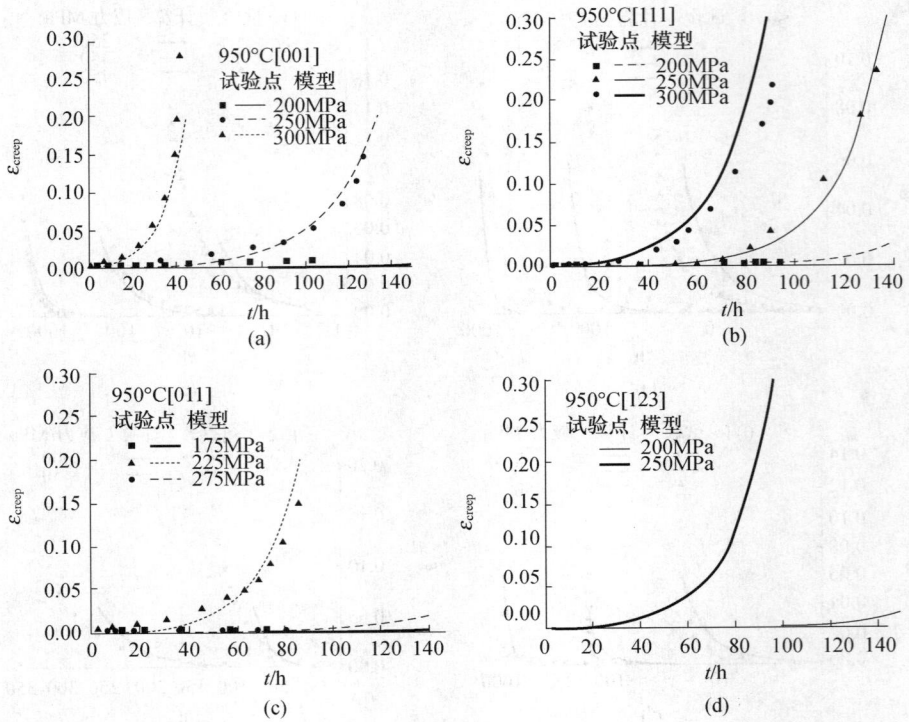

图 8 – 16 镍基高温合金 DD3 在 950℃ 不同应力水平作用下试验与计算蠕变曲线对比
(a) [001]；(b) [111]；(c) [011]；(d) [123]。

152

第 9 章　镍基单晶合金胞元本构模型

镍基单晶高温合金具有独特的 γ/γ' 两相微观结构,其中 γ' 相又称之为沉淀相或强化相,而 γ 相称之为基体相。这样的微结构形式,为建立镍基单晶合金的本构模型,提供了一种在微结构层次,直接进行本构建模的途径。并可从材料的角度,分析不同微结构形式、不同组分及所占比重对力学行为的影响,如筏化引起的微结构变化,γ' 体积比等。

9.1　三维胞元模型

基于唯像的宏观本构模型并不关心材料微观组织的各种细节。虽然也引入了定义在微观机理基础上的物理量,但在宏观模型的本构关系中很少涉及到微观层次上的因素如 γ 和 γ' 相中应力和应变场的不均匀性等。以下建立的模型主旨在于分析微观层面上的力学行为,而通过模型可以获得宏观的应力应变关系和材料的基本性能。发展这一模型的目的,是尝试通过这种简化的微观模型以形成一种方法去描述镍基单晶合金的微观组织对材料宏观性能的影响,可为材料研制提供一种可以快速预报力学性能的手段。

图 9-1 中显示了建立胞元模型的思路。从显微图片中可以看到基本呈规则分布的 γ' 沉淀相颗粒,在二维的平面上显示为黑色正方形,而白色部分则是 γ 基体通道。图 9-1(a)中可以看到基体通道的宽度尺寸要比 γ' 相颗粒小很多,原因是 γ' 的体积含量通常为 70%。图 9-1(b)是简化之后的理想微观组织,将沉淀相颗粒处理成具有统一尺寸的立方体颗粒,均匀地分布在基体之中。这种二相均匀组织可以视为图 9-1(c)中的元素重复排列的结果,是单一元素的典型周期结构。实际材料中的周期结构具有 3 维形式,即在空间的 3 个坐标方向上都进行周期性排列。图 9-1(d)是图 9-1(c)中元素的抽象,即从周期性排列的基本元素中形成的一个二维胞元,它反映了基本元素的几何特征,胞元中不同区域代表各相及界面,能反映它们的差异和各自的力学行为,其中中间黑色正方形部分是 γ' 相,相邻的长方形部分是 γ 通道,表征的是 γ' 与 γ' 相互的力学作用。

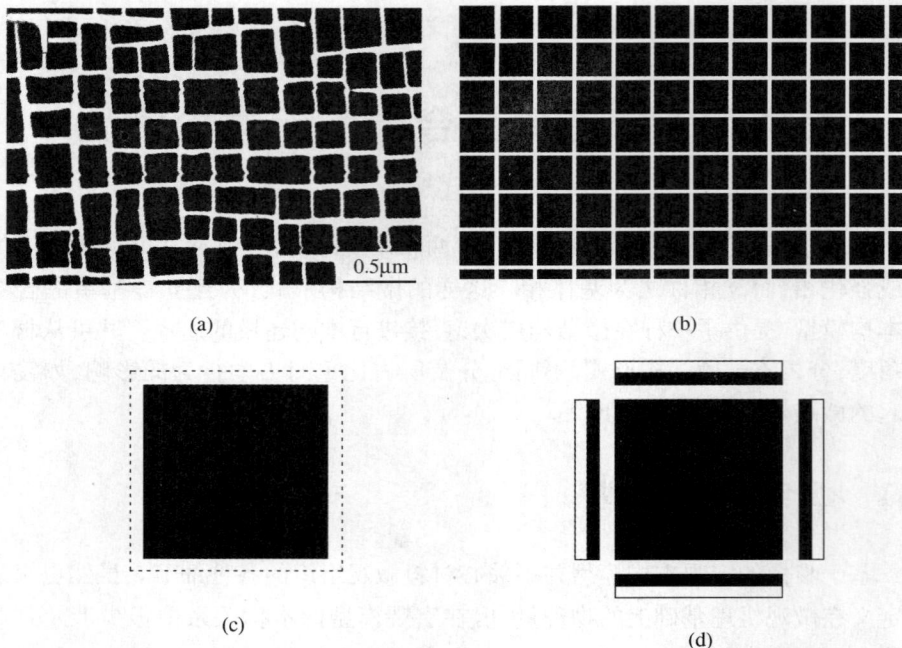

(a) (b) (c) (d)

图 9 - 1 镍基单晶高温合金的微观组织与胞元

9.1.1 胞元模型的基本假设与组成部分

这里的胞元模型是一个基于修正 Sachs 条件的简化模型,其假设如下:

(1)胞元体是具有材料宏观行为的最小单元,其周期性排列形成了整个材料体。

(2)胞元各个组成区域中的应力 $\boldsymbol{\sigma}^i$ 和应变 $\boldsymbol{\varepsilon}^i$ 与胞元整体的宏观应力应变 $\tilde{\boldsymbol{\sigma}}$ 和 $\tilde{\boldsymbol{\varepsilon}}$ 之间具有体积平均关系,即

$$\tilde{\boldsymbol{\sigma}} = \sum_{i=1}^{N} f^i \boldsymbol{\sigma}^i \qquad (9-1)$$

$$\tilde{\boldsymbol{\varepsilon}} = \sum_{i=1}^{N} f^i \boldsymbol{\varepsilon}^i \qquad (9-2)$$

式中:f^i 为体积分数。

(3)在各个区域的内部不考虑应力和应变的梯度变化,即假设应力和应变在每个区域中均匀分布。

(4)由远场均匀的 Sachs 条件,单相区域中的应力张量等于宏观应力张量,而界面区域中的应力张量平均值等于宏观应力张量。

图 9-2 中显示了一个完整的胞元,其中 a 为胞元的特征尺寸,而 h 表示界面区域中单相部分的厚度。三维胞元模型包含有两种不同性质的组成区域。

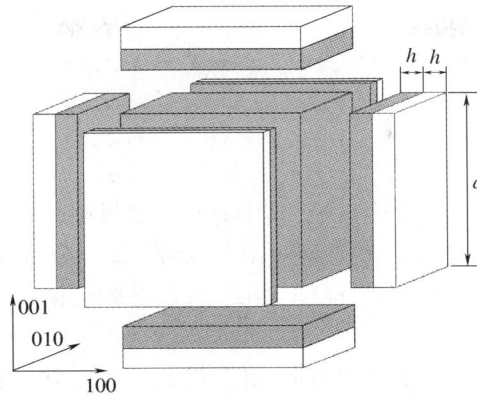

图 9-2 三维胞元的定义

(1) 由单一的沉淀相组成的单相区域,每个胞元中包含 1 个。

(2) 由沉淀相和基体相共同组成的界面区域,分布在单相区域周围,每个胞元中包含 6 个。

这样划分得到的界面块两两对应分布,可以形成对称结构的材料组织。按照上述形式划分的胞元中,各区域应力和应变分量的数量如表 9-1 所列。其中,对于 $f^{ik} = f^{pik} + f^{mik}(k = 1, 2, \cdots, 6)$,式子右边分别表示界面中沉淀相和基体相两部分各自的体积含量。

表 9-1 胞元中的应力和应变分量

		应 力	应 变	体 积 分 数
沉淀相$(p)\gamma'$		σ^p	ε^p	f^p
界面相(i)	整体	$\sigma^{ik}(k=1,2,\cdots,6)$	$\varepsilon^{ik}(k=1,2,\cdots,6)$	$f^{ik}(k=1,2,\cdots,6)$
	γ'	$\sigma^{pik}(k=1,2,\cdots,6)$	$\varepsilon^{pik}(k=1,2,\cdots,6)$	$f^{pik}(k=1,2,\cdots,6)$
	γ	$\sigma^{mik}(k=1,2,\cdots,6)$	$\varepsilon^{mik}(k=1,2,\cdots,6)$	$f^{mik}(k=1,2,\cdots,6)$

由基本假设(4)可知,在外载荷 $\tilde{\sigma}$ 作用下,有

$$\boldsymbol{\sigma}^p = \tilde{\boldsymbol{\sigma}}; \sigma^{ik} = \tilde{\sigma}(k = 1, 2, \cdots, 6)$$

而按照体积平均的规律有

$$\frac{f^{pik}}{f^{ik}}\sigma^{pik} + \frac{f^{mik}}{f^{ik}}\sigma^{mik} = \sigma^{ik}(k = 1, 2, \cdots, 6)$$

即

$$f^{pik}\sigma^{pik} + f^{mik}\sigma^{mik} = f^{ik}\sigma^{ik} \qquad (9-3)$$

因此

$$\frac{f^{pik}}{f^{ik}}\sigma^{pik} + \frac{f^{mik}}{f^{ik}}\sigma^{mik} = \tilde{\boldsymbol{\sigma}}(k = 1,2,\cdots,6)$$

即

$$f^{pik}\sigma^{pik} + f^{mik}\sigma^{mik} = f^{ik}\tilde{\boldsymbol{\sigma}} \qquad (9-4)$$

胞元模型中共包含有 7 个区域,其中有 6 个是界面区域,则由表 9 - 1 可知,涉及到的应力分量总个数为 78。通过对称关系,应力分量减少为 42 个。需要求解的应变分量与应力相对应,同样为 42 个,因此胞元模型中需要提供 84 个方程来获得上述结果。

材料的本构模型提供了应力与应变的方程,在考虑对称条件的情况下,沉淀相区域与 3 个界面区域中共包含有 7 组本构关系即 42 个方程。通过假设条件和对称关系,前述的方程可以提供 42 个应力分量之间的 24 个方程。这样,要获得全部的应力与应变分量,还需要 18 个方程,而这些方程由界面区域中的界面条件来提供,胞元中的全部应力和应变分量就可以通过这些方程获得。

9.1.2 界面条件

在界面上存在着应力平衡和变形连续两种限制条件,在垂直于坐标轴界面处具有以下的表达方程

$$\begin{Bmatrix} \sigma_{ii}^{p} \\ \tau_{ij}^{p} \\ \tau_{ik}^{p} \end{Bmatrix} = \begin{Bmatrix} \sigma_{ii}^{m} \\ \tau_{ij}^{m} \\ \tau_{ik}^{m} \end{Bmatrix} \qquad (9-5)$$

$$\begin{Bmatrix} \varepsilon_{jj}^{p} \\ \varepsilon_{kk}^{p} \\ \gamma_{jk}^{p} \end{Bmatrix} = \begin{Bmatrix} \varepsilon_{jj}^{m} \\ \varepsilon_{kk}^{m} \\ \gamma_{jk}^{m} \end{Bmatrix} \qquad (9-6)$$

由于应力已知,可以通过应力应变关系得到单相组块的应变,胞元计算的主要问题在于界面块中未知量的求解,在下一部分中可以看到胞元模型求解的具体过程。后文中还会分别对弹性和非弹性条件下求解胞元中未知量的方法进行具体讨论,重点在于探讨界面相中界面条件限制下应力与应变的求解方程。

9.1.3 胞元模型的线弹性行为及其方程

以柔度形式的胡克定律为例,单相材料的本构方程为

$$\boldsymbol{\varepsilon}^p = \boldsymbol{S}^p \boldsymbol{\sigma}^p \qquad (9-7)$$

$$\boldsymbol{\varepsilon}^m = \boldsymbol{S}^m \boldsymbol{\sigma}^m \qquad (9-8)$$

其中,$\boldsymbol{S}^p$ 和 $\boldsymbol{S}^m$ 分别表示 γ' 相和 γ 相的柔度张量。

在已知宏观应力 $\overline{\boldsymbol{\sigma}}$ 的情况下,要获得材料的宏观应变 $\overline{\boldsymbol{\varepsilon}}$ 需要计算出胞元中所有的组块的应变。

对于单相块,由 9.1.1 节假设(4)可知其应力,根据方程(9-7)或方程(9-8)便可以得到这些组块的应变。界面块的情况较复杂,但由其对称的性质可知垂直于同一坐标轴的界面块具有相同的应力和应变值,因此只需要计算其中 3 个界面块即可。每一个界面块中包含有 24 个未知量,而相应的方程包括方程(9-5)~方程(9-8),总数为 24,可以唯一确定界面块中的应力和应变分布。

定义 $f^p = \dfrac{f^{pik}}{f^{ik}}, f^m = \dfrac{f^{mik}}{f^{ik}}, f^p$ 和 f^m 分别为沉淀相和基体相在界面块 k 中的相对体积分数。则对一个确定的界面块 k,方程(9-4)可写为

$$f^p \boldsymbol{\sigma}^p + f^m \boldsymbol{\sigma}^m = \widetilde{\boldsymbol{\sigma}} \qquad (9-9)$$

为简化起见,将应力和应变写成向量形式,并按照方程(9-5)和方程(9-6)各自的分量写成

$$\boldsymbol{\sigma} = \begin{Bmatrix} \boldsymbol{\sigma}_a \\ \boldsymbol{\sigma}_b \end{Bmatrix}, \quad \boldsymbol{\varepsilon} = \begin{Bmatrix} \boldsymbol{\varepsilon}_a \\ \boldsymbol{\varepsilon}_b \end{Bmatrix}$$

式中:下标 a 表示对应应力平衡条件(9-5)的部分;下标 b 表示对应变形连续条件(9-6)的部分,因此,方程(9-5)、(9-6)、(9-7)和(9-8)可以分别写成

$$\boldsymbol{\sigma}_a^p = \boldsymbol{\sigma}_a^m \qquad (9-10)$$

$$\boldsymbol{\varepsilon}_b^p = \boldsymbol{\varepsilon}_b^m \qquad (9-11)$$

$$\begin{Bmatrix} \boldsymbol{\varepsilon}_a \\ \boldsymbol{\varepsilon}_b \end{Bmatrix} = \begin{bmatrix} \boldsymbol{S}_{aa} & \boldsymbol{S}_{ab} \\ \boldsymbol{S}_{ba} & \boldsymbol{S}_{bb} \end{bmatrix} \begin{Bmatrix} \boldsymbol{\sigma}_a \\ \boldsymbol{\sigma}_b \end{Bmatrix} \qquad (9-12)$$

而方程(9-9)可以写为

$$\begin{Bmatrix} f^p \boldsymbol{\sigma}_a^p + f^m \boldsymbol{\sigma}_a^m \\ f^p \boldsymbol{\sigma}_b^p + f^m \boldsymbol{\sigma}_b^m \end{Bmatrix} = \begin{Bmatrix} \widetilde{\boldsymbol{\sigma}}_a \\ \widetilde{\boldsymbol{\sigma}}_b \end{Bmatrix} \qquad (9-13)$$

由 9.1.1 节的假设(4)可知

$$\boldsymbol{\sigma}_a^p = \boldsymbol{\sigma}_a^m = \widetilde{\boldsymbol{\sigma}}_a \qquad (9-14)$$

及

$$f^p \boldsymbol{\sigma}_b^p + f^m \boldsymbol{\sigma}_b^m = \widetilde{\boldsymbol{\sigma}}_b \tag{9-15}$$

由方程(9-12)得

$$\boldsymbol{\varepsilon}_{bb}^p = \boldsymbol{S}_{ba}^p \boldsymbol{\sigma}_a^p + \boldsymbol{S}_{bb}^p \boldsymbol{\sigma}_b^p \tag{9-16}$$

$$\boldsymbol{\varepsilon}_{bb}^m = \boldsymbol{S}_{ba}^m \boldsymbol{\sigma}_a^m + \boldsymbol{S}_{bb}^m \boldsymbol{\sigma}_b^m \tag{9-17}$$

将方程(9-16)、方程(9-17)以及方程(9-14)代入方程(9-11),得

$$\boldsymbol{S}_{bb}^p \boldsymbol{\sigma}_b^p - \boldsymbol{S}_{bb}^m \boldsymbol{\sigma}_b^m = (\boldsymbol{S}_{ba}^m - \boldsymbol{S}_{ba}^p) \widetilde{\boldsymbol{\sigma}}_a \tag{9-18}$$

利用方程(9-15),得

$$(f^m \boldsymbol{S}_{bb}^p + f^p \boldsymbol{S}_{bb}^m) \boldsymbol{\sigma}_b^p = \boldsymbol{S}_{bb}^m \widetilde{\boldsymbol{\sigma}}_b + f^m (\boldsymbol{S}_{ba}^m - \boldsymbol{S}_{ba}^p) \widetilde{\boldsymbol{\sigma}}_a \tag{9-19}$$

方程(9-19)可以直接求解得到 $\boldsymbol{\sigma}_b^p$,进而得出当前界面块 k 的全部未知量。

9.1.4 胞元模型的非弹性行为及其方程

在单晶材料中沉淀相为强化相,由此假设非弹性变形仅限于基体材料。常用的 von Mises 形式的非弹性本构关系以及基于 Norton 律的蠕变方程均可以写成

$$\dot{\boldsymbol{\varepsilon}}^{in} = \dot{\boldsymbol{\varepsilon}}_r^{in} + \lambda(\boldsymbol{\varepsilon}^{in}, \boldsymbol{\sigma}) \boldsymbol{\sigma}' \tag{9-20}$$

这里的 $\boldsymbol{\sigma}'$ 代表偏应力,$\dot{\boldsymbol{\varepsilon}}_r^{in}$ 代表与偏应力成线性关系之外的非弹性应变速率,而 $\lambda(\boldsymbol{\varepsilon}^{in}, \boldsymbol{\sigma})$ 则是表示非弹性应变速率与应力偏量之间比例关系的系数,这里的 $\dot{\boldsymbol{\varepsilon}}_r^{in}$ 和 $\lambda(\boldsymbol{\varepsilon}^{in}, \boldsymbol{\sigma})$ 来自当前的变形状态和非弹性变形历程以及应力状态。

显然这种情况下,在每一步的计算结束后需要记录材料中的非弹性变形,而界面块 k 中的变形连续条件需要改写成

$$\boldsymbol{\varepsilon}_b^p = \boldsymbol{\varepsilon}_b^{me} + \boldsymbol{\varepsilon}_b^{min} \tag{9-21}$$

为便于与原有的方程结合,非弹性变形方程(9-20)改写成

$$\begin{Bmatrix} \dot{\boldsymbol{\varepsilon}}_a^{in} \\ \dot{\boldsymbol{\varepsilon}}_b^{in} \end{Bmatrix} = \begin{Bmatrix} \dot{\boldsymbol{\varepsilon}}_{ra}^{in} \\ \dot{\boldsymbol{\varepsilon}}_{rb}^{in} \end{Bmatrix} + \lambda \begin{bmatrix} \boldsymbol{K}_{aa} & \boldsymbol{K}_{ab} \\ \boldsymbol{K}_{ba} & \boldsymbol{K}_{bb} \end{bmatrix} \begin{Bmatrix} \boldsymbol{\sigma}_a \\ \boldsymbol{\sigma}_b \end{Bmatrix} \tag{9-22}$$

式中:$\boldsymbol{K}$ 表示应力和应力偏量之间的关系。

显然,在时间增量 Δt 内,非弹性应变的增量即 $\dot{\boldsymbol{\varepsilon}}^{in} \Delta t$,而这个 Δt 中发生的过程仍然要满足应力平衡和变形连续条件。因此。通过增量形式的变形条件和弹性应变的柔度方程等,可以得到

$$\boldsymbol{S}_{bb}^p \Delta \boldsymbol{\sigma}_b^p - (\boldsymbol{S}_{bb}^m + \lambda \Delta t \boldsymbol{K}_{bb}) \Delta \boldsymbol{\sigma}_b^m = \dot{\boldsymbol{\varepsilon}}_{rb}^{min} \Delta t + (\lambda \Delta t \boldsymbol{K}_{ba} + \boldsymbol{S}_{ba}^m - \boldsymbol{S}_{ba}^p) \Delta \widetilde{\boldsymbol{\sigma}}_a$$

$$\tag{9-23}$$

利用方程(9-15)的关系,整理后得到

$$\boldsymbol{S} \Delta \boldsymbol{\sigma}_b^p = \Delta \boldsymbol{\varepsilon}_b \tag{9-24}$$

式中

158

$$S = f^m S_{bb}^p - f^p (S_{bb}^m + \lambda \Delta t K_{bb}) \qquad (9-25)$$

$$\Delta \boldsymbol{\varepsilon}_b = f^m \dot{\boldsymbol{\varepsilon}}_{rb}^{min} \Delta t + f^m (\lambda \Delta t K_{ba} + S_{ba}^m - S_{ba}^p) \Delta \widetilde{\boldsymbol{\sigma}}_a + (S_{bb}^m + \lambda \Delta t K_{bb}) \Delta \widetilde{\boldsymbol{\sigma}}_b \qquad (9-26)$$

利用 t 时刻的应力和累积非弹性应变可以计算得到需要的 $\dot{\boldsymbol{\varepsilon}}_{rb}^{min}$ 和 $\lambda(\boldsymbol{\varepsilon}^{in}, \boldsymbol{\sigma})$，通过迭代得到界面块 k 中的全部应力和应变未知量。

9.2 微观组织的几何特征与材料宏观力学行为模拟

9.2.1 计算模型

本节根据前面给出的胞元方法，从微观的角度，说明如何利用本构模型，计算预报微结构差异、γ' 体积比对材料宏观力学行为的影响。

通过胞元来描述镍基单晶合金材料力学行为，影响力学特性的因素就包括胞元中两种单相材料的力学特性以及两者之间的关系。

沉淀相和基体相两种材料的弹性参数来自于公开文献，见表 9-2。从表中可见，两者的杨氏模量是一致的，泊松比也比较接近，主要的差异表现在剪切模量上。

表 9-2 两种单相材料的弹性常数

	E/GPa	ν	G/GPa
γ' 相	85000.0	0.403	118000.0
γ 相	85000.0	0.399	10500.0

胞元的各个区域中，基体相仅仅在界面区域中出现，而基体与沉淀相之间存在的关系即来自界面条件，这种条件是已经限定的。因此，胞元模型中影响材料性能的可变因素必然来其他方面。首先，正如前面所提到的，胞元模型主要关注的问题是不同的沉淀相体积含量和几何特性对宏观材料性能的影响。下文中的相关工作涉及到三种典型微结构。图 9-3 显示了高温下不同试验条件(b 和 c 分别为压缩蠕变和拉伸蠕变)得到的筏化组织及其相应的胞元划分[166]。这里取胞元中沉淀相的体积含量为 70%，在保持沉淀相体积不变的情况下改变其几何形态，以研究沉淀相几何性质的变化对宏观力学性能的影响。按照前面的条件，胞元的特征尺寸为 a 和 h，则不同的几何特征也会表现为这两个特征尺寸的变化。

其次，基体材料的非弹性变形结合沉淀相的几何形态变化可能引起复杂的宏观行为。在下文中，将针对材料的弹性、塑性和蠕变行为引入对应的本构

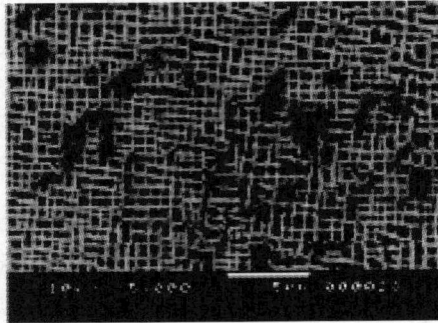

(a)

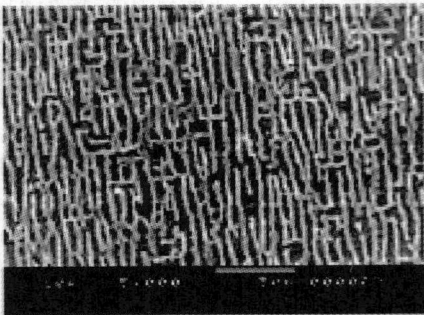
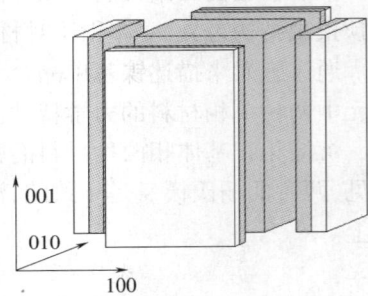

(b)

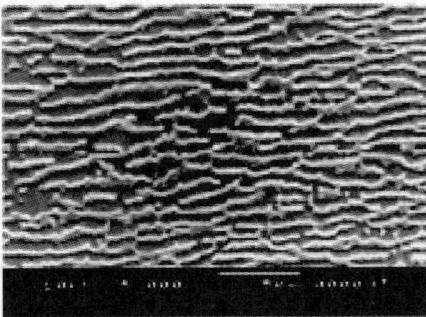
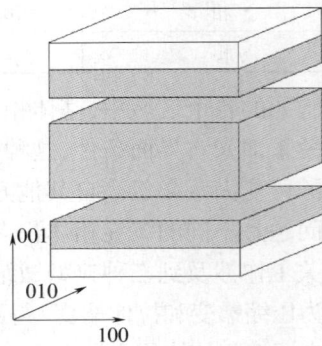

(c)

图 9 - 3　三种不同几何形态的沉淀相及其胞元模型[166]

（a）立方体；（b）针状；（c）板状。

模型。

9.2.2 微观几何因素对弹性行为的影响

在弹性性能分析中,主要关注的是材料的体积含量和几何特征的变化对材料宏观弹性参数的影响,而弹性分析中使用的全部计算方程均可见前文。由于镍基单晶材料的力学行为所具有的方向相关性,下面所有涉及到的结果都会考虑方向的影响。

通常而言,对于试验使用的圆棒单晶试样,对晶体方向的测量给出的是试样主轴方向在晶体坐标系中的方向,即图9-4中的 z 向,它与材料主轴[001]方向存在一定的角度偏差,这对材料的性能产生主要影响。图9-4中显示为 x 向和 y 向的坐标轴与[100]和[010]方向的角度偏差也对材料的宏观性能产生一定的影响,但这一点通常关注甚少。

在对特定方向的材料宏观性能进行预测时,首先要确定坐标系。为了表示前面提到的 z 向确定时 x 和 y 的变化,建立起如图9-5中的方向定义。图中的平面 A 和 B 的法向分别为<001>和 z 向,x' 表示两个平面的相交线。角度 ϕ 和 λ 唯一确定了 z 轴在材料坐标系中的方向。显然,无论 x 和 y 如何变化,都只能限定在平面 B 内,在这个平面内部,定义 x 与 x' 之间的角度为 θ,则 x 和 y 在晶体系中的方向也可以确定下来。这种定义下,从 xyz 系向材料系的转换矩阵为

$$
\begin{bmatrix}
\cos\lambda\cos\theta + \cos\phi\sin\lambda\sin\theta & \cos\phi\sin\lambda\cos\theta - \cos\lambda\sin\theta & \sin\phi\sin\lambda \\
-\sin\lambda\cos\theta + \cos\phi\cos\lambda\sin\theta & \cos\phi\cos\lambda\cos\theta + \sin\lambda\sin\theta & \sin\phi\cos\lambda \\
-\sin\phi\sin\theta & -\sin\phi\cos\theta & \cos\phi
\end{bmatrix}
$$

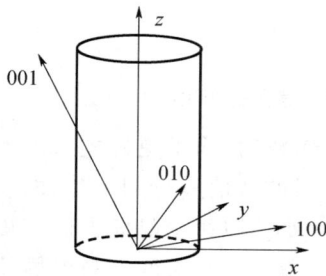

图9-4 单晶试样的总体坐标系(x,y,z)
与材料的晶体坐标系

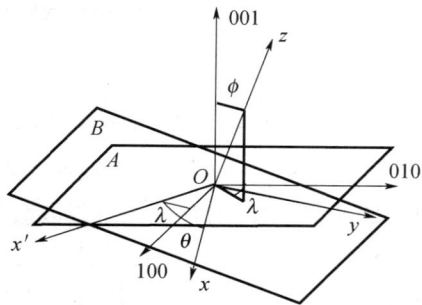

图9-5 结构坐标系与材料
坐标系之间的角度

通过改变胞元中 γ' 相的体积含量以及几何形态,计算对应的弹性响应,可以获得宏观弹性参数与微观因素的关系。为了考虑不同晶向上弹性性能的变化,选择了7个晶体取向进行计算。给定 z 轴在材料坐标系中的方向,可通过 θ

角从 0°~360°变化过程中的弹性响应来观察坐标轴(x 和 y)的变化对弹性性能的影响。载荷施加在 z 轴方向上,因此,关注的材料参数包括弹性模量 E_{33},剪切模量 G_{31} 和泊松比 ν_{31}。选择的方向即 z 轴的方向,包括:

（1）常用的对称方向[001],[011]和[111];

（2）非对称方向,[0.4　0.25　1.0];

（3）与[001]方向成 10°夹角,分别位于[001]—[011]和[001]—[111]边界以及两者之间的三个方向(见图 9 - 6)。

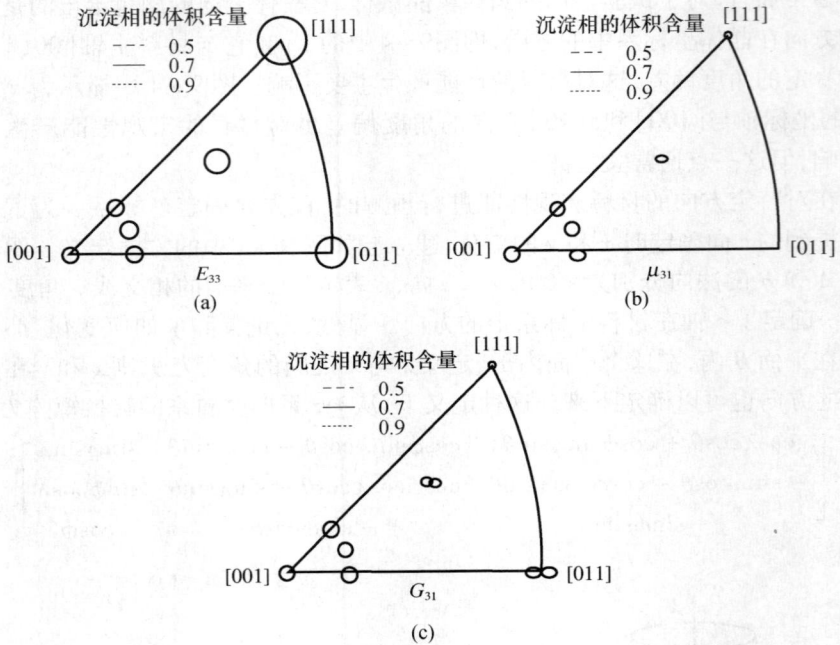

图 9 - 6　不同 γ′相体积含量下的单晶弹性参数的变化(归一化)

由于主要关注的是各种因素的影响而非具体数值,为了更好地反映各个方向上的性能差异,对每一个材料参数使用 $\phi=0$ 时的数值进行归一化,即表示的是材料性能与[001]方向材料性能之间的相对大小。以每个晶体方向在极射三角形上的投影点为圆心,利用 θ 从 0°~360°的各角度值对应的材料参数绘制成封闭的曲线。

首先,对比不同 γ′相体积含量对应的弹性参数,得到的结果如图 9 - 6所示。

从几组计算结果看,γ′相的含量对材料的性能影响并不明显,但从表 9 - 2中可以看到两种单相材料的杨氏模量相同,泊松比的区别也不明显,只有剪切模量有较大的差别。可以判断出是基本性能参数的近似决定了不同的胞元得到的结果相似。

杨氏模量 E_{33} 仅与 z 的方向相关，而剪切模量 G_{31} 和泊松比 μ_{31} 则随着方向的变化呈现出较复杂的情况，不同的 z 向上 θ 角对材料性能有着不同的影响。在晶向与 $[001]$ 成 $10°$ 夹角的 3 个方向上，θ 角造成的差别有着明显的变化。对比 3 组曲线，$[001]-[111]$ 边界上的曲线表明 x,y 坐标轴的变化并不导致明显的变化，而在 $[001]-[011]$ 边界处已经可以看到显著的随 θ 变化而出现的差别。

从上述计算结果看，由于两种单相材料性能的接近，γ' 相体积含量对材料宏观性能的影响并不明显。

将 γ' 相的体积含量固定为 0.7，改变其几何形态，同样可以得到相似的一组曲线，如图 9-7 所示。

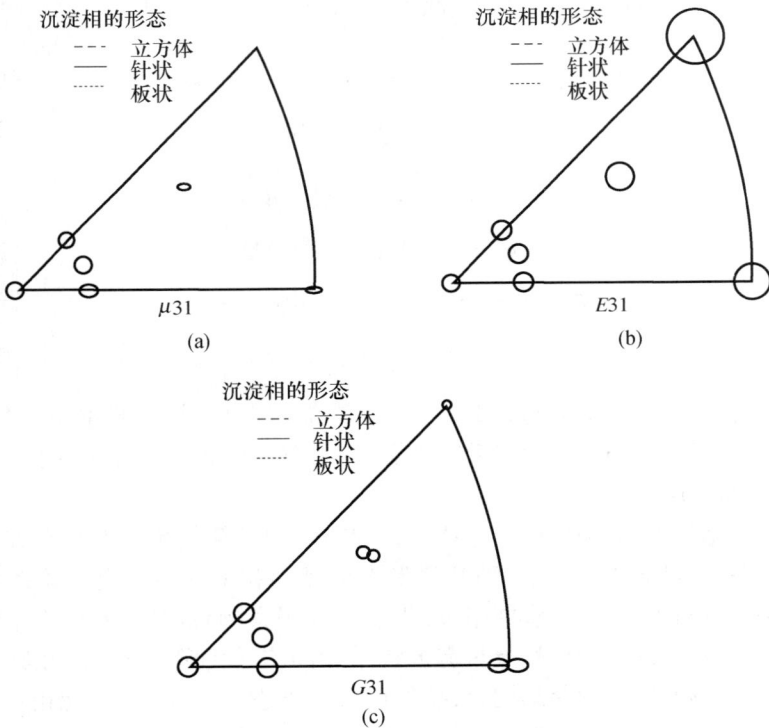

图 9-7　体积含量为 0.7 时不同 γ' 相形态的单晶弹性参数

从图 9-7 的结果看，虽然改变了胞元模型中 γ' 相的几何形态，单晶材料的弹性参数并不发生变化。显然，从胞元模型的方程组中获得的结果并不受几何形态的影响。

从体积含量和几何形态两组结果看,胞元模型在弹性问题上,表现出的性能与常用的复合材料体积分数算法相似,整体性能中可以反映出不同组分的体积分数关系,但微观几何形态造成的结果并没有体现到材料的宏观性能中。

9.2.3 微观几何因素对塑性行为的影响

对于材料的非弹性行为,主要研究的是 γ' 相的几何形态对材料宏观性能的影响,向 3 种不同几何形态 γ' 相的胞元模型施加大小相同的载荷来观察几何形态变化的影响。

为了描述塑性过程,采用滑移系上的 Chaboche 类型本构模型描述 γ 相的非弹性行为,使用的本构方程如下[151]:

$$\dot{\gamma}_v^\alpha = \left\langle \frac{\mid \tau^\alpha - x^\alpha \mid - r^\alpha}{K} \right\rangle^n \mathrm{sign}e(\tau^\alpha - x^\alpha) \qquad (9-27)$$

$$x^s = c^s a^s \qquad (9-28)$$

$$r^s = r_0^s + \sum_j H_{sj} b^j Q^j q^j \qquad (9-29)$$

$$\dot{a}^s = \varphi(v^s)\dot{\gamma}_v^s - \mid \dot{\gamma}_v^s \mid d^s a^s \qquad (9-30)$$

$$\dot{q}^s = \mid \dot{\gamma}_v^s \mid (1 - b^s q^s) \qquad (9-31)$$

$$\varphi(v^s) = \phi + (1 - \phi)\exp(-\delta v^s) \qquad (9-32)$$

$$v^s(t) = \int_0^t \mid \dot{\gamma}_v^s(u) \mid \mathrm{d}u \qquad (9-33)$$

函数符号 < > 的意义同 3.1.2 节,该本构模型是一维型式本构模型,各滑移系之间的相互作用通过硬化矩阵 $\boldsymbol{H}_{ij}$ 实现;其中 c, r_0, d, b 是材料参数。

1. 单调拉伸

从计算结果看,与前面的结果相似,图 9-8 中计算结果仍然具有方向相关的特性。在 <111> 方向上,3 种几何形态的沉淀相的应力—应变关系非常接近。<001> 方向上,虽然结果相近,仍然可以观察到针状 γ' 相的拉伸性能最好,而在同样水平的应力作用下具有板状 γ' 相的胞元变形最强烈。在其他几个方向上,三种胞元的变形差异明显,拉伸行为同样是针状形式的胞元相对变形最小,立方形式的胞元次之,而平板形态的胞元变形最大。

2. 循环塑性

与上一部分相似,向 3 种胞元上施加相同的载荷条件,观察不同方向上的应力应变关系。图 9-9 中给出的是几个方向上的稳定滞回线。同样地,<111> 方向上不同几何特征的胞元具有相当接近的结果。在另外的 3 个方向上,无论

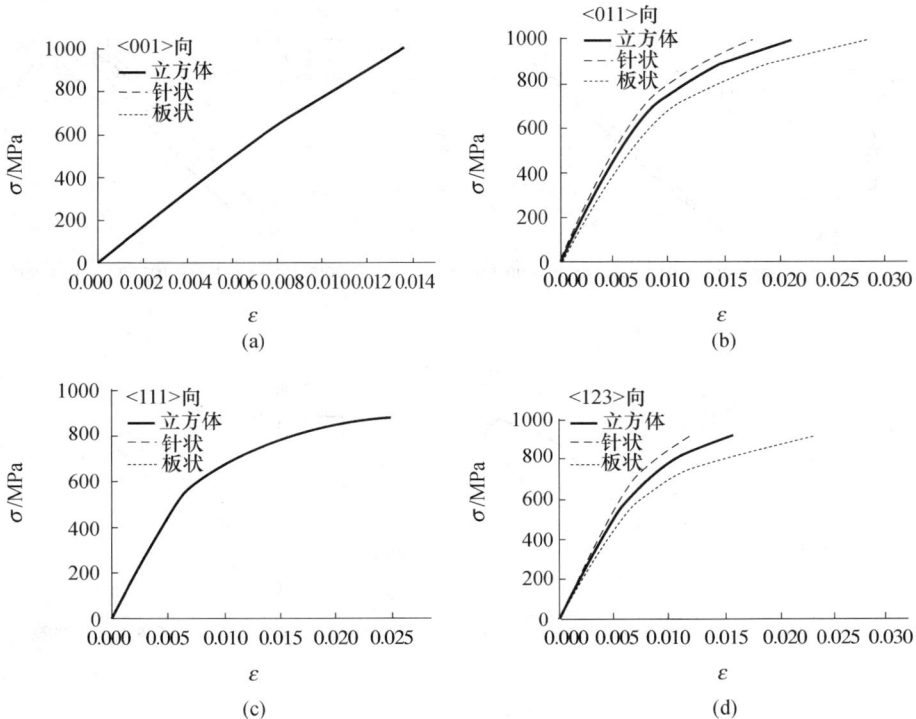

图 9 – 8   各方向上的不同 γ′ 相几何形态的单调拉伸曲线

是对称方向如 <001> 和 <011>，还是 <123> 方向，都是以针状胞元的滞回线围成的面积最小。在相同应力载荷作用下，这些结果表明，当胞元具有针状的沉淀相，循环性能最好，立方体形式的沉淀相次之，而平板状的 γ′ 相导致最恶劣的循环性能。对比这些稳态循环曲线与前面的单调拉伸曲线，结果是完全一致的。

　　从上面的单调拉伸和循环两方面的计算结果看，沉淀相的几何形态对单晶材料的塑性行为有着强烈的影响。虽然具体的程度随晶体取向而有所变化，大部分的计算结果都表明 N 型筏化形成的针状沉淀相具有最好的塑性性能，而 P 型筏化后的板状组织在胞元中造成了相对而言最差的塑性性能。另一方面，方向对几种胞元之间的性能差异有着明显的影响，几个典型对称方向上 <011> 方向体现出最强烈的差别，<001> 方向上几何因素造成的变化已经很不明显，而 <111> 方向上几乎观察不到几种胞元获得的塑性行为有所区别。如果考虑到实际的涡轮叶片中通常使用以单晶的 <001> 方向作与叶型累积线之间的角度作为主要检验标准，从 <001> 方向的结果看，沉淀相几何形态造成的塑性行为

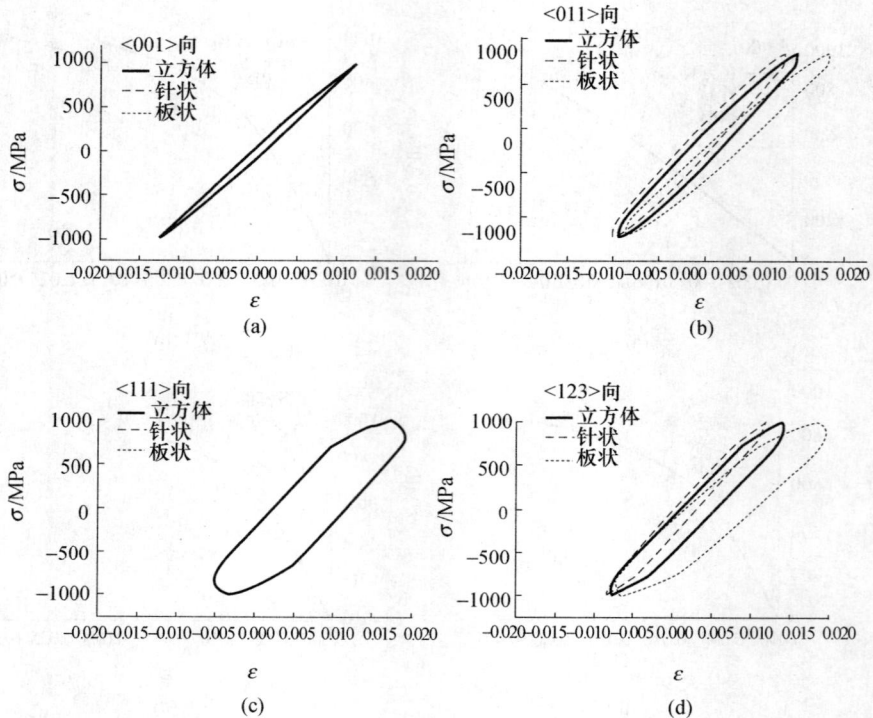

图 9-9 各方向上不同 γ′ 相几何形态应力控制稳态循环曲线
（应力比 R = -1）

差别并不明显。

9.2.4 微观几何形态对蠕变行为的影响

同前面模拟塑性行为一样,对材料的蠕变行为也针对不同的方向和不同的 γ′ 相几何形态进行计算。

发生筏化的温度超过 900℃,这种条件下单晶合金的蠕变变形主要来自位错滑移以及大量的攀移现象。计算主要关注的当结构具有不同的几何特征时攀移变形的相关特点。

攀移现象主要出现在高温条件下。与滑移有所不同,攀移发生时位错运动可以不受滑移平面和滑移系的限制,能够在外加驱动力的作用下向任意方向运动。按照前面的假设条件,这里仍然不考虑沉淀相中的位错活动,非弹性变形仅限于基体相中。这种条件下沉淀相称为攀移活动的障碍,攀移变形的速率与其变形相关的基体通道成正比。

166

对比图 9-3 中的胞元的基体部分,可以看到基体区域的显著差异。按照图 9-3 中的界面区域划分,可以得到 3 个典型方向上单一胞元内基体相特征尺寸,具体数值见表 9-3。表中的下标 c,n 和 p 表示胞元的几何特征。

由于沉淀相的体积含量已经确定,从几何关系可以推知, $h_c = 0.05a$, $h_n = 0.075a$, $h_p = 0.15a$ 。

表 9-3 胞元内基体相特征尺寸

沉淀相的几何形态	界面区域中的界面法向	晶 向		
		001	011	111
立方体	100	a	$\sqrt{2}h_c$	$\sqrt{3}h_c$
	010	a	$\sqrt{2}a$	$\sqrt{3}h_c$
	001	h_c	$\sqrt{2}h_c$	$\sqrt{3}h_c$
针状	100	a	$\sqrt{2}h_n$	$\sqrt{3}h_n$
	010	a	$\sqrt{2}a$	$\sqrt{3}h_n$
	001	0	0	0
板状	100	0	0	0
	010	0	0	0
	001	h_p	$\sqrt{2}h_p$	$\sqrt{3}h_n$

这里对 γ 相的蠕变变形采用 Norton 律方程,蠕变应变率和应力偏量之间的关系为

$$\dot{\boldsymbol{\varepsilon}}^{\text{creep}} = \lambda \boldsymbol{\sigma}' \tag{9-34}$$

或者写成分量的形式

$$\dot{\varepsilon}_{ij}^{\text{creep}} = \frac{3}{2}\dot{\varepsilon}_0 \frac{\sigma'_{ij}}{\sigma_{eq}} \tag{9-35}$$

式中

$$\dot{\varepsilon}_0 = A(\sigma_{eq})^n$$

$$\sigma_{eq} = \sqrt{\frac{3}{2}\sigma'_{ij}\sigma'_{ij}}$$

$$\sigma'_{ij} = \sigma_{ij} - \frac{1}{3}\sigma_{ii}\delta_{ij}$$

正如前面提到的,攀移距离与蠕变速率之间存在着,由于基体部分在不同的方向上具有不同的尺寸,这种影响应当是各向异性的。为了反映这种关系,将上面的方程修正为

$$\dot{\varepsilon}_{ij}^{\text{creep}} = \frac{3}{2}\dot{\varepsilon}_0 \frac{\sigma'^{eff}_{ij}}{\sigma^{eff}_{eq}} \tag{9-36}$$

其中各量也调整为

$$\dot{\varepsilon}_0 = A\left(\sigma_{eq}^{eff}\right)^n$$

$$\sigma_{eq} = \sqrt{\frac{3}{2}\sigma'^{eff}_{ij}\sigma'^{eff}_{ij}}$$

$$\sigma'^{eff}_{ij} = M_{ij}\sigma'_{ij} = M_{ij}\left(\sigma_{ij} - \frac{1}{3}\sigma_{ii}\delta_{ij}\right)$$

式中：M_{ij} 表示方向的影响。

各种几何特征下基体相的特征尺寸见表 9 - 3。

利用上述方程,施加大小为 400MPa 的恒定载荷,观察不同的晶体方向上三种几何形态沉淀相对应的胞元所表现出的蠕变变形过程,计算得到的结果见图 9 - 10。

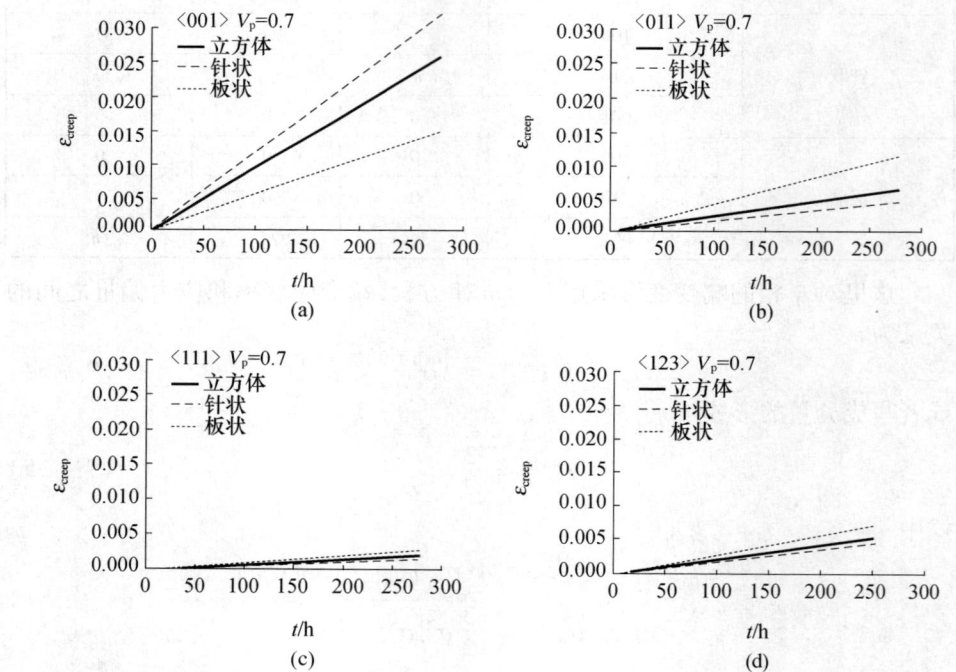

图 9 - 10　不同几何形态沉淀相对应的蠕变曲线

可以看到,具有不同形态沉淀相的胞元表现出不同的蠕变性能。整体上,无论胞元中含有哪种形状的沉淀相,蠕变变形的速率都是以 <001> 方向最大,<011> 向次之,而 <111> 方向蠕变变形最小。

与前面的塑性行为相比,蠕变曲线显示出更为复杂的变化规律。三个方向上都为针状沉淀相的胞元蠕变变形最小,而平板沉淀相的胞元则蠕变变形最大。

但是在 <001> 方向上,平板形状的沉淀相限制了基体中载荷方向上的位错活动,大大改善了材料的蠕变性能。这种计算方法相当于使用预筏化过的试样进行蠕变试验。显然,在其他条件不变的情况下 P 型筏化更有利于保证材料的蠕变性能。对于实际使用的高温合金结构,在长时间拉伸载荷的作用下,P 型筏化的方向总是垂直于拉伸应力,也因此可以保证单晶合金不因为高温下微观组织的不稳定而损失过多的蠕变抗力。

9.3　胞元模型的局限

本章从镍基单晶合金微结构特征的角度,采用胞元方法对材料的应力应变关系进行了建模,并且对于像单晶这样的简单晶体材料,也要进行大量的简化,目前,这类方法还正在进一步的研究中。虽然现在已可以把这类模型与有限元方法结合起来,但计算量大,效率低,使得目前的应用主要限于材料的研究,可否用于结构的分析,有赖于更好的模型和计算方法。但是可在下面几个方面开展进一步的工作。

(1) 在有关晶体的各种计算理论中,Sachs 条件这一假设导致了材料中硬化相未能充分承担载荷,使得最终的结果偏"软"。如果引入能反映应力不均匀特点的分布函数,应力与应变的计算结果可以更接近实际情况。

(2) 目前并未考虑到沉淀相的非弹性变形过程,而在实际的某些载荷条件下位错可以切入沉淀相,说明沉淀相也可能发生非弹性变形。

(3) 模型无内禀尺寸,并不能区分微米尺度与毫米尺度。在单晶的微观组织中发生的各种现象无疑是局部化的,有必要在相的尺度上计及应力/应变梯度的影响。

(4) 模型中各个部分的尺寸是固定的,如果结合材料研究获得的筏化规律,可以实现载荷作用下单晶的组织演化过程,并更详尽地反映材料的宏观力学行为。

第10章 热障涂层粘塑性本构模型及应用

航空发动机涡轮前温度的不断提高是航空发动机更新换代的重要标志之一。目前先进涡扇发动机的涡轮前温度已经达到了 2200K 左右,已远超过金属的熔点,因此,对发动机热端部件的设计工作就提出了新的、更高的要求。热端部件尤其是涡轮叶片耐久性与可靠性的提高,可通过下述途径实现:①改进材料以提高其耐高温性能,如采用定向结晶或单晶高温合金材料。②开发更有效的冷却技术以降低材料温度,如通过气膜来降低基体结构的温度。③采用先进的隔热技术,如热障涂层防护技术。

针对高温合金材料的粘塑性本构理论,在前几章我们已经做了详细的阐述与研究。本章将以等离子喷涂工艺的热障涂层为研究对象,重点关注其在高温下的变形特点,开展基于有限变形理论的陶瓷层材料粘塑性本构模型的建模与实现技术研究。首先,简要介绍热障涂层结构特点以及高温条件下的力学特征;然后,建立具有陶瓷高温变形特征的材料非线性问题与几何非线性问题相互耦合的有限元分析方法。最后,与 ABAQUS 软件的相结合并模拟陶瓷层材料在不同温度下的力学行为。

10.1 等离子工艺热障涂层结构及高温变形特征

热障涂层(Thermal Barrier Coatings,TBCs)是为满足航空发动机发展的需要而于 20 世纪 60 年代开发出来的一种表面热防护技术,其最初的设计思想是利用陶瓷材料优越的耐高温、抗腐蚀和低导热等性能,以涂层的方式将陶瓷与金属基体相复合,在提高热端部件抗高温腐蚀能力的同时,使其能够承受更高的使用温度。采用热障涂层技术以后,可以在保持原有设计的基础之上,减少用作叶片冷却的空气量,从而提高发动机的推力。研究成果表明,当陶瓷层的厚度约为 0.25mm 时,基体表面的温降最多可以达到 149℃。热障涂层最初的应用仅仅局限于航空发动机燃烧室的加力筒体和火焰筒等部位,而后随着制备技术的发展,已逐渐应用于导向叶片和转子叶片。

热障涂层由隔热陶瓷层(Top Coat,TC)、金属粘结层(Bond Coat,BC)组成。按结构区分,热障涂层主要包括双层结构、多层结构和梯度结构三种体系。这三种涂层体系各有特点,根据不同的实际工况要求,可以采用不同的结构体系。典型的等离子双层热障涂层结构,如图 10 - 1 所示。

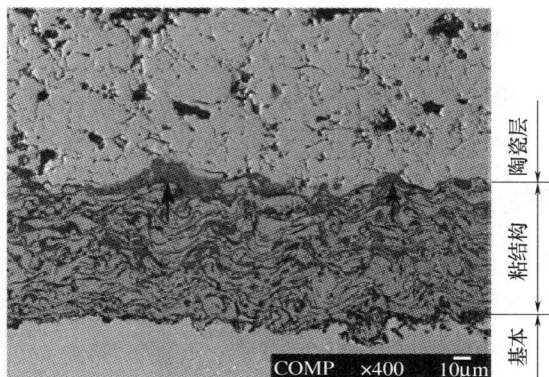

陶瓷层 粘结层 基本

COMP ×400 10μm

图 10 - 1　热障涂层结构 SEM 图

隔热陶瓷层一般是在 ZrO_2 中加入 6% ~8% 的 Y_2O_3。为了缓解陶瓷层和基体合金之间的热不匹配作用,在基体合金和陶瓷层之间加入一层金属粘结层,应用较为广泛的粘结层主要分为两类:MCrAlY(其中 M 代表 Ni 或 Ni、Co 合金)和 PtAl 粘结层。随着热障涂层技术在航空发动机热端部件的广泛应用,针对复杂结构体系,分析方法的建立与破坏研究变得日益重要。已有的实验研究表明,陶瓷层材料具有粘塑性变形特征,冷却速率对于涂层失效有重要影响。试验结果指出,等离子涂层中的陶瓷层材料具有显著的拉压不对称特性,其中压缩屈服应力与拉伸屈服应力之比最大可以达到 10。另外,对于陶瓷等非金属材料来讲,其变形行为具有静水应力相关的性质。

在热障涂层的受力分析方面,目前采用的方法分为解析法和有限元法。解析法包括轴对称弹性分析模型,轴对称弹塑性分析模型等;有限元法包括耦合氧化层增长的弹塑性模型,耦合粘结层蠕变和氧化层增长的弹性模型,以及基于有限元分析的断裂力学方法等。可见,以上研究中均假设陶瓷层材料的变形为线弹性或理想弹塑性,显然,由此得到的应力计算结果是不准确的。因此,采用准确的材料本构模型对于明确等离子涂层的失效机理有重要作用,需要建立适合于陶瓷层材料的先进本构模型。NASA 早期的研究中采用了 Walker 模型来描述陶瓷层材料的加载速率相关和蠕变等非线性性质。考虑到隔热陶瓷层拉压不对称及静力压力相关的特点,可采用 Willam-Wamke 模型作为屈服函数,内变量的演化方程采用与前面粘塑性本构模型类似的方程。采用此模型对热障涂层材料结构进行非线性有限元分析,可以很好地体现其变形特征。另外,在热循环载荷作用下,当陶瓷层与粘结层发生分离以后,会出现大规模屈曲的破坏模式。因此,针对这种现象进行力学行为分析时,需要建立基于有限变形理论的粘塑性本构模型。

10.2　基于有限变形理论的粘塑性统一本构方程

10.2.1　陶瓷层材料的弹性本构关系

对于有限变形问题,当材料的弹性应变远小于1,且应变度量是采用变形速率形式给出时,则总应变率可以分解成弹性应变率与非弹性应变率之和。首先,由试验数据可知,陶瓷层材料满足弹性应变远小于1的假设。其次,当陶瓷层材料进入非弹性状态以后,其应力和应变之间不再存在一一对应的关系,而是依赖于变形历史。这时,定义材料的本构关系就不能采用全量形式,而应采用联系应变微分和应力微分的速率形式。选取变形速率张量和Kirchhoff应力的Jaumman应力率张量来定义有限变形下材料的本构关系,陶瓷层材料粘塑性本构方程中的弹性应力应变关系可以写成

$$
\begin{cases}
\tau_{ij}^{\triangledown} = C_{ijkl}(\dot{D}_{kl} - \dot{D}_{kl}^{\text{in}}) + \mathring{\tau}_{ij}, \tau_{ij} = \sigma_{ij}\det(F) \\[2mm]
C_{ijkl} = \dfrac{E\nu}{(1+\nu)(1-2\nu)}\delta_{ij}\delta_{kl} + \dfrac{E}{2(1+\nu)}(\delta_{ik}\delta_{jl} + \delta_{il}\delta_{jk}) \quad (10-1) \\[2mm]
\mathring{\tau}_{ij} = \mu_7(\tau_{ik}(\dot{D}_{kj} - \dot{D}_{kj}^{\text{in}}) + (\dot{D}_{ik} - \dot{D}_{ik}^{\text{in}})\tau_{kj})
\end{cases}
$$

式中:$\tau_{ij}^{\triangledown}$为Kirchhoff应力的Jaumman应力率张量;C_{ijkl}为由材料性能参数构成的四阶张量;$\dot{D}^{kl}$为总变形速率张量;$\dot{D}_{ij}^{\text{in}}$为非弹性变形速率张量。附加项$\mathring{\tau}_{ij}$是为了消除次弹性形式本构方程由于发生大的剪切应变而引起的附加摆动。

本构方程(10-1)的表达形式称为次弹性形式。Atluri指出,当本构方程由小变形情况推广到有限变形情况的时候,Jaumman应力率的各种定义都是等价的,而本构方程的形式应该发生相应的变化,因此方程(10-1)中增加了附加项。方程(10-1)表示材料本构行为引起的应力增量,消除了大变形过程中由于材料旋转效应对计算结果的影响,为建立有限变形条件下陶瓷层材料粘塑性本构方程提供了前提和基础。显然,这种次弹性形式的本构方程很适合采用增量法进行数值求解,可以借助在每个时间段内采用速率型的本构关系,体现整个过程的材料非线性,同时,在每个时间段末了通过考虑构形的变化来体现几何非线性。

10.2.2　陶瓷层材料拉压不对称特性粘塑性本构模型

等离子热障涂层中陶瓷层材料的主要变形特征,如拉压不对称以及静水应力相关等,需要通过材料的屈服函数来得以体现。因此,在建立与屈服面相关联的粘塑性本构模型时,恰当地选取材料屈服函数至关重要。在岩土类材料领域,Willam-Warnke[167]提出的破坏准则能够表征材料的拉压不对称以及静水压力相关特性,并且模型具有外凸和光滑的几何特征。因此,由该模型得到陶瓷层材料的流动势函数,并推导出粘塑性本构方程的做法是合适的,可以保证非弹性流动问题的合理性和解的唯一性,符合材料的稳定性假设,并且与热力学第二定律相一致。本章将 Willam-Warnke 模型的破坏曲面视为陶瓷层材料的屈服曲面,并且在推导过程中统一将破坏定义为屈服,通过引入 Willam-Warnke 模型作为屈服函数,实现了陶瓷层材料的粘塑性本构模型。

Willam-Warnke 模型在偏平面上的迹线具有 3 个对称轴[168],如图 10-2 所示。采用椭圆曲线对 $0° \leqslant \theta \leqslant 60°$ 范围内的迹线进行近似,θ 称为相似角,可由应力偏量的第二不变量和第三不变量来表示,是应力状态的函数。因此,只要确定出该椭圆方程,就能够得到材料在整个偏平面上的屈服曲线。首先考虑 π 平面上 $0° \leqslant \theta \leqslant 60°$ 范围内的迹线,推导出椭圆曲线方程。然后再叠加静水压力项,就可以得到三维主应力空间中完整的屈服曲面。

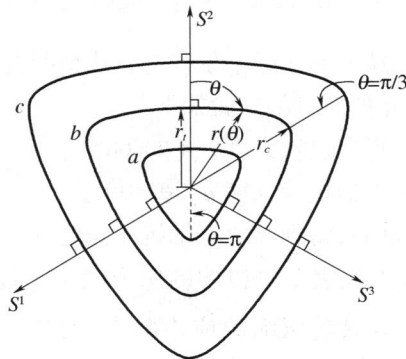

图 10-2　沿静水应力轴正向等高度的屈服面在 π 平面上的投影

根据图 10-2 的几何关系可以得到[168]

$$r(\theta) = \frac{u(\theta)}{\nu(\theta)} = \frac{2r_c(r_c^2 - r_t^2)\cos\theta + r_c(2r_t - r_c)\left[4(r_c^2 - r_t^2)\cos^2\theta + 5r_t^2 - 4r_t r_c\right]^{1/2}}{4(r_c^2 - r_t^2)\cos^2\theta + (r_c - 2r_t)^2}$$

$$(10-2)$$

在偏平面上,材料屈服曲线应该满足 $0.5 < r_t < r_c \leqslant 1.0$ 的条件,以保证屈服面具有外凸的特性。当 $r_t = r_c = r_0$ 时,Willam-Warnke 模型退化为两参数的 Drucker-Prager 屈服准则,但是保留了材料的静水应力相关特性。当 $r_t = r_c = r_0$ 且 $\rho = \infty$ (ρ 为静水拉伸破坏应力)时,模型退化为 Von Mises 屈服准则。

下面推导沿拉伸和压缩子午线上屈服面迹线的表达式,以得到基于静水压力相关的,在三维主应力空间中完整的屈服曲面。取横轴为静水应力轴,用 σ_m 来表示;纵轴为 π 平面上的偏应力轴,用 τ_m 来表示,如图 10-3 所示。采用 σ_m 和 τ_m 作为度量是有物理意义的,分别表示为球面平均正应力和球面平均剪应力。

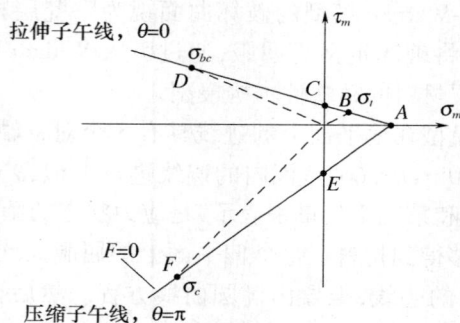

图 10-3 由拉伸和压缩子午线确定的屈服面

为了简便起见,引入拉伸和压缩子午线为直线情况的三参数 Willam-Warnke 模型。针对该模型需要开展的材料试验如下

(1) 单轴压缩试验,得到抗压强度 $\sigma_c(\theta = 60°)$。

(2) 单轴拉伸试验,得到抗拉强度 $\sigma_t(\theta = 0°)$。

(3) 等值双轴压缩试验,得到等值双轴抗压强度 $\sigma_{bc}(\theta = 0°)$。

由图 10-3 可见,B 点代表单轴拉伸的应力状态,对应的坐标值为 $(1/3\sigma_t,$ $\sqrt{2/15}\sigma_t)$;D 点代表等值双轴压缩的应力状态,对应的坐标值为 $(-2/3\sigma_{bc},$ $\sqrt{2/15}\sigma_{bc})$;F 点代表单轴压缩的应力状态,对应的坐标值为 $(-1/3\sigma_c,$ $-\sqrt{2/15}\sigma_c)$。另外,A 点的坐标值为 $(\rho, 0)$,C 点的坐标值为 $(0, r_t)$,E 点的坐标值为 $(0, -r_c)$。这样,在通过试验得到 σ_c,σ_t 和 σ_{bc} 的值以后,即可得到 ρ、r_t 和 r_c 的值分别为

$$\rho = \frac{\sigma_{bc}\sigma_t}{\sigma_{bc} - \sigma_t} \qquad (10-3)$$

$$r_t = \sqrt{\frac{6}{5}} \frac{\sigma_{bc} \sigma_t}{\sigma_{bc} + \sigma_t} \qquad (10-4)$$

$$r_c = \sqrt{\frac{6}{5}} \frac{\sigma_{bc} \sigma_t \sigma_c}{3\sigma_{bc} \sigma_t + \sigma_{bc} \sigma_c - \sigma_t \sigma_c} \qquad (10-5)$$

式中:ρ 表示纯静水拉伸屈服应力;r_t 和 r_c 分别表示在没有静水压力作用情况下材料的拉伸与压缩屈服应力。

在得到 $\theta = 0°$ 和 $\theta = 60°$ 的两条子午线之后,将这两条子午线由如图所示的迹线连结起来,这样,就构成了主应力空间中完整的屈服曲面。材料在任意一个偏平面内的屈服函数可以表达为:

$$f(\sigma_m, \tau_m, \theta) = \sqrt{5} \frac{\tau_m}{r(\sigma_m, \theta)} - 1 \qquad (10-6)$$

式中,$r(\sigma_m, \theta)$ 是 σ_m 和 θ 的函数,表示的是任意偏平面上的 $r(\theta)$。

利用方程(10-6)可以判断任意一个应力状态是否达到了屈服。

10.2.3 陶瓷层材料粘塑性本构模型的建立[168]

采用三参数 Willam-Warnke 破坏准则作为陶瓷层材料粘塑性本构理论中的屈服函数,并由此推导出流动势函数,可给出粘塑性本构理论中积分形式的流动势函数,即

$$\Omega = K^2 \Big[\Big(\frac{1}{2\mu}\Big) \int F^n \mathrm{d}F + \Big(\frac{R}{H}\Big) \int G^m \mathrm{d}G \Big] \qquad (10-7)$$

式中:μ 为黏性常数;H 为硬化常数;R 为与恢复相关的常数;m 和 n 为无量纲的指数;K 为标量性质的状态变量,用来考虑材料的各向同性硬化或软化。

在本文中,K 取为温度相关的材料常数,并且将 R 与 H 合在一起视为一个材料参数。方程(10-7)中右端的标量函数可以表达成

$$F = F\Big(\sum_{ij}, \eta_{ij}\Big) \qquad (10-8)$$

$$G = G(a_{ij}, \alpha_{ij}) \qquad (10-9)$$

式中:$\eta_{ij} = \sigma_{ij} - \alpha_{ij}$;$\sum_{ij} = S_{ij} - a_{ij}$;$\alpha_{ij}$ 为应力性质的内变量张量;S_{ij} 和 a_{ij} 分别为应力张量 σ_{ij} 和内变量张量 α_{ij} 的偏量部分,即 $S_{ij} = \sigma_{ij} - \frac{1}{3}\delta_{ij}\sigma_{kk}$,$a_{ij} = \alpha_{ij} - \frac{1}{3}\delta_{ij}\alpha_{kk}$。标量函数 F 为陶瓷层材料的屈服函数。

当应力状态满足

$$F(\sum_{ij}, \eta_{ij}) > 0 \qquad (10-10)$$

认为陶瓷层材料开始进入非弹性状态。为了满足客观性原理,标量性质的函数 F、G 及 Ω 应在所有正交变换的条件下保持不变,因此,上述函数只能是应力不变量和内变量不变量的函数,即

$$F = F(\tilde{I}_1, \tilde{J}_2, \tilde{J}_3) \qquad (10-11)$$

$$G = G(\hat{I}_1, \hat{J}_2, \hat{J}_3) \qquad (10-12)$$

式中:

$$\tilde{I}_1 = \sigma_{ii} - \alpha_{ii}$$

$$\tilde{J}_2 = \frac{1}{2}(S_{ij} - a_{ij})(S_{ij} - a_{ij})$$

$$\tilde{J}_3 = \frac{1}{3}(S_{ij} - a_{ij})(S_{jk} - a_{jk})(S_{ki} - a_{ki})$$

分别为自变量的第一、第二和第三不变量。类似地 $\hat{I}_1 = \alpha_{ii}$, $\hat{J}_2 = \frac{1}{2}a_{ij}a_{ij}$, $\hat{J}_3 = \frac{1}{3}a_{ij} a_{jk}a_{ki}$。

在 π 平面上定义相似角 $\tilde{\theta}$,得到

$$\tilde{\theta} = \frac{1}{3}\arccos\left(\frac{3\sqrt{3}}{2}\frac{\tilde{J}_3}{\tilde{J}_3^{3/2}}\right) \qquad (10-13)$$

在主应力空间中,三参数 Willam-Warnke 模型的屈服准则可以表达成

$$F(\tilde{I}_1, \tilde{J}_2, \tilde{J}_3) = \left[\frac{1}{r(\tilde{\theta})}\right]\left[2\frac{\tilde{J}_2}{5}\right]^{1/2} + \frac{\tilde{I}_1}{3\rho} - 1 \qquad (10-14)$$

同样,在 π 平面上定义相似角,为

$$\hat{\theta} = \frac{1}{3}\arccos\left(\frac{3\sqrt{3}}{2}\frac{\tilde{J}_3}{\tilde{J}_3^{3/2}}\right) \qquad (10-15)$$

类似地,函数 G 可以表达成

176

$$G(\hat{I}_1, \hat{J}_2, \hat{J}_3) = \left[\frac{1}{r(\hat{\theta})}\right]\left[\frac{2\hat{J}_2}{5}\right]^{1/2} + \frac{\hat{I}_1}{3\rho} \qquad (10-16)$$

上述公式是依照 Robinson 粘塑性本构模型的框架而形成的,其中函数 $F(\tilde{I}_1,$ $\tilde{J}_2, \tilde{J}_3)$ 存在门槛值,而函数 $G(\hat{I}_1, \hat{J}_2, \hat{J}_3)$ 不存在门槛值。

由方程(10-13)和方程(10-14)可见,屈服函数 F 通过函数 $r(\tilde{\theta})$ 与不变量 $\tilde{J}_3$ 相关,而不变量 $\tilde{J}_3$ 考虑了材料在拉伸和压缩方向力学行为的不对称性,即当应力方向反向时,不变量 $\tilde{J}_3$ 变号,从而相似角由 $\tilde{\theta}$ 变成 $\tilde{\theta}+\pi$。这样,从偏平面上的屈服曲线来看,就考虑到了材料的拉压不对称特性,如图 10-3 所示。与金属材料不同,陶瓷层材料在静水拉伸应力的作用下会发生屈服。因此,方程(10-14)中增加了不变量 $\tilde{I}_1$ 来考虑材料的静水压力相关特性。屈服面可以沿着静水轴增大或缩小,当静水压力增加的时候,屈服面线性减小;而当静水压力减小时,屈服面则线性增大,如图 10-2 所示。另外,方程(10-14)中右端的第一项与不变量 $\tilde{J}_2$ 有关,表达的是应力状态在 π 平面上是否达到了屈服。由此可见,方程(10-14)具有十分完备的描述能力,能够综合表现材料的拉压不对称和静水应力相关特性。与三参数 Willam-Warnke 模型不同,当采用五参数 Willam-Warnke 破坏准则时,屈服面的大小可以随着静水应力值非线性变化,这里就不再详细讨论。

陶瓷层材料粘塑性本构模型的流动和内变量演化规律,可以通过对方程(10-7)中的势函数求偏导数得到,综合方程(10-7)~方程(10-16),可以推导出陶瓷层材料的粘塑性本构方程,其中流动方程为

$$\dot{D}_{ij}^{in} = \frac{\partial\Omega}{\partial\sigma} = c_0\left[c_1\delta_{ij} + c_2(S_{ij} - a_{ij}) + c_3\left((S_{iq} - a_{iq})(S_{qj} - a_{qj})\frac{2\tilde{J}_2\delta_{ij}}{3}\right)\right]$$
$$(10-17)$$

内变量演化方程为

$$\alpha_{ij}^{\triangledown} = -h\frac{\partial\Omega}{\partial\alpha_{ij}} = h\left[\dot{D}_{ij}^{in} - c_4\left(c_1\delta_{ij} + c_5a_{ij} + c_6\left(a_{iq}a_{qj} - \frac{2\tilde{J}_2\delta_{ij}}{3}\right)\right)\right] + \overset{\circ}{\alpha}_{ij}$$

$$\overset{\circ}{\alpha}_{ij} = \mu_7^*(\alpha_{ik}\dot{D}_{kj}^{in} + \dot{D}_{ik}^{in}\alpha_{kj}) \qquad (10-18)$$

式中:α_{ij} 为表示材料非线性运动硬化的内变量张量,体现了屈服面中心在应力空间中的位置;右端方括号内第一项为线性硬化项,其余为恢复项;h 为依赖

于材料非弹性状态变量(或内变量)的标量函数,为了简便起见,这里将 h 视为温度相关的材料参数;附加项 $\mathring{\alpha}_{ij}$ 是为了消除次弹性材料本构方程由于发生大的剪切应变而引起的附加摆动。常数 $c_0 \sim c_6$ 可以通过方程(10-7)~方程(10-16)得到。

在陶瓷层材料粘塑性本构模型中,需要通过材料试验数据获取的参数共有 7 个,即 $n,\sigma_t,\sigma_c,K,R/H,m,h$,其中假设 $\sigma_{bc}=1.2\sigma_c$,且取粘性系数 μ,μ_7 和 μ_7^* 为常数。所需开展的试验包括不同温度和不同应变率下的单轴拉伸和压缩试验。根据材料试验数据,并通过非线性优化算法,如遗传算法或者 Levenberg - Marquadt 算法,就能够获取模型中的各参数值。上述粘塑性本构模型可以描述陶瓷层材料在高温下表现出的非弹性变形、拉压不对称、静水应力相关以及应变率相关等特性。

10.3　陶瓷层本构模型在 ABAQUS 程序中的实现

ABAQUS 用户子程序 UMAT 在计算陶瓷层材料的有限变形问题时,真实应力 σ 和内变量 α 的旋转增量矩阵,通过 Hughes - Winget 提出的方法近似积分得到,参考的是增量步中点构形,来近似代替由变形梯度极分解得到的旋转增量矩阵,定义中点构形为

$$x_{t+\Delta t/2} = \frac{1}{2}(x_t + x_{t+\Delta t}) \tag{10-19}$$

参考中点构形,可以近似得到转动增量为

$$\Delta \omega = \mathrm{asym}\left(\frac{\partial u}{\partial x_{t+\Delta t/2}}\right) \tag{10-20}$$

由此得到从 t 时刻到 $t+\Delta t$ 时刻,增量步的旋转矩阵为

$$\Delta R = \left(I - \frac{1}{2}\Delta \omega\right)^{-1}\left(I + \frac{1}{2}\Delta \omega\right) \tag{10-21}$$

当然,获得每一增量步中旋转矩阵更为精确的方法是对变形梯度进行极分解,不过这种方法的计算量往往很大,而采用基于中点构形的近似方法能够保证旋转矩阵的客观性,计算量小,并且在增量步不是很大的情况下,完全可以保证精度。

平衡方程是参考 $t+\Delta t$ 时刻的构形来进行求解的。因此,需要在增量步开始的 t 时刻,通过旋转增量矩阵 ΔR 将真实应力张量和内变量张量,旋转到增量步结束时的构形中,从而考虑材料的几何非线性性质。在从 $t \sim t+\Delta t$ 的增量步

中,有

$$\sigma |_{t+\Delta t} = \Delta R \cdot \sigma |_t \cdot \Delta R^{\mathrm{T}} + \Delta \sigma^{\nabla} (\Delta \varepsilon, \Delta \varepsilon^{\mathrm{in}}, \Delta R) \qquad (10-22)$$

$$\alpha |_{t+\Delta t} = \Delta R \cdot \alpha |_t \cdot \Delta R^{\mathrm{T}} + \Delta \alpha^{\nabla} (\Delta \varepsilon, \Delta \varepsilon^{\mathrm{in}}, \Delta R) \qquad (10-23)$$

式中,$\Delta\sigma^{\nabla}$ 和 $\Delta\alpha^{\nabla}$ 是真实应力 σ 和内变量 α 的 Jaumann 增量,用户可以通过方程(10-1)和方程(10-18)来获得,旋转增量矩阵 ΔR 由 ABAQUS 主程序提供。在进入 UMAT 之前,ABAQUS 已经将真实应力张量旋转过了,即 $\Delta R \cdot \sigma |_t \cdot \Delta R^{\mathrm{T}}$ 由 ABAQUS 主程序完成,而内变量张量并没有旋转,因此,需要用户在子程序中完成,这是采用 UMAT 来处理几何非线性问题时需要特别注意的地方。

本构方程的积分算法可以采用隐式和显式两种方法,对于陶瓷本构方程的积分算法采用显式欧拉算法作为本构方程的积分方法,将陶瓷层材料的粘塑性本构模型通过 UMAT 结合到了 ABAQUS 中,具体方法与前几章类似,不再赘述。

10.4 陶瓷层结构计算结果与分析

本节计算了陶瓷层材料在不同温度下的单轴拉伸、附加不同静水应力的单轴压缩以及不同应变率下的单轴循环曲线。图 10-4 为 1204℃下陶瓷层材料试验数据与计算结果,由图可见,粘塑性本构模型能够比较好地反映材料拉压不对称特性,其中压缩屈服应力明显高于拉伸屈服应力,在模拟材料拉伸时的精度高于模拟压缩时的精度。粘塑性本构模型能够体现陶瓷材料的静水应力相关特性,当附加拉伸静水应力时,材料的屈服强度降低;当附加压缩静水应力时,材料

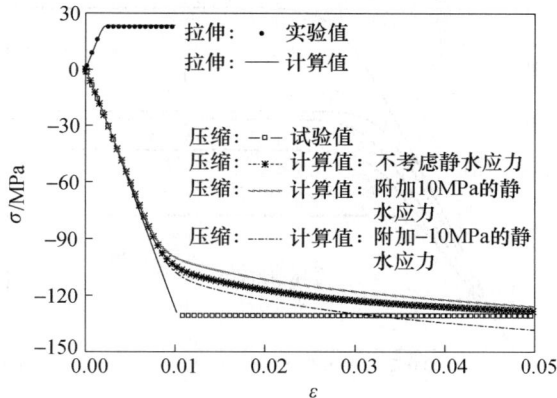

图 10-4 陶瓷层材料试验数据与计算结果

屈服强度升高。压缩应变值最大已经达到了 5%,此时采用了有限变形理论。图 10-5 为陶瓷层材料应变率相关特性计算曲线,由图可见,粘塑性本构模型可以较好地体现材料应变率相关特性。图 10-6 和图 10-7 分别为陶瓷层材料粘塑性本构的单轴拉伸和压缩计算结果,由图可见,随着温度的升高,材料弹性模量和屈服应力的大小均逐渐降低。以上计算结果表明,陶瓷层材料基于有限变形理论的粘塑性本构模型与 UMAT 的结合是成功的,为准确开展涂层结构的有限元分析提供了有效的计算工具。当然,小变形只是有限变形的特殊情况,因此,本文粘塑性本构模型同样适用于小变形条件下的有限元分析。

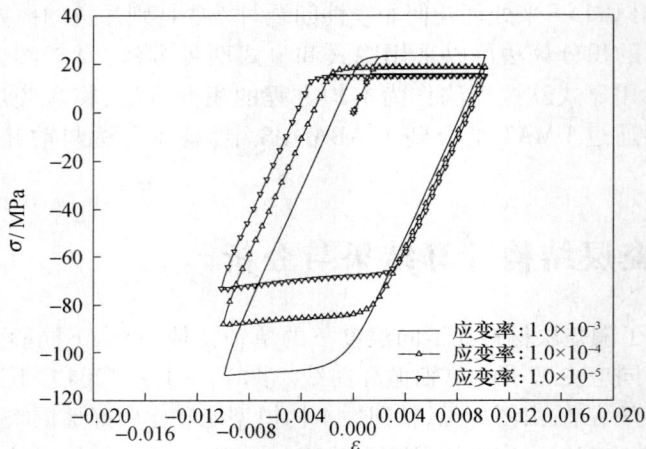

图 10-5　陶瓷层材料应变率相关特性计算结果

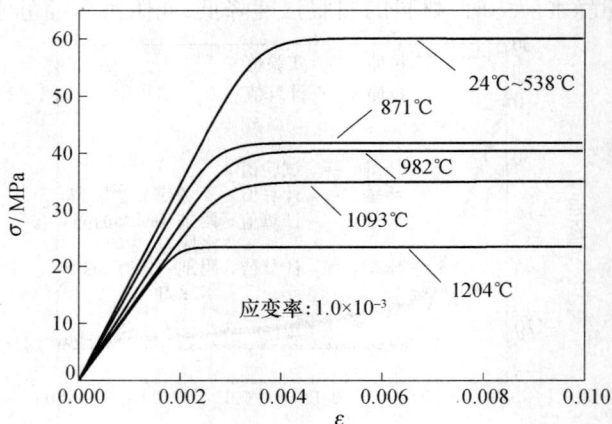

图 10-6　陶瓷层材料粘塑性理论单轴拉伸计算结果

180

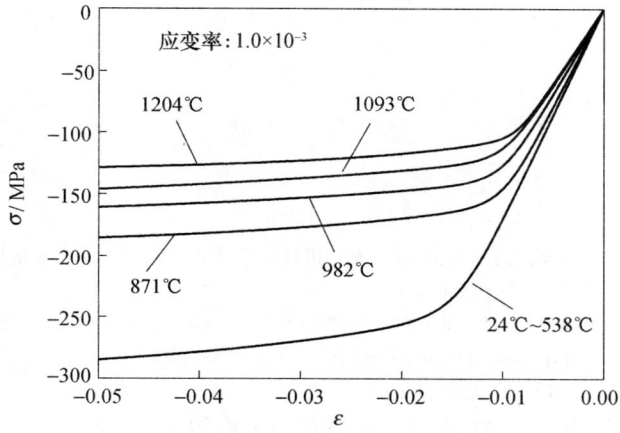

图 10 - 7　陶瓷层材料粘塑性理论单轴压缩计算结果

参 考 文 献

[1] 《航空发动机设计手册》总编委会.航空发动机设计手册第 18 分册(叶片轮盘及主轴强度分析) [M].北京:航空工业出版社,2001.

[2] 《国际航空》编辑部译.二十一世纪的航空技术[R]。美国国际研究委员会,工程和技术系统局,航空航天工程局等编著. Aeronautical Technologies for the Twenty-First Century[R]. 北京:中国航空信息中心,1994:129-143.

[3] 贾乃文.粘塑性力学及工程应用[M].北京:地震出版社,2000.

[4] Sandor B. I. 循环应力与循环应变的基本原理[M].俞炯亮,译.北京:科学出版社,1985.

[5] Mendlson A. Plasticity:Theory and Application [M]. Florida,Malabar:Robert E. Krieger Publishing Company,1983.

[6] Socie D F,Marquis G B. Multiaxial Fatigue [M]. Warrendale,PA,U. S. A:Society of Automotive Engineers,Inc. ,2000.

[7] Gittus J H Development of Constitutive Relations for Plastic Deformation From a Dislocation Model [J]. Trans. ASME ,J. Engng. Mater. Technol. 1976,1:52-59.

[8] 穆霞英.蠕变力学[M].西安:西安交通大学出版社,1993.

[9] 熊昌炳.疲劳强度与蠕变力学[M].北京:北京航空学院,1982.

[10] Dominique Francos,André Pineau,André Zaoui. Mechanical Behaviour of Materials,VolumeⅠ:Elasticity and Plasticity [M]. Dordrecht,The Netherlands:KLUWER ACADEMIC PUBLISHERS,1993.

[11] Temam R,Miranville A. Methematical Modeling in Continuum Mechanics [M]. Cambridge,UK:Cambridge University Press,2001.

[12] FUNG Y C,TONG. P. Classical and Computational Solid Mechanics [M]. Singerpore:World Scientific Publishing Co. Pte. Ltd,2001.

[13] 王仁.塑性力学(第二版)[M].北京:高等教育出版社.

[14] 杨桂通.塑性动力学(新版)[M].北京:高等教育出版社,2000.

[15] 黄克智,黄永刚.固体本构关系 [M].北京:清华大学出版社,1999.

[16] Dominique Francos,André Pineau,André Zaoui. Mechanical Behaviour of Materials,Volume Ⅱ:Viscoplasticity,Damage,Fracture and Contact Mechanics[M]. Dordrecht,The Netherlands:KLUWER ACADEMIC PUBLISHERS,1993.

[17] 赵修建,蔡克峰.新材料与现代文明 [M].武汉:湖北教育出版社,1999.

[18] Lubliner,J. On the fading memory in materials of evolutionary type [J]. Acta Mech. ,1969,8:75-81.

[19] Rice J R. Inelastic constitutive relations for solids:An Internal-Variable Theory and Its Application to Metal Plasticity [J]. J. Mech. Phys. Solids,1971,19:433-455.

[20] Drucker D C,Palgen L. On stress-strain relations suitable for cyclic and other loadings [J]. J. App. Mech. ,1981,48:479-485.

[21] 国家自然科学基金委员会. 自然科学学科发展战略调研报告——力学[R]. 北京:科学出版社,1997.

[22] Prager W. A new method of analyzing stresses and strains in work hardening plastic solids [J]. ASME, J. Appl. Mech. ,1956,78:493 – 496.

[23] Perzyna P. The constitutive equations for rate sensitive plastic materials [J]. Quart, Appl. Math,1963,20:321.

[24] Perzyna P. Fundamental problems in viscoplasticity [J]. Advances in Applied Mechanics,1966,9:243.

[25] Armstrong P J, Frederick C O. A mathematical representation of the multiaxial Bauschinger effect [R]. CEGB Report RD/B/N/731, Berkeley Nuclear Laboratories, R&D Department, CA,1966.

[26] Mroz Z On the description of anisotropic work hardening [J]. J. Mech. Physics. Solids. 1967,15:163.

[27] Mroz Z. An attempt to describe the behavior of metals under cyclic loads using a more general work hardening model [J]. Acta Mechanica,1969,7:199 – 212.

[28] Philips A. , Wu, H. C. A theory of viscplasticity [J]. Int. J. Solids and Structures,1973,9:15 – 30.

[29] Krieg R D. A practical two surface plastic theory[J]. ASME J. Appl. Mech. ,1975,97(E),42:641 – 646.

[30] Lee, D. and Zavel, F. J. Acta Mat. ,1975,26(11):385.

[31] Dafalias Y F. The concept and application of the bounding surface in plasticity theory [A], IUTAM Symp. On Physical Non-Linearities in Structural Analysis [C] (Edited by Hult, J. and Lemaitre, J.), Burlin:Springer-Verlag,1980,56 – 63.

[32] Eisenberg M A, Yen C-F. A theory of multiaxial anisotropic viscoplasticity [J]. ASME, J. App. Mech. , 1981,48(6):276 – 284.

[33] Chaboche J L, Viscoplastic constitutive equations for the description of cyclic and anisotropic behavior of metals [J]. Bull. De L' Acad. Polonaise des Sci,1977,25:33.

[34] Chaboche J L, Dang-Van K, Cordier G. Modelizationg of the strain memory effect on the cyclic hardening of 316 stainless steel[A]. Proceedings of the 5th International Conference on SmiRT [C], Div. L, Berlin, Germany,1979.

[35] Chaboche J L. Constitutive Equations for Cyclic Plasticity and Cyclic Viscoplasticity [J]. Int. J. Plasticity, 1989,5:247 – 302.

[36] Nouailhas D. Unified Modeling of Cyclic Viscoplasticity: Application to Austenitic Stainless Steels [J]. Int. J. Plasticity,1989,5:501 – 520.

[37] Ohno N, Takahashi Y, Kuwabara, K. Constitutive modeling of anisothermal cyclic plasticity of 304 stainless steel [J]. ASME J. Engng. Mater. Technol,1989,111(1):106 – 114.

[38] Lemaitre J, Chaboche J-L. Mechanics of solid materials [M]. published in English by Cambridge University press, New York,1990.

[39] Moosbrugger J C, McDowell D L. On a class of kinematic hardening rules for non-proportional cyclic plasticity [J]. ASME J. Engng. Mater. Technol. ,1989,111(1):87 – 98.

[40] Ristinmaa M, Cyclic plasticity model using one yield surface only [J]. Int. J. Plasticity,1995,11(2):163 – 181.

[41] Lubarda V A, Krajcinovic D. Some fundamental issues in rate theory of damage-elastoplasticity [J]. Int. J. Plasticity,1995,11(7):763 – 797.

[42] ZHU Y Y, CESCOTTO S. A fully coupled elasto-visco-plastic damage theory for anisotropic materials,

Int. J. Solids. Structures,1995,32,1607 – 1641.

[43] Auricchio F. A viscoplastic constitutive equation bounded between two generalized plasticity models [J]. Int. J. Plasticity,1997,13(8 – 9):697 – 721.

[44] Voyiadjis G Z,Zolochevsky A. Thermodynamic modelling of creep damage in materials with different properties in tension and compression [J]. Int. J. Solids. Struct,2000,37:3281 – 3303.

[45] Rosakisa P,et al. A thermodynamic internal variable model for the partition of plastic work into heat and stored energy in metals [J]. Journal of the Mechanics and Physics of Solids,2000,48:581 – 607.

[46] Saleeb A F,Arnold S M. A general time dependent constitutive model:Part 1 – theoretical developments [J]. ASME,J. Eng. Mater. Technol. ,2001,123(1):51 – 64.

[47] Arnold S M,et al. A General Time Dependent Constitutive Model:Part II :Application to a Titanium Alloy [J]. ASME,J. Eng. Mater. Technol. ,2001,123(1):65 – 73.

[48] Chow C L,Yang X J,Chu E. Viscoplastic constitutive modelling of anisotropic damage under nonproportional loading [J]. ASME J. Eng. Mater. Technol,2001,123:403 – 408.

[49] Järvstråt N. A generalization of Gittus' viscoplastic "mechanical equation of state" to multiaxial stress states [J]. Mechanics of Materials,2002,34:773 – 777.

[50] Voyiadjis G Z,Deliktas B. A coupled anisotropic damage model for the inelastic response of composite materials [J]. Comput. Methods Appl. Mech. Engrg. 2000,183:159 – 199.

[51] Wikman B,Svoboda A,Haggblad H-A. A combined material model for numerical simulation of hot isostatic pressing [J]. Comput. Methods Appl. Mech. Engrg. 2000,189:901 – 913.

[52] Nikolov S,Doghri I. A micro/macro constitutive model for the small deformation behavior of polyethylene [J]. Polymer,2000,41:1883 – 1891.

[53] Drozdov A D. A model for the viscoelastic and viscoplastic responses of glossy polymers [J]. Int. J. Solids. Struct. ,2001,38:8285 – 8304.

[54] Valanis K C. A theory of viscoplasticity without a yield surface,Part 1,General theory [J]. Archs. Of Mech. ,1971,23:517.

[55] Valanis K C. On the foundations of the endochronic theory of viscoplasticity, Archs. Of Mech. ,1973, 23,517.

[56] Bodner S R,Partom Y. A Large Deformation Elastic-Viscoplastic Analysis of a Thick-Walled Spherical Shell [J]. ASME J. Appl. Mech. 1972,39:751 – 757.

[57] Bodner S R,Partom Y. Constitutive Equations for Elastic-Viscoplastic Strain Hardening Materials [J]. ASME J. Appl. Mech. 1975,42(1):385 – 389.

[58] Hart E W. Constitutive relations for the nonelastic deformation of metals [J]. ASME,J. Engng. Mater. And Technol. ,1976,98:193 – 202.

[59] Lee D,Zavel F. A generalized strain rate dependent constitutive equation for anisotropic metals [J]. Acta Mechanica,1976,26:1771.

[60] Miller A. An inelastic constitutive model for monotonic,cyclic and creep deformation:Part 1,Equations, Development and Analytical Procedures [J]. J. Engng. Mater,and Technol,1976:96.

[61] Liu M C,Krempl E. A uniaxial viscoplastic model based on total strain and overstress [J]. J. Mech. Phys. Solids,1979,27:377.

[62] Stouffer D C,Bodner S R. A Constitutive Model for the Deformation Induced Anisotropic Plastic Flow of

184

Metals [J]. Int. J. Engng. Sci. ,1979,17:757-764.

[63] Walker K P. Research and Development Program for Non-linear Structural Modeling with Advanced Time-Temperature Dependent Constitutive Relationships[R]. 1981,NASA CR-165553.

[64] Choi S,Krempl E. Viscoplasticity theory based on overstress:The modeling of ratcheting and cyclic hardening of AISI type 304 stainless steel [J]. Nuclear Engineering and Design,1992,133:401-410.

[65] Deseri L,Mares R. A class of viscoelastoplastic constitutive models based on the maximum dissipation principle [J]. Mechanics of Materials,2000,32:389-403.

[66] Robinson D N,Binienda W K. Model of viscoplasticity for transversely isotropic inelastically compressible solids [J]. J. Engng. Mech. ,2001,6:567-573.

[67] Werner Schiehlen,Leen van Wijngaarden eds. Mechanics at the Turn of the Century[R]. Aachen:Shaker Verlag,2000. 黄永念,等译. 力学进展,2001,31(2):289-302.

[68] Bodner S R,Partom I,Partom Y. Uniaxial Cyclic Loading of Elastic-Viscoplastic Materials [J]. ASME J. Appl. Mech. ,1979,46(12):805-810.

[69] Bodner S R,Merzer A. Viscoplastic Constitutive Equations for Copper With Strain Rate History and Temperature Effect [J]. ASME,J. Engng. Mat. Tech. ,1978,100(10):388-394.

[70] Bodner S R. Representation of Time Dependent Mechanical Behavior of Ren 95 by Constitutive Equations [R]. AFML-TR-79-4116,1979.

[71] Bodner S R. A procedure for including damage in constitutive equations for elastic-viscoplastic work-hardening materials[A]. Proc. IUTAM Symp. On Physical Non-Linearities in Structural Analysis[A] (Edited by Hult,J. and Lemaitre,J.),Burlin:Springer-Verlag,1980:21-28.

[72] Bodner S R,Chan K S. Modeling of continuum damage for application in elastic-viscoplastic constitutive equations [J]. Engng. Frac. Mech,1986,25(5/6):705-712. (in MECHANICS OF DAMAGE AND FATIGUE,IUTAM Symposium[A],Haifa,Israel,edited by Bodner S R and Hashin Z. 1985).

[73] Derman D,Zaphir Z. Bodner S R. Nonlinear Anelastic Behavior of a Synthetic Rubber at Finite Strains [J]. J. Rheology,1978,22:239-258.

[74] Chan K S,Bodner S R,Lindholm U S. Phenomenological Modeling of Hardening and Thermal Recovery in Metals [J]. ASME,J. Engng. Mat. Tech. ,1988,110(1):1-8.

[75] Rowley M A,Thornton E A. Constitutive Modeling of the Visco-Plastic Response of Hastelloy-X and Aluminum Alloy 8009 [J]. ASME,Journal of Engineering Materials and Technology,1996,118(1):19-27.

[76] Venkatesh V,Rack H J. Elevated Temperature Hardening of INCONEL 690 [J]. Mechanics of Materials, 1998,30:69-81.

[77] 宋迎东. 粉末冶金涡轮盘强度与寿命研究[D]. 南京航空航天大学博士学位论文,1997.

[78] I. I. Esat,et al. Finite element modeling of anisotropic elastic-viscoplastic behavior of metals [J]. Finite Elements in Analysis and Design,1999,32:279-287.

[79] Antonio F A,Peter W C,Kumar K T. An evaluation of micro/macro behavior of thermoviscoplastic metal matrix composites[R]. AIAA-97-1237,2390-2399.

[80] Khen R,Rubin M B. Analytical modeling of second order effects in large deformation plasticity [J]. International Journal of Solids and Structures,1992,29(18):2235-2258.

[81] Bodner S R,Rubin M B. Modeling of hardening at very high strain rates [J]. J. Appl. Phys. ,1994,76 (5):2742-2747.

[82] Bodner S R, Lindenfeld A. Constitutive modeling of the stored energy of cold work under cyclic loading [J]. European Journal of Mechanics, A/Solids, 1995, 14(3) :333 – 348.

[83] Kroupa J L, Bartsch M. Influence of viscoplasticity on the residual stress and strength of a titanium matrix composite after thermomechanical fatigue[J]. Composites Part B. 1998, 29B:633 – 642.

[84] Chaboche J L, et al. Discussion on problems of models identification [A]. in Physical Nonlinearities in Structural Analysis[C], Eds. Hult, J. , and Lemaitre, J. , Springer Verlag, 1981.

[85] Bari S, Hassan T. Anatomy of coupled constitutive models for ratcheting simulation [J]. Int. J. Plasticity, 2000, 16:381 – 409.

[86] Chaboche J L, Rousselier G. On the Plastic and Viscoplastic Constitutive Equations-Part I : Rules Development With Internal State Variables; Part II : Application of Internal Variable Concepts to the 316 Stainless Steel [J]. J. Pressure Vessle Technol. , Trans ASME, 1983, 105(5) :153 – 164.

[87] Nouailhas D, Policella H, Kaczmarek H. On the Description of Cylic Hardening Under Complex Loading Histories[A]. Proceeding of the International Conference on Constitutive Laws for Engineering Materials: Theory and Application[C], Tucson, Arizona, U. S. A. , 1983, 1:10 – 14.

[88] Abdel-Kader M S, Eftis J, Jones D. An Extenstion of the Chaboche Theory of Viscoplasticity to Account for Rate-Dependent Initial Yield[A]. SECTAM XIII Proceedings, 1985, 263 – 269.

[89] Chaboche J L, Nouailhas D. Constitutive modeling o ratcheting effects-Part I : Experimental facts and properties of the classical models [J]. ASME J. Engng. Mat. Technol. 1989, 111(10) :384 – 392.

[90] Chaboche J L, Nouailhas D. Constitutive modeling o ratcheting effects-Part II : Possibilities of some additional kinematic rules [J]. ASME, J. Engng. Mat. Technol. , 1989, 111(10) :409 – 416.

[91] Chaboche J L. On some modification of kinematic hardening to improve the description of ratcheting effects [J]. Int. J. Plasticity, 1991, 7:661 – 678.

[92] Chaboche J L, Jung O. Application of a kinematic hardening viscoplasticity model with thresholds to the residual stress relaxation [J]. Int. J. Plasticity, 1998, 13(10) :785 – 807.

[93] WANG J D, OHNO N. Two Equivalent Forms of Nonlinear Kinematic Hardening: Application to Nonisothermal Plasticity [J]. Int. J. Plasticity, 1991, 7:637 – 650.

[94] OHNO N, WANG J D. Transformation of a Nonlinear Kinematic Hardening Rule to a Multisurface Form Under Isothermal and Nonisothermal Conditions [J]. Int. J. Plasticity, 1991, 7:879 – 891.

[95] OHNO N, WANG J D. Kinematic Hardening Rules with Critical State of Dynamic Recovery, Part I : Formulation and Basic Features for Ratcheting Behavior [J]. Int. J. Plasticity, 1993, 9:375 – 390.

[96] OHNO N, WANG J D. Kinematic Hardening Rules with Critical State of Dynamic Recovery, Part II : Application to experiments of ratcheting behavior [J]. Int. J. of Plasticity, 1993, 9, 391 – 403.

[97] OHNO N. Current state of the art in constitutive modeling for ratcheting [A]. Transactions of the 14th International Conference on Structural Mechanics in Reactor Technology (SmiRT 14) [C], Lyon, France, 1997, August:17 – 22.

[98] OHNO N. Constitutive Modeling of Cyclic Plasticity with Emphasis on Ratcheting [J]. Int. Journal of Mech. Sci. 1998, 40(2 – 3) :251 – 261.

[99] Abdel-Karim M, Ohno N. Kinematic hardening model suitable for ratcheting with steady-state [J]. Int. J. Plasticity, 2000, 16:225 – 240.

[100] Ohno N, Abdel-Karim M. Uniaxial ratcheting of 316FR steel at room temperature, part II: constitutive

186

modeling and simulation [J]. ASME J. Eng. Mat. Tech. 2000,122:35 – 41

[101] Peter Haupt. Continum Mechanics and Theory of Materials [M]. Berlin Heidelberg: Springer Verlag. Translated from Germany by Joan A. K. 2000.

[102] Pugh C E,Robinson D N. [J]. Nucl. Eng. And Design,1978,48(1):269.

[103] Chan K S,Lindholm U S,Bodner S R,et al. A Survey of Unified Constitutive Theories[R]. NASA N85 – 31531,1985.

[104] 杨顺华. 晶体位错理论基础(第一卷). 北京:科学出版社,1998.

[105] 冯端,等. 金属物理学第三卷(金属力学性质). 北京:科学出版社,1999:560 – 589.

[106] Robinson D N. A Unified Creep-Plasticity Model for Structural Metals at High Temperature [R]. ORNL Report/TM – 5969,1978.

[107] Bodner S R. Stouffer,D. C. ,[J]. Int. J. Engng. Sci. ,1983,21:211 – 215.

[108] Ponter A R S. [J]. Int. J. Solids Structure,1980,16:793 – 806.

[109] OHNO,N. A Constitutive Model of Cyclic Plasticity with a Non Hardening Strain Region [J]. Journal of Applied Mechanics,1982,49:721 – 727.

[110] Gilman J J. Micromechanics of Flow in Solids[M]. New York:McGraw-Hill,1969.

[111] Schwertel J,Schinke B. Automatic Evelution of Material Parameters of Viscoplastic Constitutive Equations [J]. ASME Journal of Engineering Materials and Tchnology,1996,118(7):273 – 280.

[112] Bruhns O T,Anding D K. On the simultaneous estimation of model parameters used in constitutive laws for inelastic material behavior [J]. Int. J. Plasticity,1999,15:1331 – 1340.

[113] Kumar V, et al. Numerical Integration of some stiff constitutive models of inelastic deformation [J]. ASME,J. Eng. Mat. Tech. 1980,102:91 – 96.

[114] Tsai S W,Wu E W. A General Theory of Strength for Anisotropic Materials,[J]. Composite Materials, Jan. 1971.

[115] Voyiadjis G Z. Basuroychowdhury,I. N. A plasticity model for multiaxial cyclic loading and ratcheting [J]. Acta Mechanica,1998,26:19 – 35.

[116] Basuroychowdhury I N,Voyiadjis G Z. A multiaxial cyclic plasticity model for nonproportional loading cases[J]. Int. J. Plasticity,1998,14(9):855 – 870.

[117] Taheri S,Lorentz E. An elastic-plastic constitutive law for the description of uniaxial and multiaxial ratcheting[J]. Int. J. Plasticity,1999,15:1159 – 1180.

[118] Yoshida F. A constitutive model of cyclic plasticity [J]. Int. J. Plasticity,2000,16:359 – 380.

[119] Yaguchi M,Yamamoto M,Ogata,T. A viscoplastic constitutive model for nickel-base superalloy,Part 1: kinematic hardening rule of anisotropic dynamic recovery [J]. Int. J. Plasticity,2002,18:1083 – 1109.

[120] 冯明珲,吕和祥,郭宇峰. 一种粘弹塑性统一本构模型[J]. 力学学报,2002,34(1):57 – 67.

[121] 蔡力勋,罗海丰,高庆. 用于棘轮变形预测的棘轮演化统一模型研究[J]. 航空学报,2002,23(1): 17 – 22.

[122] Chan K S,Page R A. Inelastic deformation and dislocation structure of nickel alloy:effects of deformation and thermal histories[J]. Metallurgical Transactions A,1988,19A(10):2477 – 2486.

[123] Ruggles M B,Krempl E. The influence of test temperature on the ratcheting behavior of type 304 stainless steel [J]. ASME J. Engng. Mat. Technol. ,1989,111(10):378 – 383.

[124] 康国政,高庆,杨显杰,等. 304 不锈钢室温和高温单轴循环塑性的实验研究[J]. 力学学报,2001,

33(5):692 – 697.

[125] 陈旭,田涛,安柯. 1Cr18Ni9Ti 不锈钢的非比例循环强化性能[J]. 力学学报,2001,33(5): 698 – 705.

[126] Shiratori E,Ikegami K,Yoshida F. Analysis of stress-strain relations by use of anisotropic hardening plastic potential [J]. Journal of Mechanics and Physics of Solids,1979,27:213 – 229.

[127] Besseling J F. A theory of elastic,plastic and creep deformations of an initially isotropic material [J]. Journal of Applied Mechanics,1958,25:529 – 536.

[128] Chaboche J L. Cyclic Plasticity Modeling and Ratcheting Effects[A]. 2nd International Conference on Constitutive Laws for Engineering Materials:Theory and Applications[C],Tucson,Arizona,DESAI et al. (eds.),Elsvier,1987.

[129] Philips A,Lee C W. Yield surfaces and loading surfaces. Experiments and recommendations [J]. International Journal of Solids and Structures,1979,15:715 – 729.

[130] Guionnet C. Modeling of ratcheting in biaxial experiments [J]. ASME Journal of Engineering Materials and Technology,1992,114:56 – 62.

[131] Ziebs J,Meersman J,Kuhn H J. Effects of proportional and non-proportional straining sequence on hardening/softening behaviour of IN 738 LC at elevated temperature [A]. In:Proc. Of MECA-MAT 92,Multiaxial Plasticity[C],1992,1 – 4 September,Paris.

[132] Taheri S,Lorentz E. An elastic-plastic constitutive law for description of uniaxial and multiaxial ratcheting [J]. In:Proc. Of Plasticity 97,1997,14 – 18 July,Juno.

[133] Doquet V. ,Comportement et endommagement de deux aciers à structure cubique centrée et cubique à faces centrées,en fatigue oligocyclique,sous chargement multiaxial non proportionel. Thèse de docteur-ingénieur,Ecole des Mines,1989,Paris.

[134] Lambda H S,Sidebottom O M. Cyclic plasticity for non-proportional paths part 1,cyclic hardenings,erasure of memory,and subsequent strain hardening experiments [J]. ASME,J. of Eng. Mat & Tech. 1978, 100:96 – 103.

[135] Moré J J. The Levenberg-Marquadt algorithm:implementation and theory,in:G. A. Waston,ed. Lecture Notes in Mathematics 630:Numerical Analysis. Springer verlag,Berlin. 1978,105 – 116.

[136] 袁亚湘,孙文瑜. 最优化理论与方法[M]. 北京:科学出版社,2001.

[137] Fleury G. ,Steller I. ,Schubert F. ,Nickel H. . Microstructure dependent modeling for specimens made of sinle crystal superalloys loaded under torsion [J],Computational Materials Science,1997,9(1 –2):199 – 206.

[138] Suresh S. 材料的疲劳[M]. 王中光,等译. 北京:国防工业出版社,1999.

[139] Mukherji D,Gabrisch H,Chen W,et al. Mechanical behavior and microstructural evolution in the single crystal superalloy SC16,Acta. Mater,1997,45(8):3143 – 3154.

[140] Rolf. Mahnken,Anisotropic creep modeling based on elastic projection operators with applications to CMSX – 4 superalloys,Computer Methods in Applied Mechanics and Engineering,2002,191:1611 – 1637.

[141] Yaguchi M. ,Yamamoto M. ,Ogata T. . A viscoplastic constitutive model for Nickel – basesuperlloys,Part I:Kinematic hardening rule for anisotropic dynamic recovery [J],International Journal of Plasticity, 2002,18(8):1083 – 1109.

[142] D. W MacLachlan,G. S. K Gunturi,D. M Knowle. Modelling the uniaxial creep anisotropy of nickel base

188

single crystal superalloys CMSX – 4 and RR2000 at 1023 K using a slip system based finite element approach [J], Computational Materials Science, 2002, 25(1 – 2):129 – 141.

[143] Duncan W. MacLachlan, Lawrence W. Wright, SatishGunturi, David M. Knowles, Constitutive modelling of anisotropic creep deformation in single crystal blade alloys SRR99 and CMSX – 4 [J], International Journal of Plasticity, 2001, 17(4): 441 – 467.

[144] D. W. MacLachlan, D. M. Knowles, Modelling and prediction of the stress rupture behaviour of single crystal superalloys[J[, Materials Science and Engineering: A, 2001, 302(2): 275 – 285.

[145] Bertram A. , Olschewski J. , Anisotropic creep modeling of the single crystal superalloy SRR99 [J], Computational Material Science, 1996, 5(1 – 3):12 – 16.

[146] Ghosh R N, Curtis R V, McLean M. Creep Deformation of single crystal superalloys-Modelling the crystallographic anisotropy, Acta Matell. Mater, 1990, 38(10):1977 – 1992.

[147] D. M Knowles, D. W MacLachlan. The effect of material behaviour on the analysis of single crystal turbine blades: material model development [J], Current Applied Physics, 2004, 4(2 – 4): 300 – 303.

[148] J. Svoboda, P. Lukáš. Creep deformation modelling of superalloy single crystals[J], ActaMaterialia, 2000, 48(10): 2519 – 2528.

[149] B. Fedelich. A microstructural model for the monotonic and the cyclic mechanical behavior of single crystals of superalloys at high temperatures [J], International Journal of Plasticity, 2002, 18(1): 1 – 49.

[150] D. Nouailhas, S. Lhuillier. On the micro – macro modelling of γ/γ′ single crystal behavior [J], Computational Materials Science, 1997, 9(1 – 2): 177 – 187.

[151] Meric L, Cailletaud G. Single crystal modeling for structural calculations: Part 1 – Model presentation, Journal of Engineering Materials and Technology, 1991, 113(1):162 – 170.

[152] L. P. Evers, D. M. Parks, W. A. M. Brekelmans, M. G. D. Geers. Crystal plasticity model with enhanced hardening by geometrically necessary dislocation accumulation [J], Journal of the Mechanics and Physics of Solids, 2002, 50(11): 2403 – 2424.

[153] T. Tinga, W. A. M. Brekelmans, M. G. D. Geers. Directional coarsening in nickel – base superalloys and its effect on the mechanical properties [J], Computational Materials Science, 2009, 47(2): 471 – 481.

[154] Q. Z. Chen, D. M. Knowles. Mechanism of < 1 1 2 >/3 slip initiation and anisotropy of γ′ phase in CMSX – 4 during creep at 750℃ and 750 MPa [J], Materials Science and Engineering: A, 2003, 356(1 – 2): 352 – 367.

[155] Mughrabi H. 材料科学与技术丛书:第六卷. 颜鸣皋, 等译. 材料的塑性变形与断裂, 北京, 科学出版社, 1998.

[156] L-M. Pan, I. Scheibli, M. B. Henderson, B. A. Shollock. M. McLean, Asymmetric creep deformation of a single crystal superalloy, Acta. Metal. Mater, 1995, 43(4):1375 – 1384.

[157] L-M. Pan, B. A. Shollock, M. McLean, Modelling of high-temperature mechanical behavior of a single-crystal superalloy, Pro. R. Soc. lond, A (1997):1689 – 1715.

[158] Maldini M, Lupine V. Modelling creep of single crystal CM186LC alloy under constant and variable loading, Materials Science and Engineering A, 2005 08:169 – 175.

[159] Pierre Caron, Tasadduq Khan, Evolution of Ni-based superalloys for single crystal gas turbine blade application, Aerospace science and technology, 3(1999):513 – 523.

[160] Matan N, D. C. Cox, P. Carter, M. A. Rist, C. M. F. Rae, R. C. Reed, Creep of CMSX – 4 superalloy single

189

crystals:effects of misorientation and temperature,Acta Mater. ,1999,47(5):1549 – 1563.

[161]　D. M. Knowles, Q. Z. Chen. Superlattice stacking fault formation and twinning during creep in γ/γ' single crystal superalloy CMSX – 4 [J], Materials Science and Engineering: A,2003,340(1 – 2):V 88 – 102.

[162]　沙玉辉,左良,张静华,等. 一种镍基单晶高温合金压缩蠕变强度的各向异性,金属学报,2011,37 (11):1142 – 1146.

[163]　魏朋义,杨治国,程晓鸣,等. DD3 单晶高温合金拉伸蠕变各向异性[J]. 航空材料学报,1999, (03):7 – 12.

[164]　杨晓光,白露,石多奇,于慧臣. 镍基单晶合金蠕变研究:试验、机理及材料模型[J]. 航空动力学 报,2009,(09):1994 – 2000.

[165]　王自强. 理性力学基础[M]. 北京:科学出版社,2000.

[166]　Motoki Sakaguchi, Masakazu Okazaki, Fatigue life evaluation of a single crystal Ni – base superalloy, accompanying with change of microstructural morphology, International Journal of Fatigue, Volume 29, Issues 9 – 11, September – November 2007, Pages 1959 – 1965.

[167]　Willam, K. J. , and Warnke, E. P. , "Constitutive Model for the Triaxial Behaviour of Concrete, " Int. Assoc. Bridge Struct. Eng. Proc,1975, Vol. 19, pp. 1 – 30.

[168]　L. A. Janosik and S. F. Duffy. A Viscoplastic Constitutive Theory for Monolithic Ceramics – 1 [J]. ASME, Journal of Engineering or Gas Turbines and Power,1998, V. 120(1): 155 – 161.

内 容 简 介

本书全面阐述了粘塑性统一本构理论。全书共分 10 章,内容包括:绪论;理论框架;主要模型及工程计算方法;棘轮现象的模拟;粘塑性本构参数的获取方法;耦合损伤的粘塑性本构模型及应用;镍基单晶合金的循环粘塑性本构理论;基于滑移和机制的单晶合金蠕变本构模型;镍基单晶合金胞元本构模型;热障涂层粘塑性本构理论。以航空发动机常用的高温镍基合金材料为例,介绍了涡轮盘用变形高温合金和涡轮叶片用的镍基定向凝固及单晶合金的典型力学行为、本构建模和参数提取方法及复杂应力应变计算模拟结果。本书内容新颖,不仅有理论价值,而且有浓厚的工程应用背景。

本书可供航空航天、热能动力、交通运输、化工机械、国防工程及工程力学等专业的科技、高校教员、研究生参考。

The unified viscoplastic constitutive theory is comprehensively presented. The book has 10 chapters, introduction, theoretical framework, main models and computation methods and tools, modeling of ratcheting, Parameter identification, viscoplastic constitutive model coupled damage and its application; cyclic viscoplastic constitutive theory for single crystal superalloy, creep modeling of single crystal superalloy, unit cell – based constitutive model, Viscoplastic constitutive theory for thermal barrier coatings. In this book, the nickel based superalloys which are commonly used in hot section of the aircraft engine are selected as examples. The mechanical behavior, constitutive modeling, parameter identification methods and model computation of superalloys are comprehensively investigated. The contents of this book are innovative, not only theoretical, but also have a strong engineering background.

This book is available for scientific and technical personals, teachers, graduate students who are majored in aerospace, thermal power, transportation, chemical machinery, defense engineering and engineering mechanics.